李睿　任阿然　陈卓 / 编著

从 新 手 到 高 手

AutoCAD 2020 绘图技法
从新手到高手

U0378317

清华大学出版社

北京

内 容 简 介

本书根据中文版AutoCAD软件功能和各行业的绘图特点，精心设计了大量的绘图实例，从不同方面讲解了使用AutoCAD进行高效绘图所需的诸多知识，以及行业图纸的绘制方法，使读者能够迅速积累实战经验，提高绘图水平，从新手成长为绘图高手。

本书共15章。第1~9章从AutoCAD的基础知识出发，分别介绍绘制图形、编辑图形、尺寸标注、文字和表格、夹点编辑、图块、图形参数化等方面的知识，帮助读者在掌握软件操作的基础之上，能百尺竿头更进一步；第10~16章介绍了机械设计、建筑设计、室内设计、电气设计、园林设计、给排水设计这6个AutoCAD应用最多的行业图纸绘制实例，并详细介绍了各种专业图纸的绘制方法和技巧，可以极大提升相关专业读者的绘图能力。

本书附赠资源包含了时长近23小时的高清语音教学视频，以及实例文件和素材文件，读者可以利用这些资源，轻松学习书中内容。

本书既可以作为相关专业学生提高自身绘图技能的练习手册，也可以作为专业老师的习题集，还可以作为专业技术人员的参考书或速查手册。

图书在版编目（CIP）数据

AutoCAD 2020 绘图技法从新手到高手 / 李睿，任阿然，陈卓编著 . -- 北京：清华大学出版社，2021.7

（从新手到高手）

ISBN 978-7-302-58592-3

I. ① A… Ⅱ . ①李… ②任… ③陈… Ⅲ . ① AutoCAD 软件 Ⅳ . ① TP391.72

中国版本图书馆 CIP 数据核字 (2021) 第 130076 号

责任编辑：陈绿春
封面设计：潘国文
责任校对：胡伟民
责任印制：宋 林

出版发行：清华大学出版社

　　网　　　址：http://www.tup.com.cn，http://www.wqbook.com
　　地　　　址：北京清华大学学研大厦 A 座　　　　邮　　编：100084
　　社 总 机：010-62770175　　　　　　　　　　　邮　　购：010-83470235
　　投稿与读者服务：010-62776969，c-service@tup.tsinghua.edu.cn
　　质量反馈：010-62772015，zhiliang@tup.tsinghua.edu.cn

印 装 者：天津安泰印刷有限公司

经　　销：全国新华书店

开　　本：188mm×260mm　　　　印　　张：26.25　　　　字　　数：710 千字

版　　次：2021 年 8 月第 1 版　　　印　　次：2021 年 8 月第 1 次印刷

定　　价：79.00 元

产品编号：073498-01

关于 AutoCAD

AutoCAD 是 Autodesk 公司开发的计算机辅助绘图和设计软件，被广泛应用于机械、建筑、电子、航天、石油化工、土木工程、冶金、气象、纺织、轻工业等领域。AutoCAD 已成为工程设计领域应用最广泛的计算机辅助设计软件之一。

在国内市场，AutoCAD 软件在各领域得到了迅速发展，使产品的设计及制造的周期和成本在很大程度上得到了缩减，并使企业的市场竞争力得到了加强。目前，该软件已经成为国内工程技术人员不可或缺的工具。

本书内容

本书是一本中文版 AutoCAD 实例教程。全书结合大量可操作性实例，让读者在绘图实践中轻松掌握 AutoCAD 的高效绘图技巧和技术精髓。本书的具体内容安排如下。

第 1 章：介绍 AutoCAD 2020 的基础知识，包括基本操作、观察视图，以及执行命令和选择对象的方法等。通过学习本章内容，可以了解操作软件的基本方法。

第 2 章：介绍各种绘图命令的使用方法，包括绘制点、线、圆及多边形。通过结合实例的讲解，可以帮助读者更快掌握绘图技法。

第 3 章：介绍编辑图形命令的使用方法，包括修改图形、复制图形、图案填充等。通过编辑命令，可以创建出更加丰富多样的图形。

第 4 章：介绍创建标注的方法，包括标注的组成部分、创建和编辑标注的方法等。通过学习本章内容，可以掌握设置标注样式参数、创建和编辑尺寸标注与引线标注的方法。

第 5 章：介绍文字和表格的知识，包括创建和编辑文字标注和表格的方法。通过学习本章内容，可以掌握设置文字样式、表格样式的方法，以及创建和编辑文字标注、表格内容的技巧。

第 6 章：主要介绍各类图形上夹点对象的操作方法。对图形上的夹点进行操作可以得到更多样的效果，掌握这些技巧将大幅提高编辑和修改图形的能力。

第 7 章：主要介绍图层和图层特性的设置，以及修改对象特性的方法，帮助读者建立图纸的规范性和管理性的思维。

第 8 章：主要介绍图块的使用方法，包括动态块、属性块等。活用这些图块内容，对处理大量重复的符号类图形尤为有用。

第 9 章：介绍图形的参数化处理方法。参数化的图纸可以真正做到"一改俱改"，对于企业图纸的规范化，或者部分常用零件的标准化都大有裨益。

第10章：介绍 AutoCAD 在机械设计中的具体应用方法，以及绘图和设计技巧。

第11章：介绍 AutoCAD 在建筑设计中的具体应用方法，以及绘图和设计技巧。

第12章：介绍 AutoCAD 在室内设计中的具体应用方法，以及绘图和设计技巧。

第13章：介绍 AutoCAD 在电气设计中的具体应用方法，以及绘图和设计技巧。

第14章：介绍 AutoCAD 在园林设计中的具体应用方法，以及绘图和设计技巧。

第15章：介绍 AutoCAD 在给排水设计中的具体应用方法，以及绘图和设计技巧。

本书特色

1. 角度新颖，写法创新。与大多数"从入门到精通"类 AutoCAD 图书不同，本书在结构上从实际的绘图角度出发，从小到一个简单的命令该使用何种执行方式，大到图纸在绘制之前的布局构思，无一不是以绘图"准确、高效"为目的。

2. 实例演练，逐步精通。本书包括大量实例，以及从一线设计工作中提炼出来的大量图纸实例，均是 AutoCAD 的经典绘图练习，而且每个实例在绘制前都有相关的绘图分析和介绍，可以帮助读者提高识图和绘图能力，快步迈向高手行列。

3. 多媒体教学，身临其境。本书附赠资源内容丰富且超值，不仅有实例的素材文件和结果文件，还有由专业工程师录制的语音教学视频，让读者仿佛亲临课堂，让工程师"手把手"带领完成实例练习，让学习之旅轻松而愉快。

本书配套素材和视频教学

本书的配套素材和视频教学文件请用微信扫描下面的二维码进行下载，如果在下载过程中遇到问题，请联系陈老师，邮箱：chenlch@tup.tsing.hua.edu.cn。

配套素材

视频教学

本书作者和技术支持

本书由沈阳工学院艺术与传媒学院的李睿、哈尔滨商业大学设计艺术学院环境设计系的任阿然、哈尔滨商业大学设计艺术学院的陈卓编著，参加编写的还有陈志民、申玉秀、李红萍、李红艺、李红术、陈云香、陈文香、陈军云、林小群、刘清平等。

由于作者水平有限，书中错误、疏漏之处在所难免。在感谢你选择本书的同时，也希望你能够把对本书的意见和建议告诉我们。本书技术支持请用微信扫描右侧的二维码。

技术支持

作者

2021 年 5 月

目录
CONTENTS

第 1 章 认识 AutoCAD 2020

项目导读

本书以中文版 AutoCAD 2020 软件为例，介绍使用该软件绘制各类图形的方法。本章将介绍 AutoCAD 2020 的基础知识，包括基本操作、控制视图、执行命令的方法和选择对象的方式等。

1.1 AutoCAD 2020 的基本操作

AutoCAD 2020 的基本操作包括认识工作界面、新建文件、打开文件、保存文件以及设置文件保存格式，在本节以实例的方式介绍具体的操作方法。

1.1.1 AutoCAD 工作界面

启动 AutoCAD 2020 后将显示其工作界面，可以在工作界面中绘制、观察、编辑图形。

01 在计算机中正确安装 AutoCAD 2020，默认会在桌面上显示该软件的启动图标，如图 1-1 所示。

02 双击该软件启动图标，显示启动界面，如图 1-2 所示。

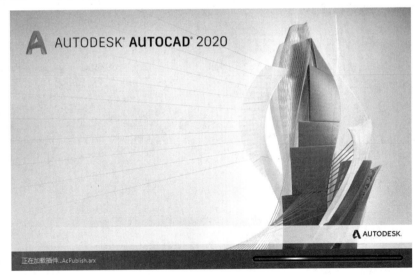

图 1-1　软件启动图标　　　　　　　　图 1-2　启动界面

03 等待数秒后进入软件的工作界面，如图 1-3 所示。

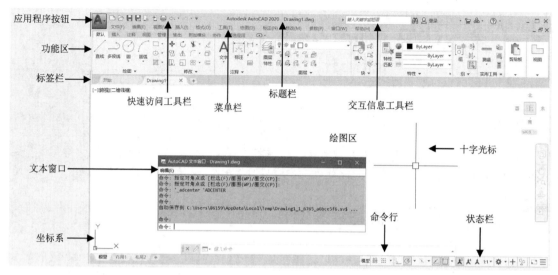

应用程序按钮

功能区

标签栏

快速访问工具栏　　菜单栏　　标题栏　　交互信息工具栏

绘图区

十字光标

文本窗口

命令行　　状态栏

坐标系

图1-3　AutoCAD 2020工作界面

1. 应用程序按钮 A

单击工作界面左上角的应用程序按钮 A，弹出用来管理 AutoCAD 图形文件的菜单，包含"新建""打开""保存""另存为""输出"及"打印"等命令，右侧区域则是"最近使用的文档"列表，如图1-4所示。

图1-4　应用程序菜单

2. 快速访问工具栏

快速访问工具栏位于标题栏的左侧，包含编辑文档常用的按钮，包括"新建""打开""保存""另存为""从 Web 和 Mobile 中打开"等，如图1-5所示。单击某个按钮，执行相应的命令。

图1-5　快速访问工具栏

3. 菜单栏

在 AutoCAD 2020 中，菜单栏在任何工作空间都不显示。如果要显示菜单栏，在快速访问工具栏中单击 按钮，在弹出的菜单中选择"显示菜单栏"命令即可，如图1-6所示。

图1-6　选择"显示菜单栏"命令

菜单栏位于快速访问工具栏的下方，包含"文件""编辑""视图""插入"等12个菜单，几乎包含了 AutoCAD 所有的绘图和编辑命令，如图1-7所示。

图1-7　菜单栏

4. 标题栏

标题栏位于AutoCAD窗口的顶部，显示软件的名称以及当前文件的名称。单击最右侧的"最小化"按钮 ━、"最大化"按钮 □ /"恢复窗口大小"按钮 ⬗ 或"关闭"按钮 ✕，可以调整软件窗口的大小或将其关闭，如图1-8所示。

图1-8　标题栏

5. 交互信息工具栏

交互信息工具栏主要由搜索框 键入关键字或短语 ⚇、A360登录栏 ⚇ 登录 ▾ 、Autodesk应用程序商店 🛒、保持连接 ⚠ ▾ 4个部分组成，如图1-9所示。

图1-9　交互信息工具栏

6. 功能区

在功能区中显示绘制、编辑命令的按钮和控件，包含"默认""插入""注释""视图""管理""输出""附加模块""协作""精选应用""参数化"等选项卡，如图1-10所示。每个选项卡包含若干面板，每个面板又包含各种按钮。

图1-10　功能区

7. 标签栏

标签栏位于绘图窗口的左上方，打开图形文件后会在标签栏新增一个标签。单击标签可以切换到相应的图形窗口，如图1-11所示。在文件标签上右击，在弹出的快捷菜单中选择相应命令，可以执行"新建""打开"或"保存"图形文件的操作。

图1-11　标签栏

8. 绘图区

用户在绘图区中绘制、编辑和查看图形，配合使用各类控件、坐标系、ViewCube以及导航栏，可以更改查看视图的角度、图形的显示效果以及缩放视图等，如图1-12所示。

图 1-12　绘图区

9. 命令行与文本窗口

在命令行中输入代码可以执行相应的命令，并且在命令行中显示命令的相关选项，如图 1-13 所示。输入选项后的字母，可以进入选项模式。

按组合键 Ctrl+F2 打开"文本窗口"，在该窗口中显示已执行命令的详细信息，如图 1-14 所示。

图 1-13　命令行　　　　　　　　　　　　　　　图 1-14　文本窗口

10. 状态栏

状态栏位于工作界面的底部，主要由 4 部分组成，如图 1-15 所示。AutoCAD 2020 将模型、布局标签栏和状态栏合并显示，不再另外分区。

图 1-15　状态栏

1.1.2　新建文件

本例介绍如何新建文件。步骤为执行"新建"命令并选择样板，即可在样板的基础上新建文件，具体操作如下。

01 单击软件工作界面左上角的应用程序按钮 A，在弹出的菜单中选择"新建"｜"图形"命令，如图 1-16 所示。

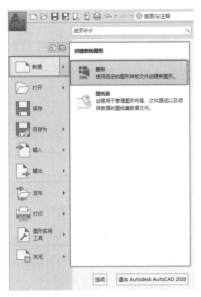

图 1-16 选择"图形"命令

02 打开"选择样板"对话框，选择样板文件，如图 1-17 所示。

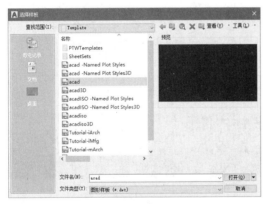

图 1-17 选择样板文件

操作技巧：

在"选择样板"对话框中提供了多种类型的样板，可以根据需要选择适用的样板文件，默认选择acad样板文件。

03 单击"打开"按钮，在样板的基础上新建空白文件，如图 1-18 所示。

在快速访问工具栏上单击"新建"按钮，如图 1-19 所示，也可以新建文件。或者在文件标签上单击"新图形"按钮 ，也能以默认的样板新建文件。

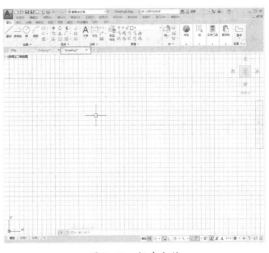

图 1-18 新建文件

图 1-19 单击"新建"按钮

在文件标签上右击，在弹出的快捷菜单中选择"新建"命令，如图 1-20 所示；或者在文件标签栏的空白处右击，在弹出的快捷菜单中选择"新建"命令，如图 1-21 所示，都可以新建文件。

图 1-20 选择"新建"命令

图 1-21 选择"新建"命令

1.1.3　打开文件

本例介绍如何打开文件。执行"打开"命令，
在保存路径中选择要打开的文件，单击"打开"
按钮即可打开文件，具体操作步骤如下。

01 单击软件工作界面左上角的应用程序按钮
，在弹出的菜单中选择"打开" | "图形"
命令，如图 1-22 所示。

图 1-22　选择"图形"命令

02 打开"选择文件"对话框，选择要打开的文件，
如图 1-23 所示。

图 1-23　选择要打开的文件

03 单击"打开"按钮，即可打开文件，如
图 1-24 所示。

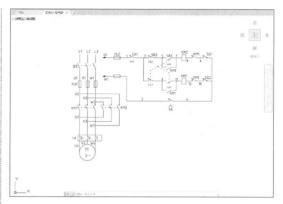

图 1-24　打开的文件

在文件标签上右击，在弹出的快捷菜单中
选择"打开"命令，如图 1-25 所示，也可以
打开文件。

图 1-25　选择"打开"命令

1.1.4　打开局部图形

在观察大型文件的时候，可以选择只打开
需要查看的部分，以避免全部开启图形后占用
较大的系统资源，拖慢系统的运行速度。打开
局部图形的具体操作步骤如下。

01 单击快速访问工具栏上的"打开"按钮，
在弹出的"选择文件"对话框中选择文件，单
击"打开"按钮右侧的向下箭头按钮，在弹出
的菜单中选择"局部打开"选项，如图 1-26 所示。

02 在"局部打开"对话框的右侧选择"要加
载几何图形的图层"，如图 1-27 所示。

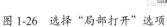

图 1-26　选择"局部打开"选项

图 1-27　选择图层

03 单击"打开"按钮，即可在软件中显示所选图层中的图形，如图 1-28 所示。

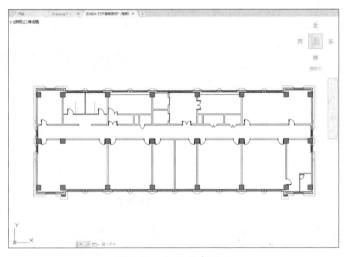

图 1-28　打开局部图形

可以根据需要在"局部打开"对话框中选择将要显示的图层。如果单击"全部加载"按钮，则可以打开全部图形，如图 1-29 所示。

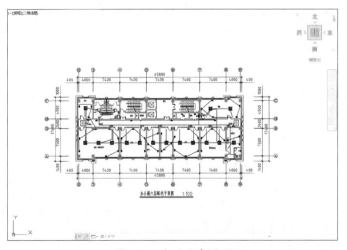

图 1-29　打开全部图形

1.1.5 保存文件

在完成绘制或者编辑图形后，应该保存最终的文件，以方便后期使用。可以自定义文件名称，并将其存储在指定的文件夹中。保存文件的具体操作步骤如下。

01 打开"1.1.5 保存文件 .dwg"素材文件，如图 1-30 所示。

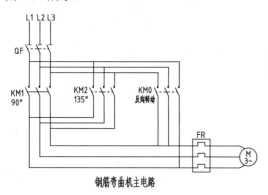

图 1-30 打开素材文件

02 单击快速访问工具栏上的"保存"按钮▤，打开"图形另存为"对话框，设置文件名称和保存路径，如图 1-31 所示。

图 1-31 设置文件名称和保存路径

03 单击"保存"按钮，即可将文件存储至指定路径。

单击应用程序按钮▲，在弹出的菜单中选择"保存"命令，如图 1-32 所示，可以执行保存文件的操作。如果没有执行"保存"命令就关闭图形，系统会弹出如图 1-33 所示的提示对话框，询问是否要保存文件。单击"是"

按钮，执行保存操作。

图 1-32 选择"保存文件"选项

图 1-33 提示对话框

操作技巧：

按组合键Ctrl+S，也可以执行"保存"命令。

1.1.6 另存为文件

对文件执行"另存为"命令，能够重新定义文件名称和保存路径，并且不会对当前图形产生影响。另存为文件的具体操作步骤如下。

01 打开"1.1.6 另存为文件 .dwg"素材文件，如图 1-34 所示。

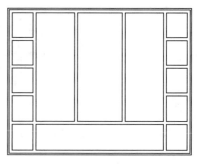

图 1-34 打开素材文件

02 单击快速访问工具栏上的"另存为"按钮，打开"图形另存为"对话框，设置文件名称和保存路径，如图1-35所示。

图1-35 设置名称和保存路径

03 单击"保存"按钮即可存储文件。

执行"另存为"命令后，可以继续编辑当前文件。编辑结束后，再次执行"另存为"或者"保存"命令，不会影响已经存储的文件。

单击应用程序按钮，在弹出的菜单中进入"另存为"子菜单，可以选择文件的格式，包括图形、图形样板以及图形标准等，如图1-36所示。

图1-36 "另存为"子菜单

在"文件"菜单中选择"另存为"命令，如图1-37所示，也可以执行"另存为"命令。

图1-37 选择"另存为"命令

操作技巧：

按组合键Ctrl+Shift+S，也可以执行"另存为"命令。

1.1.7 设置文件的保存类型

保存文件之前，需要设置文件名称、选择文件路径以及指定文件类型。系统默认将CAD文件存储为DWG格式，方便交流及查看。用户也可以自定义文件类型，例如，将文件存储为图形样板、图形标准等。设置文件保存类型的具体操作步骤如下。

01 新建空白文件。在命令行中输入LA，打开"图层特性管理器"，新建图层并重定义图层属性，包括名称、颜色、线型、线宽，如图1-38所示。

图1-38 创建图层

02 单击应用程序按钮，在弹出的菜单中选择"另存为"子菜单中的"图形样板"命令，如图1-39所示。

图 1-39　选择"图形样板"命令

03 弹出"样板选项"对话框，输入"说明"文字，选择"测量单位"为"公制"，如图 1-40 所示。

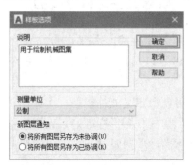

图 1-40　"样板选项"对话框

04 单击"确定"按钮将文件存储为图形样板。打开存储文件夹，查看保存结果，如图 1-41 所示。

图 1-41　存储为图形样板

样板文件的图标与普通图形的图标不同，以方便用户区分。在 AutoCAD 中打开图形样板，能够在已经设置完成的绘图环境中绘制图形。

在执行"保存"命令时，需要在"图形另存为"对话框的"文件类型"下拉列表中选择"AutoCAD 图形样板（*.dwt）"选项，如图 1-42 所示，也可以将图形存储为样板。

图 1-42　选择文件类型

在"另存为"子菜单中选择"DWG 转换"命令，打开"DWG 转换"对话框。选择要转换的图形，并在右上角选择文件格式，如"转换为 2013 格式（在位）"，如图 1-43 所示。单击"转换"按钮，即可将选中的文件转换为指定的格式。需要注意的是，在执行"转换"命令前，应该先备份文件。

图 1-43　转换文件

1.2 控制视图

在绘图区域中绘制、编辑或者查看图形，需要综合运用调整视图大小和移动视图的工具。本节介绍控制视图的方法，包括实时缩放、窗口缩放、实时平移、指定点平移等。

1.2.1 实时缩放

在 AutoCAD 中，可以借助滚动鼠标滚轮来缩放视图，虽然操作简单方便，但也有其缺点。有时通过滚动鼠标滚轮得到的视图不是太大就是太小，无法精确得到所需的视图尺寸。此时即可使用"实时缩放"命令来快速放大或缩小视图，帮助用户快速得到满意的视图尺寸。实时缩放的具体操作步骤如下。

01 启动 AutoCAD，打开素材文件"1.2.1 实时缩放 .dwg"，如图 1-44 所示，此时并不能分辨出图形为何物。

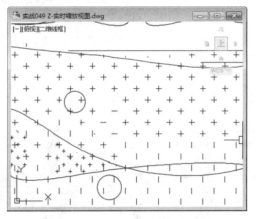

图 1-44　打开素材文件

02 向后滚动鼠标滚轮，发现视图实时缩小，但有时会缩得过小，如图 1-45 所示。反之，向前滚动鼠标滚轮将视图放大，以看清图形的细节。

03 在命令行输入 Z，执行"视图缩放"命令，然后直接按 Enter 键确认，即可快速执行"实时缩放"命令，此时光标图像变为🔍。

04 按住鼠标左键并向上拖动，待光标变为🔍+时为放大视图；向下拖动鼠标，待光标变为🔍-时为缩小视图。此时即可根据需要灵活调整视图大小，如图 1-46 所示。

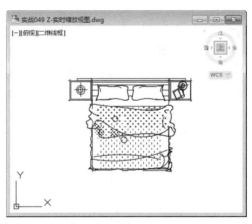

图 1-45　视图缩小的显示效果

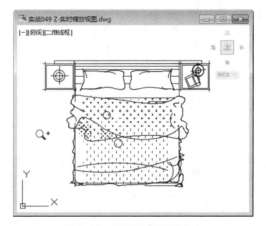

图 1-46　灵活调整视图大小

1.2.2 上一个

执行"上一个"命令，可以撤销当前的操作结果，重新显示在上一步中图形的显示结果，具体操作步骤如下。

01 打开"1.2.2 上一个 .dwg"素材文件，如图 1-47 所示。

02 执行"视图"|"缩放"|"上一个"命令，如图 1-48 所示。

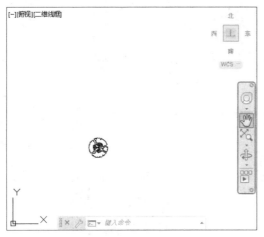

图 1-47 打开素材文件

图 1-48 执行"上一个"命令

03 在绘图区中切换图形的显示效果，恢复上一步中图形的最大化显示效果，如图1-49所示。

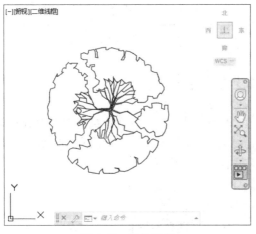

图 1-49 缩放视图

操作技巧：

单击右侧导航栏上的"缩放上一个"按钮 ，在弹出的列表中选择"缩放上一个"命令，如图1-50所示，也可以显示上一个视图。

图 1-50 选择"缩放上一个"命令

1.2.3 缩放窗口

如果只需要最大化显示图纸的某一部分，可以使用"窗口缩放"工具。通过指定对角点划定窗口范围，可以最大化显示窗口所包含的内容，缩放窗口的具体操作步骤如下。

01 打开"1.2.3 缩放窗口 .dwg"文件，如图 1-51 所示。

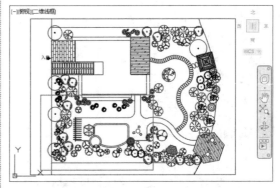

图 1-51 打开素材文件

02 执行"视图"｜"缩放"｜"窗口"命令，如图 1-52 所示。

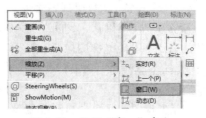

图 1-52 执行"窗口"命令

03 在图形上指定第一个对角点和第二个对角点，如图1-53所示，绘制矩形指定缩放范围。

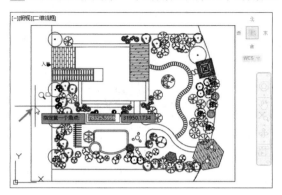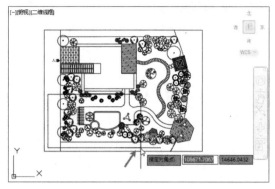

图1-53 指定对角点

04 最大化显示矩形窗口内的图形，效果如图1-54所示。

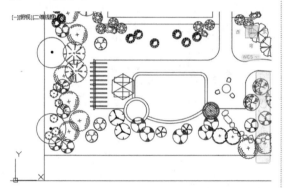

图1-54 最大化显示图形

图1-55 选择"窗口缩放"命令

1.2.4 缩放动态

执行"动态"命令，在绘图区中显示几个

不同颜色的矩形框。移动光标，利用矩形框选中要缩放的图形，按Enter键即可将位于矩形框内的图形最大化显示。执行"缩放动态"命令的具体操作步骤如下。

01 打开"1.2.4 缩放动态.dwg"素材文件，如图1-56所示。

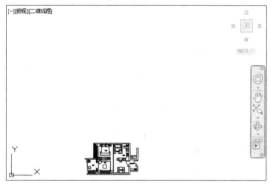

图1-56 打开素材文件

02 执行"视图"|"缩放"|"动态"命令，如图1-57所示。

图1-57 执行"动态"命令

03 在绘图区域中显示虚线矩形框，移动光标，将绿色矩形框置于图形之上，如图 1-58 所示。

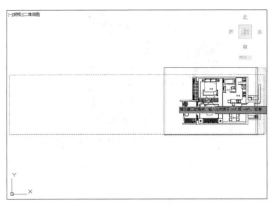

图 1-58　显示矩形框

04 按 Enter 键，即可将矩形框内的图形最大化显示，如图 1-59 所示。

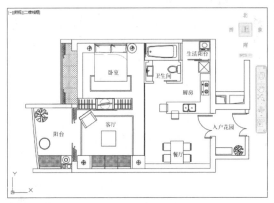

图 1-59　最大化显示图形

操作技巧：

单击右侧导航栏上的"动态缩放"按钮，可以将位于矩形框内的图形最大化显示。

1.2.5　缩放比例

执行"比例"命令，输入比例因子后可以放大或缩小图形。其中，输入正值放大图形，输入负值缩小图形。需要注意的是，比例因子的输入格式为 nx，如 5x。执行"缩放比例"命令的具体操作步骤如下。

01 打开"1.2.5 缩放比例 .dwg"素材文件，如

图 1-60 所示。

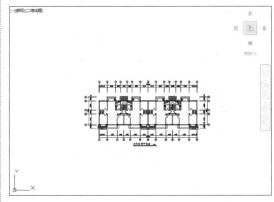

图 1-60　打开素材文件

02 执行"视图"｜"缩放"｜"比例"命令，如图 1-61 所示。

图 1-61　执行"比例"命令

03 在命令行中输入比例因子 3x，如图 1-62 所示，表示将放大视图中的图形。

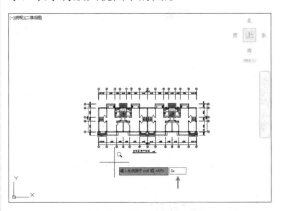

图 1-62　输入比例因子

04 按 Enter 键，放大显示图形的效果如图 1-63

所示。

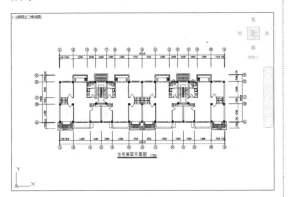

图 1-63　放大视图

图 1-65　执行"圆心"命令

操作技巧:

单击右侧导航栏上的"比例缩放"按钮，也可以输入比例因子缩放视图。

1.2.6　缩放圆心

执行"圆心"命令，在图形中指定圆心，再输入比例因子或者高度值，系统以圆心为基础，缩小或者放大图形。执行"缩放圆心"命令的具体操作步骤如下。

01 打开"1.2.6 缩放圆心 .dwg"素材文件，如图 1-64 所示。

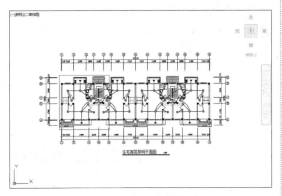

图 1-64　打开素材文件

02 执行"视图"｜"缩放"｜"圆心"命令，如图 1-65 所示。

03 在图形的左侧单击，以指定圆心，如图 1-66 所示。

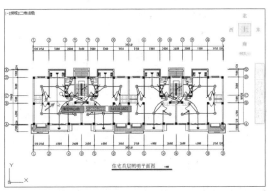

图 1-66　指定圆心

04 在命令行中输入比例因子 2x，按 Enter 键放大视图，结果如图 1-67 所示。

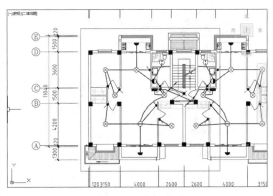

图 1-67　放大图形

操作技巧:

单击右侧导航栏上的"缩放圆心"按钮，也可以指定圆心、输入比例缩放视图。

1.2.7　缩放对象

执行"对象"命令，在绘图区中选择对象，按 Enter 键即可最大化显示该对象。执行"对象"

命令的具体操作步骤如下。

01 打开"1.2.7 缩放对象 .dwg"素材文件，如图 1-68 所示。

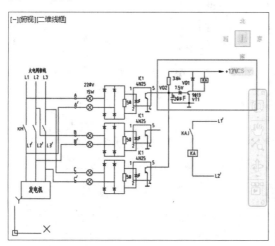

图 1-68 打开素材文件

02 执行"视图"｜"缩放"｜"对象"命令，如图 1-69 所示。

图 1-69 执行"对象"命令

03 绘制选框选中待缩放的对象，如图 1-70 所示。

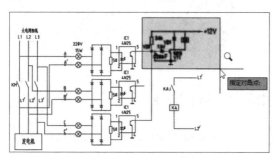

图 1-70 选择对象

04 按 Enter 键即可最大化显示选框内的对象，如图 1-71 所示。

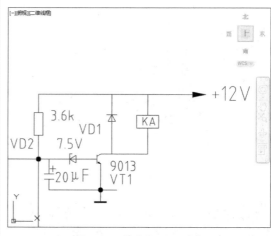

图 1-71 最大化显示对象

操作技巧：

单击右侧导航栏上的"缩放对象"按钮，可以最大化显示选中的对象。

1.2.8 缩放全部

执行"全部"命令，可以同时显示绘图区中的所有图形。但是该命令无法清楚地查看图形细节，需要配合"范围"命令使用。执行"全部"命令的具体操作步骤如下。

01 打开"1.2.8 缩放全部 .dwg"素材文件，如图 1-72 所示。

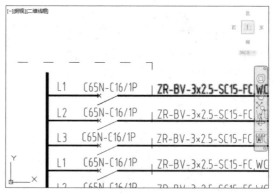

图 1-72 打开素材

02 执行"视图"｜"缩放"｜"全部"命令，

如图1-73所示。

图1-73　执行"全部"命令

03 执行上述操作后，在绘图区中显示所有的图形，如图1-74所示。此时图形被缩小显示，肉眼无法查看细节。

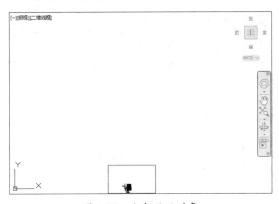

图1-74　全部显示对象

1.2.9　缩放范围

通过执行"范围"命令，可以将绘图区中的图形最大化显示。以上一小节的操作结果为例，介绍命令的使用方法。执行"范围"命令的具体操作步骤如下。

01 在1.2.8节的操作结果上执行后续操作。

02 执行"视图"｜"缩放"｜"范围"命令，如图1-75所示。

03 此时绘图区中的图形被放至最大，如图1-76所示。

图1-75　执行"范围"命令

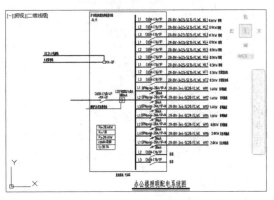

图1-76　最大化显示对象

04 如果需要查看细节，可以执行"视图"｜"缩放"｜"对象"命令，选择对象进行放大即可。

操作技巧：

单击右侧导航栏上的"全部缩放"按钮，如图1-77所示，在绘图区中显示全部对象。单击"范围缩放"按钮，在绘图区中最大化显示对象。

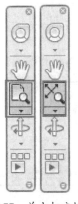

图1-77　单击相应按钮

1.2.10 平移实时

执行"实时"命令，光标显示为抓手工具，按住鼠标左键可以抓取视图，通过移动视图来查看图形。执行"实时"命令的具体操作步骤如下。

01 打开"1.2.10 平移实时 .dwg"素材文件，如图 1-78 所示。

图 1-78　打开素材文件

02 执行"视图"|"平移"|"实时"命令，如图 1-79 所示。

图 1-79　执行"实时"命令

03 此时光标显示为黑色的抓手，如图 1-80 所示。

图 1-80　光标显示为抓手

04 按住鼠标左键抓取视图，此时移动光标可以移动视图，查看图形的各个部分，如图 1-81 所示。

图 1-81　平移视图

操作技巧：

单击右侧导航栏上的"平移"按钮🖐，也可以通过抓取视图移动对象。

1.2.11 平移点

执行"点"命令，通过指定基点和第二点，实现移动图形的操作。执行"点"命令的具体操作步骤如下。

01 打开"1.2.11 平移点 .dwg"素材文件。

02 执行"视图"|"平移"|"点"命令，如图 1-82 所示。

图 1-82　执行"点"命令

03 在图形的左下角单击，指定基点，如图 1-83 所示。

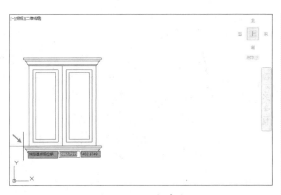

图 1-83　指定基点

04 向右移动光标，指定第二点，如图 1-84 所示。

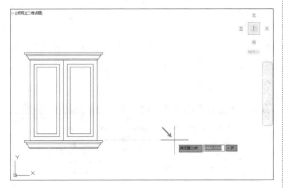

图 1-84　指定第二点

05 释放鼠标左键，图形被移至指定的点上，如图 1-85 所示。

图 1-85　移动图形

1.2.12　平移左、右、上、下

在"平移"子菜单中提供了"左""右""上""下"4 个命令。通过执行相应命令，可以将绘图区中的图形移至指定的方向，具体操作步骤如下。

01 打开"1.2.12 平移左、右、上、下 .dwg"素材文件。

02 进入"视图"｜"平移"子菜单，如图 1-86 所示。

图 1-86　　"平移"子菜单

03 在"平移"子菜单中选择"左"命令，图例向左移动，如图 1-87 所示。

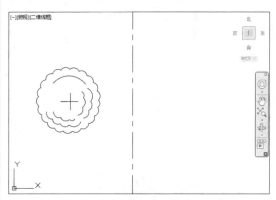

图 1-87　向左移动图例

04 选择"右"命令，图例向右移动，如图 1-88 所示。

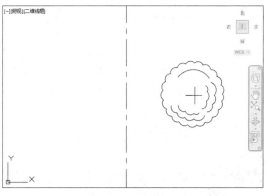

图 1-88　向右移动图例

提示：

为了方便观察图例的移动效果，这里添加了中心线辅助说明。通过观察图例与中心线的位置关系，理解并学会运用该命令。

05 向上和向下移动图例的效果，如图1-89与图1-90所示。

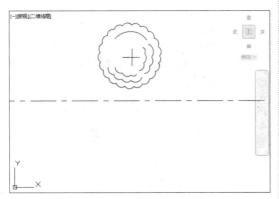

图1-89　向上移动图例

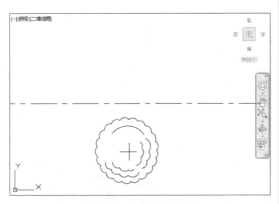

图1-90　向下移动图例

1.2.13　重生成

有时候视图中的圆形、圆弧以充满棱角的线段显示，此时执行"重生成"命令，即可刷新视图，恢复圆形原本平滑的外观。执行"重生成"命令的具体操作步骤如下。

01 打开"1.2.13 重生成.dwg"文件，如图1-91所示。

02 执行"视图"｜"重生成"命令，如图1-92所示，刷新视图。

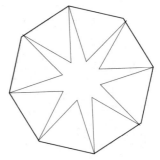

图1-91　打开素材

图1-92　选择"重生成"命令

03 在命令行中输入OP执行"选项"命令，在弹出的"选项"对话框中设置"圆弧和圆的平滑度"参数值，如图1-93所示。

图1-93　设置参数值

04 单击"确定"按钮，观察重生成的视图效果，如图1-94所示。可以看到，原本尖锐的轮廓线显示为平滑的轮廓线。

图1-94　刷新显示图形

操作技巧:

执行"视图"|"全部重生成"命令,也可以刷新显示图形。

1.3 执行与撤销命令

在 AutoCAD 中绘制或者编辑图形,需要熟练运用各种命令,本节介绍调用命令的方法。

1.3.1 利用功能区执行命令

在菜单栏的下方有功能区,其中包含各种类型的命令按钮。单击按钮,执行相应的命令。如单击"直线"按钮 ∕,可以激活"直线"命令。功能区划分为不同的类型,包括"默认""插入""注释"等。切换功能区,选择所需的命令,完成绘制或者编辑操作。利用功能区执行命令的具体操作步骤如下。

01 打开"1.3.1 利用功能区执行命令 .dwg"素材文件,如图 1-95 所示。

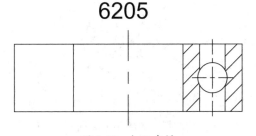

图 1-95 打开素材

02 选择"默认"功能区,单击"绘图"区域中的"直线"按钮 ∕,如图 1-96 所示。

图 1-96 单击"直线"按钮

03 根据命令行的提示,指定起点和终点,在矩形内绘制对角线,如图 1-97 所示。

04 重复执行上述操作,继续绘制另一方向上的对角线,结果如图 1-98 所示。

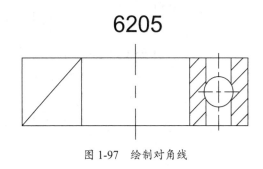

图 1-97 绘制对角线

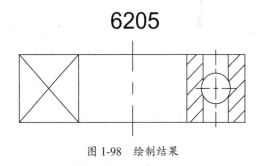

图 1-98 绘制结果

1.3.2 利用命令行执行命令

AutoCAD 为大部分的命令赋予了快捷键,如直线命令的快捷键是 L,在命令行中输入 L 即可调用命令。利用快捷键绘图可以极大地提高工作效率。新用户可以将光标置于命令按钮上,稍等片刻,在弹出的菜单中查看命令介绍以及对应的快捷键。利用命令行执行命令的具体操作步骤如下。

01 打开"1.3.2 利用命令行执行命令 .dwg"素材文件,如图 1-99 所示。

02 在命令行中输入 REC(矩形),按 Enter 键,命令行提示如下。

```
命令:REC ↙                                    //调用命令
RECTANG
指定第一个角点或 [倒角 (C) / 标高 (E) / 圆角 (F) / 厚度 (T) / 宽度 (W)]: //单击
指定另一个角点或 [面积 (A) / 尺寸 (D) / 旋转 (R)]: D          //输入D，选择"尺寸"选项
指定矩形的长度 <10>: 150
指定矩形的宽度 <10>: 250                        //分别设置尺寸
指定另一个角点或 [面积 (A) / 尺寸 (D) / 旋转 (R)]:    //指定角点绘制矩形，如图 1-100 所示
```

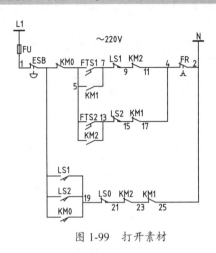

图 1-99　打开素材

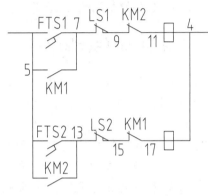

图 1-100　绘制矩形

03 在命令行中输入 TR（修剪），按 Enter 键，命令行提示如下。

```
命令：TR ↙
TRIM
当前设置：投影 =UCS，边 = 无
选择剪切边 ...
选择对象或 <全部选择>：  找到 1 个                   //选择在上一步中绘制的矩形
选择对象：
选择要修剪的对象或按住 Shift 键选择要延伸的对象，或者 [栏选 (F) / 窗交 (C) / 投影 (P) / 边 (E) /
删除 (R)]：
// 按 Enter 键，单击矩形内部的线段，将其指定为修剪对象，操作结果如图 1-101 所示
```

04 在命令行中输入 MT（多行文字），在矩形的上方绘制标注文字，如图 1-102 所示，完成电气图例的绘制。

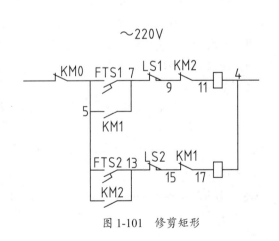

图 1-101　修剪矩形

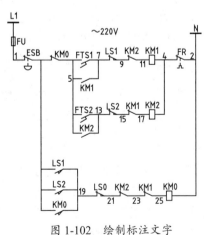

图 1-102　绘制标注文字

1.3.3 利用菜单栏执行命令

在菜单栏中包含大部分的绘图和编辑命令。通过菜单栏执行命令可以满足基本的绘图、编辑工作。有些命令包含子菜单，如"圆"命令，选择子菜单中的命令，能够以指定的方式绘制或者编辑图形。利用菜单栏执行命令的具体操作步骤如下。

01 执行"绘图"|"圆"|"圆心、半径"命令，如图 1-103 所示。

图 1-103 执行"圆心、半径"命令

02 在绘图区域中指定圆心，设置半径为 10，绘制 4 个圆形，如图 1-104 所示。

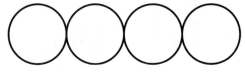

图 1-104 绘制圆形

03 执行"绘图"|"直线"命令，如图 1-105 所示。

图 1-105 执行"直线"命令

04 拾取圆形的象限点为起点，绘制垂直线段。经过圆心绘制水平线段，如图 1-106 所示。

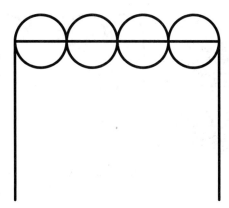

图 1-106 绘制直线

05 执行"修改"|"修剪"命令，如图 1-107 所示。

图 1-107 执行"修剪"命令

06 修剪掉水平线段下方的半圆，如图 1-108 所示。

图 1-108 修剪圆形

07 执行"修改"|"删除"命令，删除水平线段，电感符号的绘制结果如图 1-109 所示。

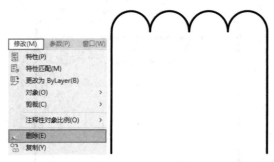

图 1-109　删除线段

1.3.4　利用快捷菜单执行命令

在绘图区域中右击，在弹出的快捷菜单的"最近的输入"子菜单中，显示最近执行的命令。选择相应命令，即可进入编辑状态。利用快捷菜单执行命令的具体操作步骤如下。

01 执行 L（直线）命令，绘制水平线段与垂直线段，如图 1-110 所示。

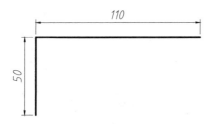

图 1-110　绘制直线

02 按 Esc 键退出命令，在绘图区域的空白位置单击，在弹出的快捷菜单中选择"重复LINE"命令，如图 1-111 所示。

图 1-111　选择"重复 LINE"命令

03 执行上述操作后，启用"直线"命令。指

定起点、端点与距离，绘制直线如图 1-112 所示。

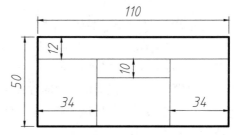

图 1-112　绘制直线

04 执行 MT（多行文字）命令，在空格内绘制文字，如图 1-113 所示。

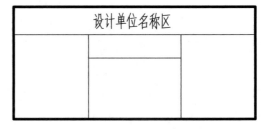

图 1-113　绘制标注文字

05 假如在执行了其他操作后再继续输入文字，可以在不执行任何操作的情况下右击，选择"最近的输入"子菜单中的 MTEXT（多行文字）命令，如图 1-114 所示。

图 1-114　选择 MTEXT 命令

06 继续在空格内绘制标注文字，完成标题栏的创建，如图 1-115 所示。

图 1-115　绘制结果

1.3.5　重复执行命令

在绘图或者编辑图形的过程中，经常需要重复执行某个命令。在结束命令后，按 Enter 键可以再次执行该命令，并且沿用已设置的命令属性参数，无须重复设置。重复执行命令的具体操作步骤如下。

01 打开 "1.3.5 重复执行命令 .dwg" 素材文件，如图 1-116 所示。

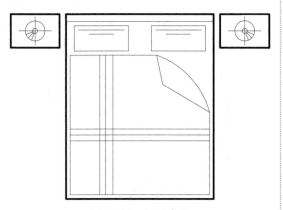

图 1-116　打开素材

02 在命令行输入 F（圆角），设置半径值为 50，对左上角执行圆角修剪，如图 1-117 所示。

图 1-117　圆角修剪

03 按 Enter 键，重复执行 "圆角" 命令，并且保持当前的圆角半径值不变，继续对轮廓线执行圆角修剪，如图 1-118 所示。

04 使用相同的方法，继续编辑右侧的直角，结果如图 1-119 所示。

操作技巧：

按下空格键也可以重复执行上一个命令。或者在绘图区域中右击，在弹出的快捷菜单中选择 "重复×××（某命令）"，也可以重复执行上一个命令。

图 1-118　圆角修剪

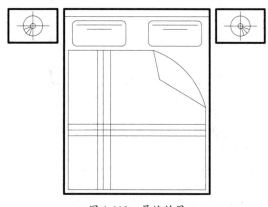

图 1-119　最终结果

1.3.6　退出命令

绘制或编辑图形完毕后，需要退出正在执行的命令，可以直接按 Esc 键。或者按 Enter 键，也可以结束当前命令。退出命令的具体操作步骤如下。

01 执行 REC（矩形）命令，在绘图区域中指定对角点，绘制尺寸为 500×500 的矩形，如图 1-120 所示。

图 1-120　绘制矩形

02 执行 PL（多段线）命令，在矩形内部指定起点，如图1-121所示。

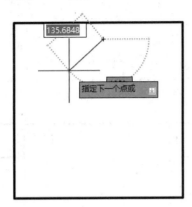

图1-121 指定起点

03 移动光标，指定各个点，绘制折线，如图1-122所示。

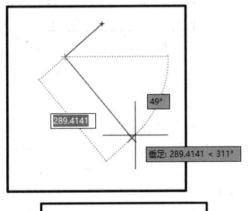

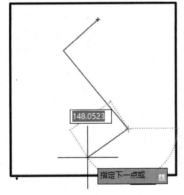

图1-122 绘制折线

04 折线绘制完毕后，"多段线"命令不会自动退出。命令行继续提示指定下一点，如图1-123所示。

05 此时按Esc键可以退出命令，完成感烟探测

器图例的绘制，如图1-124所示。

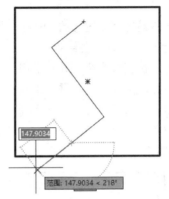

图1-123 仍然处在命令执行状态

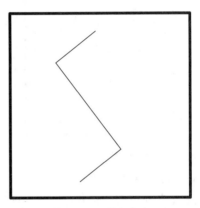

图1-124 退出命令

操作技巧：

右击并在弹出的快捷键菜单中选择"确认"选项，可以退出当前命令。或者按Enter键或空格键，同样可以退出命令。

1.3.7 放弃命令

在绘图的过程中发现某个步骤操作失误，可以及时撤销并重新开始。右击并在弹出的快捷菜单中选择"放弃"选项，可以撤销错误的操作。放弃命令的具体操作步骤如下。

01 打开"1.3.7放弃命令.dwg"素材文件。

02 执行L（直线）命令，指定起点和下一点绘制斜线段，如图1-125所示。

03 向下移动光标，指定下一点绘制垂直线段，

如图 1-126 所示。

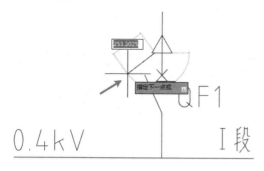

图 1-125 指定点绘制斜线段

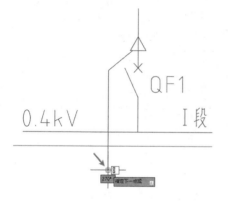

图 1-126 绘制垂直线段

04 由于直线的端点位置发生错误，所以右击并在弹出的快捷菜单中选择"放弃"命令，如图 1-127 所示。

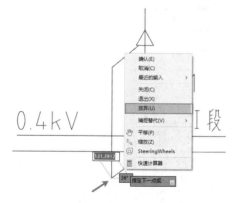

图 1-127 选择"放弃"命令

05 重新指定端点位置绘制直线，如图 1-128 所示。

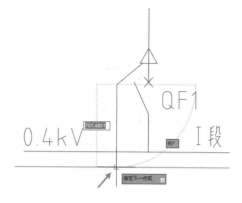

图 1-128 重新指定端点绘制直线

06 按 Esc 键退出命令，绘制直线的结果如图 1-129 所示。

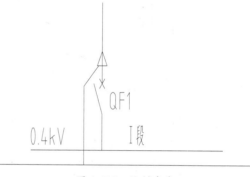

图 1-129 绘制直线

操作技巧：

执行"编辑"｜"放弃（U）Line"命令，如图1-130所示，可以撤销已绘制的直线。或者按组合键Ctrl+Z，也可以撤销上一步的操作结果。

图 1-130 选择"放弃（U）Line"命令

1.3.8 查看最近输入的命令

AutoCAD 会保留多个最近输入的命令，重新选择命令可以进入编辑状态。通过右击调出快捷菜单，或者打开命令行的命令列表，也可以打开文本窗口，查询最近输入的命令。查看最近输入的命令的具体操作步骤如下。

01 打开"1.3.8 查看最近输入的命令.dwg"文件，如图 1-131 所示。

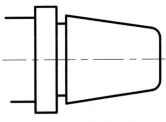

图 1-131　打开素材

02 执行 SPL（样条曲线）命令，指定点绘制样条曲线，如图 1-132 所示。

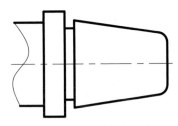

图 1-132　绘制样条曲线

03 在绘图区域的空白处右击，在弹出的快捷菜单的"最近的输入"子菜单中，显示最近输入的多个命令，如图 1-133 所示。可以发现，SPLINE（样条曲线）命令位于菜单顶部。

图 1-133　"最近的输入"子菜单

04 在命令行中单击"最近使用的命令"按钮，向上弹出命令列表，显示最近输入的命令，如图 1-134 所示。

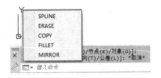

图 1-134　弹出命令列表

05 按组合键 Ctrl+F2，打开"AutoCAD 文本窗口"，显示最近输入的命令信息，如图 1-135 所示。

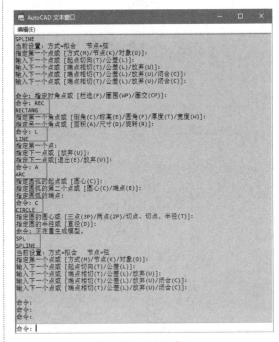

图 1-135　文本窗口

操作技巧：

执行"视图"｜"显示"｜"文本窗口"命令，如图1-136所示，可以打开AutoCAD文本窗口。但是在该窗口中只能查看命令信息，不能选择并执行命令。

图 1-136　执行"文本窗口"命令

1.4　选择对象的方式

在 AutoCAD 中选择对象有多种方式，最常用的方式是点选，即将光标置于对象之上，单击即可选中对象。此外，还有框选、窗口选取、栏选等方式。本节介绍选择对象的各种方法。

1.4.1　单击选择对象

单击选择对象是最简单、最常用的选择对象方式。单击对象，该对象被选中，同时显示对象夹点。单击选择对象的具体操作步骤如下。

01 打开"1.4.1 单击选择对象 .dwg"素材文件，如图 1-137 所示。

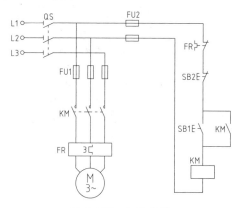

图 1-137　打开素材

02 将光标移至电阻器图形之上，其高亮显示，如图 1-138 所示。

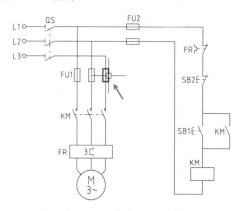

图 1-138　高亮显示对象

03 此时单击即可选中电阻器图形，同时显示蓝色的夹点，如图 1-139 所示。

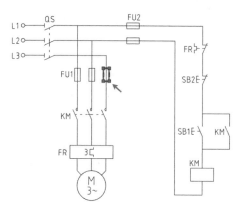

图 1-139　选中电阻器图形

04 保持当前的选择状态不变，继续单击其他电阻器图形，可以同时选中多个对象，如图 1-140 所示。

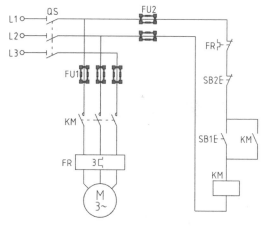

图 1-140　选择多个对象

1.4.2　窗口选择对象

在对象上绘制矩形选框，全部位于选框内的图形会被选中，这是窗口选择对象的结果。使用该方法选择对象，需要注意只能选中全部位于选框内的图形。窗口选择对象的具体操作步骤如下。

01 继续使用 1.4.1 小节中的实例文件。在对象上单击，向下移动光标，绘制蓝色窗口，如图 1-141 所示。

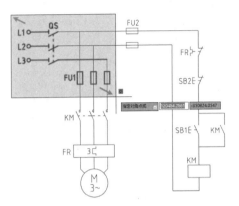

图 1-141　绘制蓝色窗口

02 在合适位置右击，指定矩形选框的对角点。全部位于蓝色窗口内的对象会被选中，如图 1-142 所示。

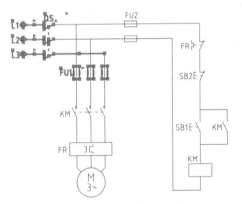

图 1-142　选择对象的结果

提示：

观察选择结果，可以发现垂直线路因为只是部分位于蓝色窗口中，所以没有被选中。

1.4.3　窗交选择对象

　　使用不同的方式绘制选框，会得到不同的效果。选择"窗交"方式选择对象，需要从右下角至左上角绘制选框。与选择窗口相交的图形，无论是否全部位于选框中都会被选中。窗

交选择对象的具体操作步骤如下。

01 继续使用 1.4.1 小节中的实例文件。在对象的右下角单击，向左上角移动光标，绘制青色选框，如图 1-143 所示。

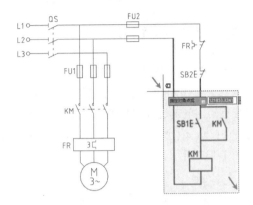

图 1-143　绘制青色选框

02 在合适的位置单击，即使是局部位于选框内的图形也会被选中，如图 1-144 所示。

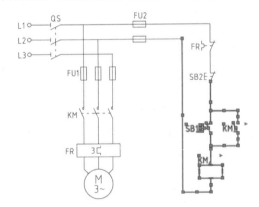

图 1-144　选择对象的结果

提示：

观察选择结果，可以发现垂直线路只是部分位于选框中，结果被全部选中。

1.4.4　栏选选择对象

　　使用"栏选"方式选择对象，需要在对象上指定栏选点并绘制栏选线。栏选线无须闭合创建一个独立的区域，但是与之相交的对象会被选中。栏选选择对象的具体操作步骤如下。

01 继续使用 1.4.1 小节中的实例文件。光标不执行任何操作，在绘图区域的空白位置单击，命令行提示如下。

```
命令：指定对角点或 [栏选 (F) / 圈围
(WP) / 圈交 (CP)]：F
//选择"栏选"选项
    指定下一个栏选点或 [放弃 (U)]：
    指定下一个栏选点或 [放弃 (U)]：

            // 指定栏选点
```

02 参考命令行的提示，在对象上绘制栏选线，如图 1-145 所示。

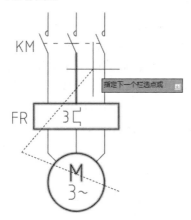

图 1-145　绘制栏选线

03 按 Enter 键结束操作，观察选择对象的结果，如图 1-146 所示。

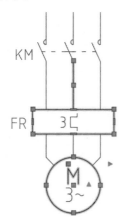

图 1-146　选择对象的结果

与栏选线相交的圆形和矩形均被选中。字母 M 与栏选线相交，结果被选中。标注文字 3~ 没有与栏选线相交，所以没有被选中。

技巧提示：

栏选线不需要闭合也能执行选择对象的操作。在选用该方式时，不要陷入惯性思维，认为必须要创建一个闭合区域才能选取对象。

1.4.5　圈围选择对象

选择"圈围"方式，在待选对象上指定直线端点，绘制闭合的选框。全部位于选框内的对象被选中，与窗口选择对象方式的结果相似。圈围选择对象的具体操作步骤如下。

01 继续使用 1.4.1 小节中的实例文件。光标不执行任何操作，在绘图区域的空白位置单击，命令行提示如下。

```
命令：指定对角点或 [栏选 (F) / 圈围
(WP) / 圈交 (CP)]：WP  //选择"圈围"选项
    指定直线的端点或 [放弃 (U)]：
    指定直线的端点或 [放弃 (U)]：
        // 指定直线端点
```

02 在对象上依次指定直线端点，绘制不规则选框，如图 1-147 所示。

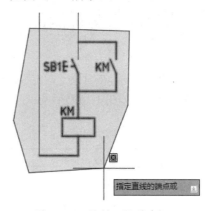

图 1-147　绘制不规则选框

03 按 Enter 键结束绘制，选择对象的结果如图 1-148 所示。

观察选择结果，发现全部位于选框内的图形才能被选中。这与"窗口"选择对象的结果相似。不同的是，利用"窗口"选择方式可以绘制规则的选框。

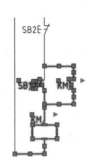

图 1-148　选择对象的结果

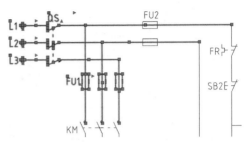

图 1-150　选择对象的结果

1.4.6　圈交选择对象

使用"圈交"方式选择对象，需要在待选对象上绘制选框。部分或全部位于选框内的对象均被选中，与"窗交"选择方式的结果相同。圈交选择对象的具体操作步骤如下。

01 继续使用 1.4.1 小节中的实例文件。

02 光标不执行任何操作，在绘图区域的空白位置单击，命令行提示如下。

```
命令：指定对角点或 ［栏选 (F)/圈围
(WP)/圈交 (CP)］：CP
        // 选择"圈交"选项
    指定直线的端点或 ［放弃 (U)］：
    指定直线的端点或 ［放弃 (U)］：
    // 指定直线端点
```

03 根据命令行的提示，在对象上指定直线端点，绘制不规则选框，如图 1-149 所示。

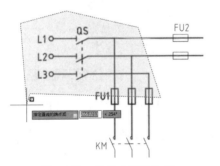

图 1-149　绘制不规则选框

04 按 Enter 键结束操作，全部或部分位于选框内的对象被选中，结果如图 1-150 所示。

1.4.7　快速选择对象

使用"快速选择"方式选择对象，可以设置选择对象的条件，系统根据条件对指定范围内的图形进行过滤，筛选符合条件的对象并将其选中。快速选择对象的具体操作步骤如下。

继续使用 1.4.1 小节中的实例文件，介绍快速选择对象的方法。

01 执行"工具"｜"快速选择"命令，打开"快速选择"对话框，设置参数如图 1-151 所示。

图 1-151　设置参数

02 单击"确定"按钮，观察选择对象的结果，发现位于"回路结构"图层上的线路被选中，如图 1-152 所示。

操作技巧：

除设置"图层"为选择条件外，还可以设置"颜色""线型""线型比例"等作为选择对象的条件。

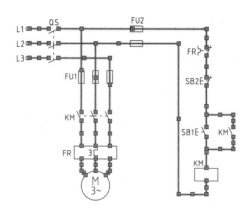

图 1-152　选择对象的结果

1.5　认识辅助绘图工具

AutoCAD 为了帮助用户更加便利地绘图，提供了一系列绘图工具，包括捕捉工具、栅格工具以及极轴追踪工具等。根据不同的需求选择不同的工具能够有效地提高工作效率，本节介绍使用这些辅助工具的方法。

1.5.1　开启"选项"对话框

启动 AutoCAD 2020 后，可以在其默认的绘图环境中绘图，但是有时为了保证图形文件的规范性、图形的准确形与绘图的效率，往往需要在绘制图形前对绘图环境和系统参数进行设置，使其更符合自己的习惯，从而提高绘图效率。本例简单介绍"选项"对话框对绘图环境的设置，具体操作步骤如下。

01 打开"1.5.1 开启"选项"对话框 .dwg"素材文件，如图 1-153 所示。

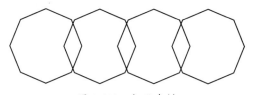

图 1-153　打开素材

02 输入 O 执行"选项"命令，弹出"选项"对话框，在"显示"选项卡中设置"圆弧和圆的平滑度"参数值为1000，设置"十字光标大小"参数值为100，如图 1-154 所示。

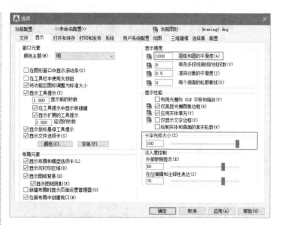

图 1-154　设置参数

03 单击"确定"按钮后，多边形变成了圆形，光标直线延伸到窗口边缘，最终效果如图 1-155 所示。

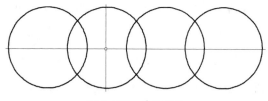

图 1-155　最终效果

1.5.2 启用捕捉绘制浴霸图形

启用"捕捉"功能后,光标被吸附在某个点上。每次移动光标都被限制在所设定的范围内。配合使用"栅格"功能可以创建指定尺寸的图形。其缺点是启用"捕捉"功能后,移动光标时不是很灵活。启用"捕捉"功能绘制浴霸图形的具体操作步骤如下。

01 在状态栏上单击"捕捉"按钮 ▦,在按钮上右击,弹出快捷菜单,选择"捕捉设置"选项,如图1-156所示。

图1-156 选择"捕捉设置"选项

02 打开"草图设置"对话框,选中"启用栅格"复选框后,分别设置"捕捉间距""栅格间距"参数值,如图1-157所示。

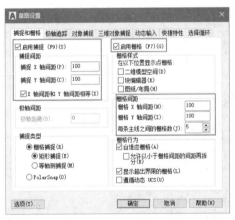

图1-157 设置参数

操作技巧:

执行"工具"│"绘图设置"命令,也可以打开"草图设置"对话框。

03 执行上述操作后,光标可以捕捉到栅格点。指定起点,如图1-158所示。

04 移动光标,捕捉直线的下一点。因为已将

"捕捉间距"和"栅格间距"参数值均设置为100,所以捕捉3个栅格后,直线的长度显示为300,如图1-159所示。

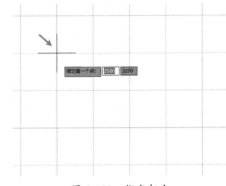

图1-158 指定起点

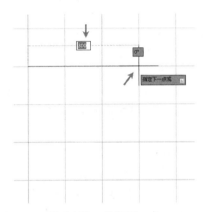

图1-159 指定下一点

05 继续移动光标捕捉栅格点,绘制外轮廓线如图1-160所示。

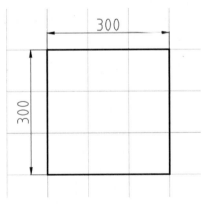

图1-160 绘制外轮廓线

06 浴霸外轮廓线绘制完毕后,继续在内部绘制图形,最终结果如图1-161所示。

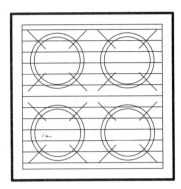

图 1-161　最终结果

1.5.3　启用栅格绘制楼梯图形

新建空白文件后，默认在绘图区域中显示栅格。栅格作为参考被用到绘图或编辑操作中。通过自定义栅格间距，可以更加灵活地运用到不同的绘图环境中。启用栅格绘制楼梯图形的具体操作步骤如下。

01 打开"1.5.3 启用栅格绘制楼梯图形 .dwg"素材文件。

02 在状态栏上单击"启用图形栅格"按钮 ，在按钮上右击，弹出快捷菜单，选择"网格设置"选项。弹出"草图设置"对话框，设置参数如图 1-162 所示。

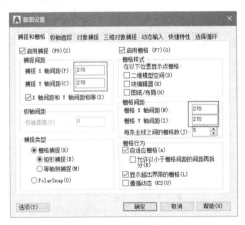

图 1-162　设置参数

03 将光标移至栅格点上，指定起点如图 1-163 所示。

04 向右移动光标，指定直线的第二个点，绘制踏步轮廓线的结果如图 1-164 所示。

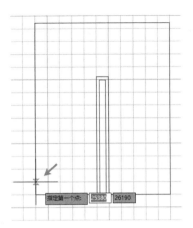

图 1-163　指定起点

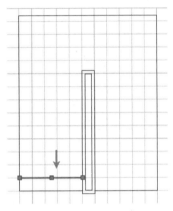

图 1-164　绘制踏步轮廓线

05 继续捕捉栅格点绘制轮廓线，结果如图 1-165 所示。

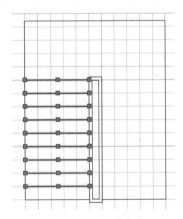

图 1-165　绘制结果

06 使用上述的方法绘制右侧梯段的踏步轮廓线。按 F7 键关闭栅格，查看绘制踏步的结果，如图 1-166 所示。

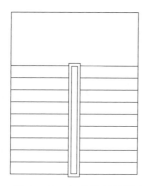

图 1-166　查看绘制结果

07 最后添加折断线，标注上、下楼方向，完成梯段的绘制，最终结果如图 1-167 所示。

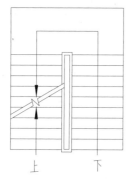

图 1-167　最终结果

操作技巧：

在本例中，为了得到踏步宽度为270，所以将"捕捉间距"和"栅格间距"参数值均设置为270。可以根据绘图或编辑尺寸，自定义栅格间距。

1.5.4　启用极轴追踪绘制窗户图形

启用"极轴"功能后，"正交"功能自动关闭。借助极轴追踪线，可以将光标定位在任意角度。本小节利用 33° 极轴追踪线来完善别墅立面窗户图形的绘制，具体操作步骤如下。

01 打开"1.5.4 启用极轴线绘制别墅窗户图形 .dwg"素材文件。

02 执行"工具"｜"绘图设置"命令，打开"草图设置"对话框，切换至"极轴追踪"选项卡。单击"新建"按钮，设置"附加角"为 33，如图 1-168 所示。

图 1-168　设置参数

03 在状态栏上单击"极轴追踪"按钮右侧的三角形按钮，弹出列表并选择在上一步中创建的附加角，如图 1-169 所示。

图 1-169　选择追踪角

04 执行 L（直线）命令，指定起点，向右上角移动光标，借助极轴追踪线确定下一点，如图 1-170 所示。可以看到，在光标的右下角显示当前极轴追踪的角度为 33°。

图 1-170　指定下一点

05 向右下角移动光标，指定直线的终点，如图 1-171 所示。此时极轴追踪的角度仍旧为 33°。

图 1-171 指定终点

06 完善立面窗户轮廓线的结果，如图 1-172 所示。

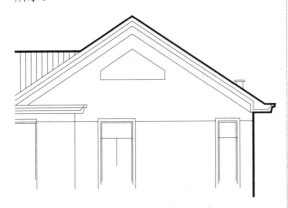

图 1-172 完善立面窗户轮廓线

07 执行 H（填充）命令，选择合适的图案，在轮廓线内填充图案的效果，如图 1-173 所示。

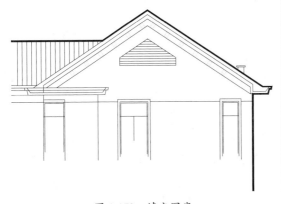

图 1-173 填充图案

1.5.5 启用对象捕捉绘制遮阳伞图形

AutoCAD 提供数种对象捕捉模式供用户选用，包括"端点""中点""圆心"等。选择对象捕捉模式后，在绘图或者编辑的过程中即可捕捉到对应的特征点，帮助用户更好地绘图。启用对象捕捉绘制遮阳伞图形的具体操作步骤如下。

01 单击"绘图"面板上的"多边形"按钮⬠，设置侧面数为 6，半径值为 1670，绘制正六边形如图 1-174 所示。

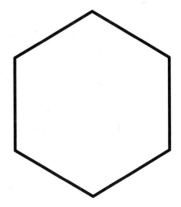

图 1-174 绘制正六边形

02 执行"工具"｜"绘图设置"命令，打开"草图设置"对话框，切换至"对象捕捉"选项卡，选择对象捕捉模式，如图 1-175 所示。

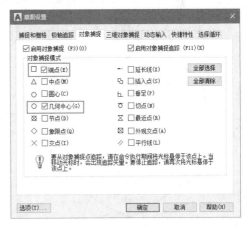

图 1-175 选择对象捕捉模式

03 执行 L（直线）命令，将光标移至六边形的中心，拾取几何中心，如图 1-176 所示。

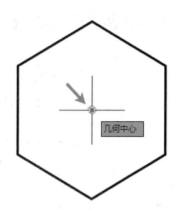

图 1-176　拾取几何中心

04 在几何中心单击，指定直线的起点。向上移动光标，拾取六边形的端点，如图 1-177 所示。

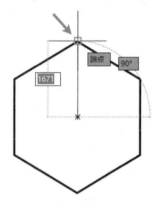

图 1-177　拾取端点

05 在几何中心和端点之间绘制垂直线段，如图 1-178 所示。

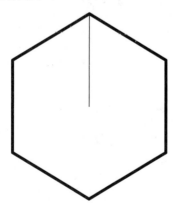

图 1-178　绘制直线

06 重复操作，继续绘制线段，完成遮阳伞的绘制，结果如图 1-179 所示。

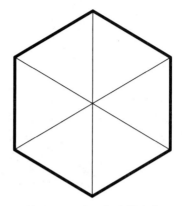

图 1-179　遮阳伞绘制结果

1.5.6　启用对象捕捉追踪绘制线路

　　启用"对象捕捉追踪"功能，在拾取对象特征点时可以显示辅助线，帮助用户确定位置，从而更好地绘图。在本例中，利用对象捕捉追踪线确定线路的位置，具体操作步骤如下。

01 打开"1.5.6 启用对象捕捉追踪绘制线路 .dwg"素材文件。

02 执行 L（直线）命令，拾取黑色实心圆点的圆心为起点，向右移动光标，如图 1-180 所示。

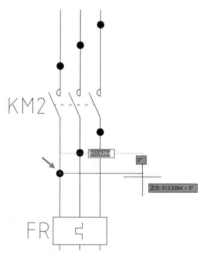

图 1-180　向右移动光标

03 在合适的位置单击，向上移动光标。将光标移至上方黑色圆点的圆心，如图 1-181 所示。

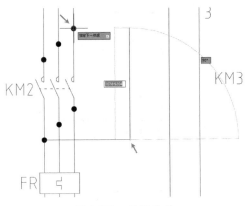

图 1-181 拾取位置

04 拾取黑色圆点圆心的位置，不需要单击，向右移动光标，显示蓝色对象捕捉追踪线。在水平、垂直捕捉追踪线的相交点单击，如图 1-182 所示，指定直线的下一点。

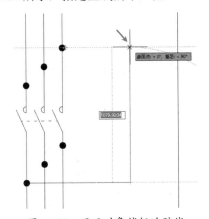

图 1-182 显示对象捕捉追踪线

05 向左移动光标，在黑色圆点的圆心处单击，指定终点如图 1-183 所示。

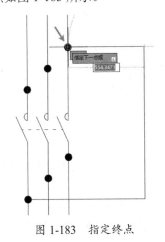

图 1-183 指定终点

操作技巧：

将光标置于上方黑色圆点处，是为了拾取该圆点的位置信息。此时不需要单击，只需要向右移动光标，即可显示对象捕捉追踪线。

06 借助对象捕捉追踪线确定位置绘制线路，结果如图 1-184 所示。

07 重复操作，继续绘制线路，并且调用相关的绘图、编辑命令，在线路上布置电器元件，最终结果如图 1-185 所示。

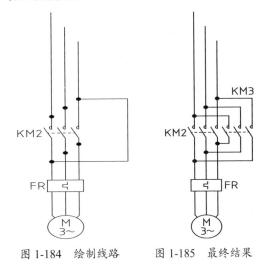

图 1-184 绘制线路   图 1-185 最终结果

1.5.7 使用"自"功能绘图

"自"功能可以帮助用户在正确的位置绘制新对象。当需要指定的点不在任何对象捕捉点上，但在 X、Y 方向上距现有对象捕捉点的距离是已知的，即可使用"自"功能来进行捕捉。

假如要在如图 1-186（a）所示的正方形中绘制一个如图 1-186（b）所示的小长方形，一般情况下只能借助辅助线来进行绘制，因为对象捕捉只能捕捉到正方形每个边上的端点和中点，这样即使通过对象捕捉的追踪线也无法定位至小长方形的起点（图中 A 点）。此时即可用到"自"功能进行绘制，操作步骤如下。

01 打开素材文件"1.5.7 使用"自"功能绘图 .dwg"，其中已经绘制好了边长为 10 的正方形，如图 1-186（a）所示。

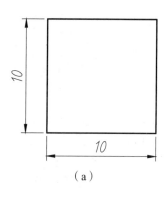

（a）

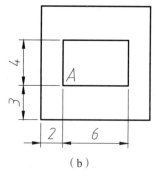

（b）

图 1-186　素材图形与完成效果

02 在"默认"选项卡中单击"绘图"区域上的"直线"按钮╱，执行"直线"命令。

03 执行"自"功能。命令行出现"指定第一点"的提示时，输入 from，执行"自"命令，如图 1-187 所示。也可以在绘图区中右击，在弹出的快捷菜单中选择"自"命令。

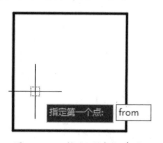

图 1-187　执行"自"命令

04 指定基点。此时提示需要指定一个基点，选择正方形的左下角点作为基点，如图 1-188 所示。

05 输入偏移距离。指定完基点后，命令行出现"<偏移>:"提示，此时输入小长方形起点 A 与基点的相对坐标（@2,3），如图 1-189 所示。

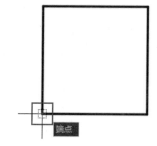

图 1-188　指定基点

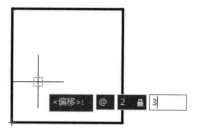

图 1-189　输入偏移距离

06 绘制图形。输入完毕后即可将直线起点定位至 A 点处，然后按给定尺寸绘制图形即可，如图 1-190 所示。

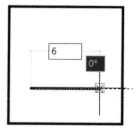

图 1-190　绘制图形

操作技巧：

在为"自"功能指定偏移点时，即使动态输入中默认的设置是相对坐标，也需要在输入时加上@来表明这是一个相对坐标值。动态输入的相对坐标设置仅适用于指定第二点的时候。例如，绘制一条直线时，输入的第一个坐标被当作绝对坐标，随后输入的坐标才被当作相对坐标。

1.5.8　使用"两点之间的中点"绘图

"两点之间的中点"（命令行：MTP）命令可以在执行对象捕捉或对象捕捉替代时使

用，用于捕捉两定点之间连线的中点。"两点之间的中点命令"使用较为灵活，如果熟练掌握可以快速绘制众多特殊的图形。

如图1-191所示，在已知圆的情况下，要绘制出对角长为半径的正方形。通常只能借助辅助线或"移动""旋转"等编辑功能实现，但如果使用"两点之间的中点"命令，则可以一次性解决，具体操作步骤如下。

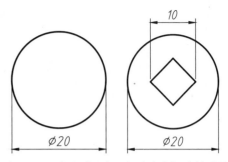

图1-191 使用"两点之间的中点"绘制图形

01 打开素材文件"1.5.8 使用"两点之间的中点"绘图 .dwg"，其中已经绘制好了直径为20的圆，如图1-192所示。

02 在"默认"选项卡中，单击"绘图"区域的"直线"按钮，执行直线命令。

03 执行"两点之间的中点"。命令行出现"指定第一点"的提示时，输入mtp，执行"两点之间的中点"命令，如图1-193所示。也可以在绘图区域中右击，在弹出的快捷菜单中选择"两点之间的中点"命令。

04 指定中点的第一个点。将光标移至圆心处，捕捉圆心为中点的第一个点，如图1-194所示。

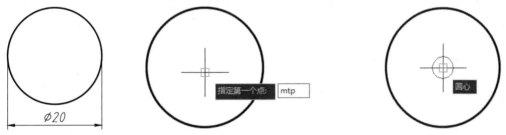

图1-192 打开素材图形　图1-193 执行"两点之间的中点"命令　图1-194 捕捉圆心为中点的第一个点

05 指定中点的第二个点。将光标移至圆最右侧的象限点处，捕捉该象限点为第二个点，如图1-195所示。

06 直线的起点自动定位至圆心与象限点之间的中点处，接着采用相同方法将直线的第二点定位至圆心与上象限点的中点处，如图1-196所示。

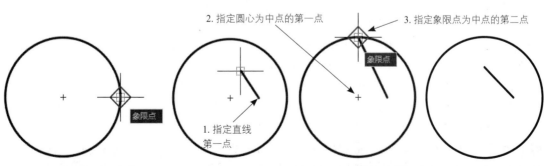

图1-195 捕捉象限点为中
点的第二个点

图1-196 定位直线的第二个点

07 采用相同方法，绘制其余段的直线，最终
效果如图 1-197 所示。

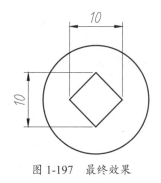

图 1-197　最终效果

1.6　综合实例

本节结合实例介绍利用多视口浏览图形、借助辅助线或辅助对象进行绘图的方法。操作方法
并不难掌握，只要多加练习就能将本节所介绍的技巧运用到实际工作中，提高绘图效率。

1.6.1　创建多视口浏览图形

相较于手工绘图来说，AutoCAD 软件无疑很便利，但 AutoCAD 也并不是完美无缺的。相对
于手绘来说，它有一个十分明显的缺点，即显示区域太小，不能首尾兼顾。无论是何种版本的
AutoCAD，虽然可以通过视图移动、缩放等操作来浏览图形，但它的显示范围始终只有计算机
屏幕那么大，因此，对于大型图纸来说，始终只能窥豹一斑。本例便介绍如何创建多视口来尽
量减轻这种视图影响，具体操作步骤如下。

01 打开素材文件"1.6.1 创建多视口浏览图形 .dwg"，其中已经绘制好了一个很长的杆件图形，
如图 1-198 所示。

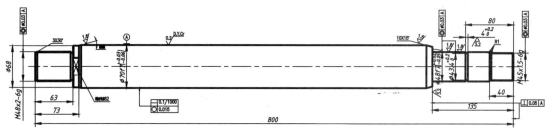

图 1-198　打开素材

02 在浏览该图形时，就会发生首尾不能兼顾的情况。如果杆件的左、右两端在绘制或标注时，
需要互相参照，但使用 AutoCAD 却始终只能显示一个视口，不是左端便是右端，且需要不停地
在左右两端进行切换，如图 1-199 所示，这样无疑会极大地降低绘图效率。

03 此时，可以在命令行中输入"+V"，然后忽略命令行提示，直接按 Enter 键，打开"视口"对
话框，切换至其中的"新建视口"选项卡，如图 1-200 所示。

04 在"标准视口"框中提供了 AutoCAD 自带的若干视图方案，根据本例为水平方向长杆的特点，
选择"两个：垂直"选项，在右侧的预览框中可以看到新建的视口布局效果，如图 1-201 所示。

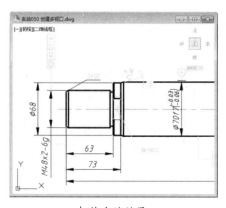

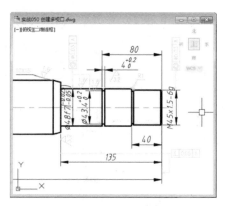

杆件左端效果　　　　　　　　　　　　　　杆件右端效果

图 1-199　通过调整视图观察相距较远的部分

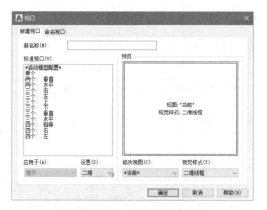
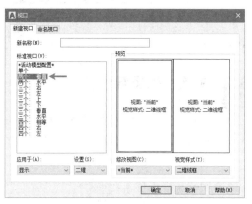

图 1-200　"视口"对话框　　　　　　　　　图 1-201　选择视口方案

05 单击"确定"按钮，返回绘图区，即可观察到原来单独的视口被一分为二，如图 1-202 所示。

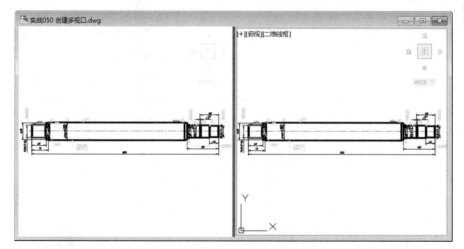

图 1-202　创建垂直双视口

06 在任意视口内单击，即可将操作锁定至该视口，对此视口执行的任意操作均不会影响其他视口。分别在两侧视口中调整视图大小，即可得到分别显示左右两端细节的视图，如图 1-203 所示。

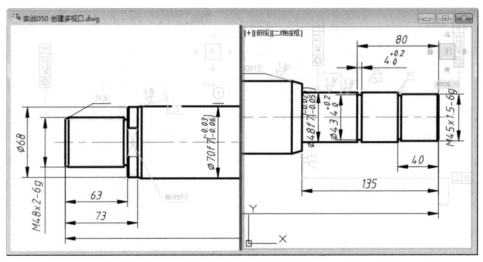

图 1-203　通过创建双视图观察不同部位的细节

07 执行"视图"｜"视口"｜"合并"命令，即可合并视图，还原默认的单视口效果。

1.6.2　指定虚拟起点绘图

在执行如"直线""圆弧"等绘图命令时，软件会提示指定起点，此时如果在绘图区中任意单击一点，则后续图形便会以此点为起点。而如果只移动光标至特定的位置，不单击进行确定，则可以指定该点为虚拟起点，并引出延伸线作为参考，用于确定真正的起点。该方法在绘制一些起点特征不好捕捉的图形时尤其有用。指定虚拟起点绘图的具体操作步骤如下。

01 打开"1.6.2 指定虚拟起点绘图 .dwg"素材文件，如图 1-204 所示。

图 1-204　打开素材

02 右击状态栏上的"对象捕捉"按钮，在弹出的快捷菜单中选择"对象捕捉设置"命令，弹出"草图设置"对话框，进入"对象捕捉"选项卡，并选择其中的"启用对象捕捉""启用对象捕捉追踪"和"圆心"复选框，如图 1-205 所示。

图 1-205　选择捕捉模式

03 单击"绘图"区域中的"直线"按钮，当命令行中提示"指定第一点"时，移动鼠标捕捉至圆弧的圆心，然后单击将其指定为第一点，如图 1-206 所示。

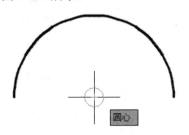

图 1-206　捕捉圆心

04 将鼠标向左移动，引出水平追踪线，然后在动态输入框中输入 12，再按空格键，即可确定直线的第一个点，如图 1-207 所示。

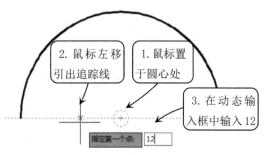

图 1-207　指定直线的起点

05 此时将鼠标向右移动，引出水平追踪线，在动态输入框中输入 24，按空格键，即可绘制出直线，如图 1-208 所示。

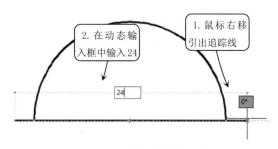

图 1-208　指定直线的终点

06 单击"绘图"区域的"直线"按钮，当命令行中提示"指定第一个点"时，移动鼠标捕捉至圆弧的圆心，然后向上移动引出垂直追踪线，在动态输入框中输入 10，按空格键，确定直线的起点，如图 1-209 所示。

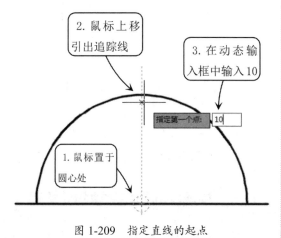

图 1-209　指定直线的起点

07 再将鼠标沿着垂直追踪线向上移动，在动态输入框中输入 8，按空格键，即可绘制出垂直的直线，如图 1-210 所示。

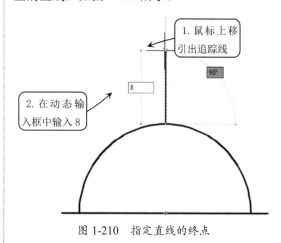

图 1-210　指定直线的终点

1.6.3　使用虚拟辅助线绘图

在 1.6.2 小节的例子中，已经介绍过通过虚拟起点获得真正绘图起点的方法，从而更简单、快捷地绘制出所需图形。除指定虚拟起点外，AutoCAD 还提供了引出虚拟辅助线的方式，可以帮助用户快速得到需要创建辅助线才能绘制的图形。使用虚拟辅助线绘图的具体操作步骤如下。

01 打开素材文件"1.6.3 使用虚拟辅助线绘图 .dwg"，如图 1-211（a）所示。在不借助辅助线的情况下，如果要绘制如图 1-211（b）所示的圆 3，即可借助"对象捕捉追踪"功能来完成。

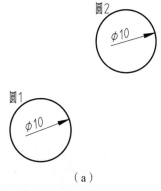

（a）

图 1-211　素材图形与完成效果

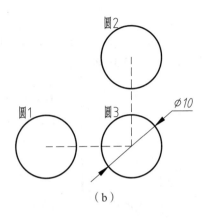

图 1-211 素材图形与完成效果（续）

02 在默认情况下，状态栏中的"对象捕捉追踪"按钮 ∠ 亮显，为开启状态。单击该按钮 ∠，将其关闭，如图 1-212 所示。

图 1-212 关闭"对象捕捉追踪"功能

03 单击"绘图"区域的"圆"按钮 ⊙，执行"圆"命令。将光标置于圆 1 的圆心处，然后移动光标，可见除在圆心处有一个 + 标记外，并没有其他现象出现，如图 1-213 所示。这便是关闭了"对象捕捉追踪"后的效果。

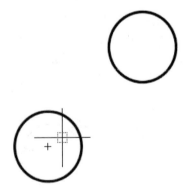

图 1-213 关闭"对象捕捉追踪"的效果

04 重新开启"对象捕捉追踪"功能可再次单击 ∠ 按钮，或按 F11 键。此时再将光标移至圆心，即可发现在圆心处显示出了相应的水平、垂直或指定角度的虚线状的延伸辅助线，如图 1-214 所示。

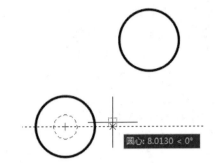

图 1-214 开启"对象捕捉追踪"的效果

05 再将光标移至圆 2 的圆心处，待同样出现 + 标记后，即可将光标移至圆 3 的大概位置，即可得到由延伸辅助线所确定的圆 3 圆心点，如图 1-215 所示。

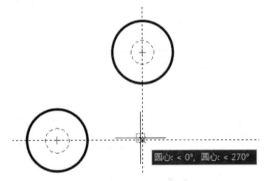

图 1-215 通过延伸线确定圆心

06 此时单击，即可指定该点为圆心，然后输入半径值为 5，便得到最终图形，效果如图 1-216 所示。

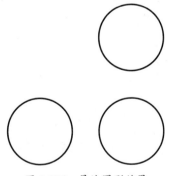

图 1-216 最终图形效果

1.6.4 快速绘制已知对象的公切线

除了对象捕捉，AutoCAD 还有临时捕捉功能，同样可以捕捉特征点。但与对象捕捉不同的是，临时捕捉仅限"临时"调用，无法一直生效，不过可在绘图过程中随时调用，因此，多用于绘制一些非常规的图形，如一些特定图形的公切线、垂直线等。快速绘制已知对象的公切线的具体操作步骤如下。

01 打开"1.6.4 快速绘制已知对象的公切线.dwg"素材文件，素材图形如图1-217所示。

图1-217　打开素材

02 在"默认"选项卡中，单击"绘图"区域的"直线"按钮，命令行提示指定直线的起点。

03 此时按住Shift键并右击，在弹出的临时捕捉菜单中选择"切点"选项，如图1-218所示。

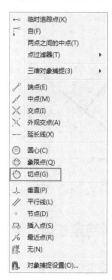

图1-218　选择"切点"选项

04 将光标移至大圆上，出现切点捕捉标记，如图1-219所示，在此位置单击确定直线的第一点。

图1-219　出现切点捕捉标记

05 确定第一点后，临时捕捉失效。再重复执行步骤03的操作，选择"切点"临时捕捉，将鼠标指针移至小圆上，出现切点捕捉标记时单击，完成公切线绘制，如图1-220所示。

图1-220　绘制第一条公切线

06 重复上述操作，绘制另外一条公切线，如图1-221所示。

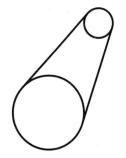

图1-221　绘制第二条公切线

1.6.5　快速绘制已知对象的垂直线

对于初学者来说，"绘制已知直线的垂直线"是一个看似简单，实则非常棘手的问题，其实仍然可以通过临时捕捉来完成。上例介绍了使用临时捕捉绘制公切线的方法，本例便介绍如何绘制特定的垂直线，具体操作步骤如下。

01 打开"1.6.5 快速绘制已知对象的垂直线 .dwg"素材文件，如图 1-222 所示。从素材图形中可知线段 AC 的水平夹角为无理数，因此，不可能通过输入角度的方式来绘制其垂直线。

图 1-224 垂足点捕捉标记

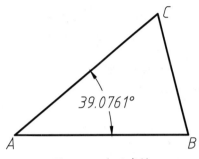

图 1-222 打开素材

02 在"默认"选项卡中，单击"绘图"区域上的"直线"按钮 ╱，命令行提示指定直线的起点。

03 按住 Shift 键并右击，在弹出的临时捕捉菜单中选择"垂直"选项，如图 1-223 所示。

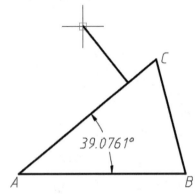

图 1-225 垂直线可在 AC 上滑动

06 在图形任意处单击，指定直线的第二点后，即可确定该垂直线的具体长度与位置，最终结果如图 1-226 所示。

图 1-223 选择"垂直"选项

04 将光标移至 AC 上，可见出现垂足点捕捉标记，如图 1-224 所示，在任意位置单击，即可确定所绘制直线与 AC 垂直。

05 此时，命令行提示指定直线的下一点，同时可以观察到所绘直线在 AC 上可以自由滑动，如图 1-225 所示。

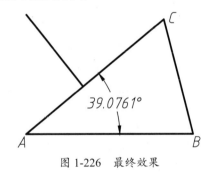

图 1-226 最终效果

1.6.6 绘制特定长度的弦

"临时追踪点"是在进行图像编辑前临时建立的、一个暂时的捕捉点，以供后续绘图参考。在绘图时可通过指定"临时追踪点"来快速指定起点，而无须借助辅助线。绘制特定长度的弦的具体操作步骤如下。

如果要在半径值为 20 的圆中绘制一条指

定长度为30的弦，那么通常情况下，都是以圆心为起点，分别绘制两条辅助线，才可以得到最终图形，如图1-227所示。

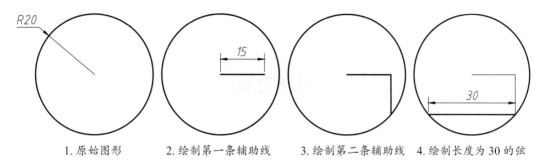

1. 原始图形　　　2. 绘制第一条辅助线　　　3. 绘制第二条辅助线　　　4. 绘制长度为30的弦

图 1-227　指定弦长的常规画法

如果使用"临时追踪点"进行绘制，则可以跳过2和3步辅助线的绘制，直接从第1步原始图形跳到第4步，绘制出长度为30的弦。该方法详细操作步骤如下。

01 打开素材文件"1.6.6 绘制特定长度的弦.dwg"，其中已经绘制好了半径值为20的圆，如图1-228所示。

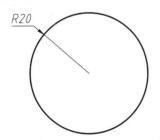

图 1-228　打开素材

02 在"默认"选项卡中，单击"绘图"区域上的"直线"按钮 ✎，执行直线命令。

03 执行临时追踪点。命令行出现"指定第一点"的提示时，输入 tt，执行"临时追踪点"命令，如图1-229所示。也可以在绘图区中右击，在弹出的快捷菜单中选择"临时追踪点"选项。

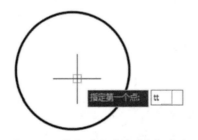

图 1-229　执行"临时追踪点"命令

04 指定"临时追踪点"。将光标移至圆心处，并水平向右移动光标，引出0°的极轴追踪虚线，接着输入15，将临时追踪点指定为圆心右侧距离为15的点，如图1-230所示。

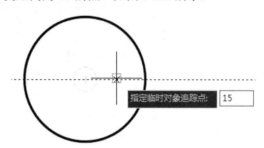

图 1-230　指定"临时追踪点"

05 指定直线起点。垂直向下移动光标，引出270°的极轴追踪虚线，到达与圆的交点处，作为直线的起点，如图1-231所示。

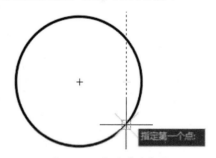

图 1-231　指定直线起点

06 指定直线端点。水平向左移动光标，引出180°的极轴追踪虚线，到达与圆的另一交点处，作为直线的终点，该直线即为所绘制长度为30的弦，如图1-232所示。

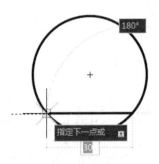

图 1-232　指定直线端点

操作技巧：

要执行"临时追踪点"命令，除了本例所述的方法，还可以按照执行"临时捕捉"的方法，即在执行命令时，按Shift键并右击，在弹出的快捷菜单中选择"临时追踪点"选项。

第 2 章 绘制图形

本章介绍利用 AutoCAD 绘制图形的方法，主要讲解基础图形的绘制，包括点、线、圆、多边形。掌握绘图命令的用法，才能在此基础上进一步学习如何绘制图集。

2.1 绘制点

通过创建点，可以为绘图或者编辑提供参考。在 AutoCAD 中可以创建单点、多点以及定距等分点、定数等分点。用户根据不同的情况，创建不同类型的点，可以极大地提高绘图效率。本节介绍绘制点的方法。

2.1.1 设置点样式

默认情况下，点在绘图区域中显示为实心小圆点。肉眼几乎不可分辨，将光标置于点上才能识别该处有一个点。为了能直观地查看点，可以重新定义点样式。设置点样式的具体操作步骤如下。

01 选择"默认"选项卡，在"实用工具"区域中单击"点样式"按钮，如图 2-1 所示。

图 2-1 单击"点样式"按钮

02 打开"点样式"对话框，选择其中一种样式，如图 2-2 所示。

03 单击"确定"按钮关闭对话框结束操作。

操作技巧：

执行"格式"｜"点样式"命令，也可以打开"点样式"对话框。

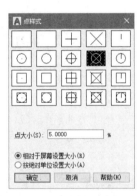

图 2-2 选择点样式

2.1.2 绘制单点

在绘制图形或者编辑图形之前，可以先绘制单点来确定位置，方便在操作的过程中能够快速地确定光标的位置。单点的样式与大小可以在"点样式"对话框中进行设置。绘制单点的具体操作步骤如下。

01 执行"绘图"｜"点"｜"单点"命令，如图 2-3 所示。

02 在绘图区域中单击，即可创建单点，如图 2-4 所示。

03 按 Enter 键可以重复执行命令，继续创建单点。

图 2-3 执行"单点"命令

图 2-4 创建单点

2.1.3 绘制多点

点是所有图形中最基本的元素，可以用来作为捕捉和偏移对象的参考。与"单点"命令不同，执行"多点"命令，可以连续创建多个点，具体操作步骤如下。

01 单击"绘图"面板中的"多点"按钮∴，如图 2-5 所示。

图 2-5 单击"多点"按钮

02 根据命令行的提示，在绘图区域中单击，即可创建多点，如图 2-6 所示。

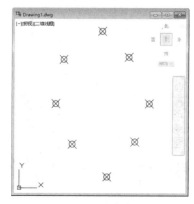

图 2-6 创建多点

03 创建完毕后，按 Esc 键退出命令。

操作技巧：

执行"绘图"｜"点"｜"多点"命令，也可以创建多点。

2.1.4 定数等分

很多机械图形往往都具备一些特定的规律，像棘轮、齿轮这类图形，其外齿均均匀分布在外圆上。因此，能否运用好 AutoCAD 中的等分功能，便是绘制此类图形的关键。本例便通过绘制简单的棘轮图形，来介绍如何使用"定数等分"命令。定数等分的具体操作步骤如下。

01 在命令行输入 C 执行"圆"命令，绘制 3 个圆，半径值分别为 90、60 和 40，如图 2-7 所示。

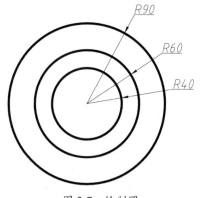

图 2-7 绘制圆

02 设置点样式。执行"格式"|"点样式"命令，在弹出的对话框中选择相应样式，如图 2-8 所示。

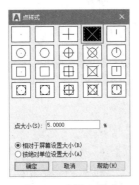

图 2-8 选择点样式

03 在命令行输入 DIV 执行"定数等分"命令，选取 R90 的圆，设置线段数目为 12，如图 2-9 所示。

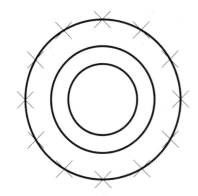

图 2-9 设置等分点

04 使用相同的方法等分 R60 的圆，如图 2-10 所示。

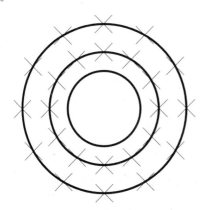

图 2-10 设置等分点

05 在命令行输入 L 执行"直线"命令，绘制线段连接 3 个等分点，如图 2-11 所示。

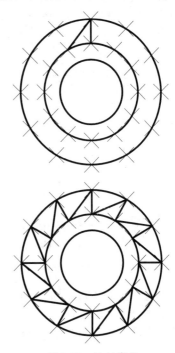

图 2-11 绘制线段

06 在命令行输入 E 执行"删除"命令，删除图中多余的线条，最终效果如图 2-12 所示。

图 2-12 最终效果

2.1.5 定距等分

"定距等分"是将对象分为长度为指定值的多段，并在各等分位置生成点。其适用于绘制一些具有固定间隔长度的图形，如建筑、室内设计图中的楼梯和踏板等。本例便通过绘制简单的楼梯图形，介绍如何使用"定距等分"

命令，具体操作步骤如下。

01 打开"2.1.5 定距等分 .dwg"素材文件，其中已绘制好了室内设计图的局部图形，如图 2-13 所示。

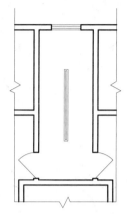

图 2-13　打开素材

02 设置点样式。在命令行中输入 DDPTYPE，调用"点样式"命令，弹出"点样式"对话框，根据需要选择点样式，如图 2-14 所示。

图 2-14　设置点样式

03 执行定距等分。单击"绘图"区域的"定距等分"按钮，将楼梯井右侧的垂直线段按每段 280mm 的长度进行等分，结果如图 2-15 所示，命令行操作如下。

```
命令：_measure ↙
              // 执行"定距等分"命令
选择要定距等分的对象：
              // 选择直线
指定线段长度或 [ 块 (B)]：280 ↙
              // 输入要等分的距离
// 按 Esc 键退出
```

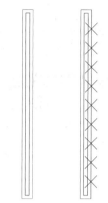

图 2-15　将直线定距等分

04 在"默认"选项卡中，单击"绘图"区域的"直线"按钮，以各等分点为起点向右绘制直线，结果如图 2-16 所示。

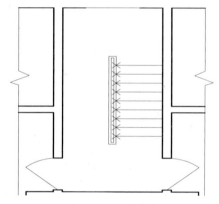

图 2-16　绘制直线

05 将在上一步中绘制的直线向左复制，再将点样式重新设置为默认状态，绘制踏步图形的结果如图 2-17 所示。

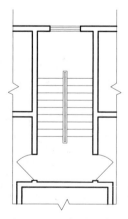

图 2-17　踏步图形结果

06 在命令行输入 PL 执行"多段线"命令，绘制折断线。并利用 TR"修剪"命令修剪线段，执行 MT"多行文字"命令标注上、下楼方向，最终结果如图 2-18 所示。

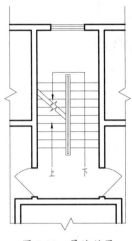

图 2-18 最终效果

2.1.6 在等分点布置块

将等分点置换为块样式，即可在创建等分点的同时布置图块。但是，在执行该操作之前，应该先进行"块定义"操作。在等分点布置块的具体操作步骤如下。

01 打开"2.1.6 在等分点布置块.dwg"素材文件，如图 2-19 所示。

02 在命令行输入 DIV 执行"定数等分"命令，命令行提示如下。

```
命令：divide ↙
选择要定数等分的对象：
            // 选择左侧外墙线
输入线段数目或 [块 (B)]：B
            // 选择"块 (B)"选项
输入要插入的块名：窗
```

```
            // 输入名称
是否对齐块和对象？[是 (Y)/ 否 (N)]
<Y>：N          // 选择"否 (N)"
输入线段数目：5
            // 输入数值
```

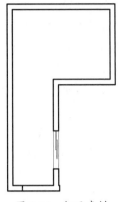

图 2-19 打开素材

03 执行上述操作后，在等分对象上布置窗块，结果如图 2-20 所示。

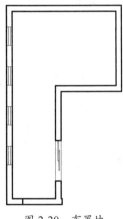

图 2-20 布置块

操作提示：

执行 ME"定距等分"命令，设置间距值后也可以在等分点上布置块。

2.2 绘制线

作为组成图形的重要元素，线一直被广泛运用在绘制图集的工作中。在本节中介绍绘制直线、构造线以及射线等图形的方法。这些不同类型的线，可以创建图形，也可以作为辅助线使用。

2.2.1 绘制直线创建五角星图形

"直线"是最常用的绘图命令之一，只要指定了起点和终点，即可绘制出一条直线，而只要不退出命令，即可一直进行绘制。因此，制图时应先分析图形的构成和尺寸，尽量一次性将线性对象绘出，减少"直线"命令的重复调用，这样将大幅提高绘图效率。绘制直线创建五角星图形的具体操作步骤如下。

01 在命令行输入 L，执行"直线"命令，在空白处单击，接着将光标向右上角移动，与水平延伸线夹角为 72°，然后输入线段长度 80，如图 2-21 所示。

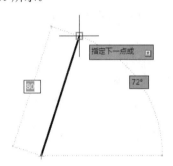

图 2-21　捕捉角度绘制线段

02 直接向右下角移动光标，与水平延伸线夹角为 72° 时输入线段长度 80，效果如图 2-22 所示。

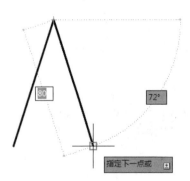

图 2-22　绘制直线

提示：

如无特殊说明，本书在绘制图形前均默认为先新建空白文档，再执行相关的操作。

03 向左上方移动光标至与水平为 144°，然后输入线段长度 80，效果如图 2-23 所示。

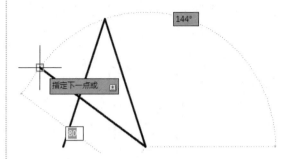

图 2-23　捕捉角度绘制线段

04 水平向右移动光标，然后输入线段长度 80，效果如图 2-24 所示。

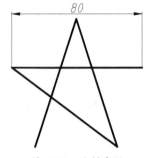

图 2-24　绘制线段

05 最后将两线段的端点连接，效果如图 2-25 所示。

图 2-25　最终效果

2.2.2 巧用构造线破解图形

"构造线"按钮 ![] 一般处于隐藏位置，单击并不方便，因此，通常在命令行输入 XL 来启用该命令。"构造线"通常用作辅助线，结合其他命令可以得到很好的效果。如本例中的图形便是一个经典的绘图考题，看似简单，可是如果不能熟练地运用绘图技巧，则只能借助数学知识来求出角度与边的对应关系，这无疑大幅增加了工作量。巧用构造线破解图形的具体操作步骤如下。

01 在命令行输入 C 执行"圆"命令，绘制一个半径为 80 的圆，如图 2-26 所示。

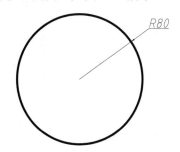

图 2-26　绘制圆

02 在命令行输入 XL 执行"构造线"命令，以圆心为中心点，然后输入相对坐标（@2,1），绘制辅助线，如图 2-27 所示。

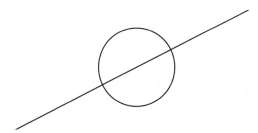

图 2-27　绘制辅助线

03 以构造线与圆的交点分别绘制一条水平直线和垂直直线，结果如图 2-28 所示。

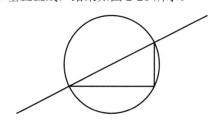

图 2-28　以交点开始绘制水平和垂直直线

04 使用相同方法绘制对侧的两条线段，即可得到圆内的矩形，其比例满足条件，结果如图 2-29 所示。

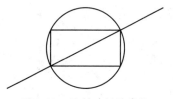

图 2-29　绘制对侧的线段

2.2.3　利用水平构造线绘制投影图

构造线是真正意义上的直线，可以向两端无限延伸。构造线在控制草图的几何关系、尺寸关系方面，有着十分重要的作用，如用作确保三视图中"长对正、高平齐、宽相等"的辅助线。本例中的三角架双视图，图形比较简单，仅由几根简单的线段组成，在绘制时可以先绘制其主视图，然后使用构造线做出水平投影线，再根据投影关系补画侧视图，即可达到准确、高效的目的。图形越复杂，该方法的作用就越明显，具体操作步骤如下。

01 在命令行输入 L 执行"直线"命令，利用直线命令，绘制三角架的正视图，如图 2-30 所示。

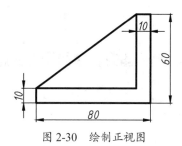

图 2-30　绘制正视图

02 在命令行输入 XL 执行"构造线"命令，输入 H，接着单击图形底部的水平线段，即可绘制水平构造线线；再连续单击尺寸为 10 和顶部的水平线段，即可绘制出其他的水平构造线，如图 2-31 所示。

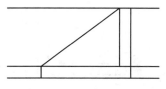

图 2-31　绘制 3 条水平构造线

操作技巧:

使用构造线绘制投影用的基准线时,一定要注意总共有多少条投影线。一般来说,正视图上有多少同类的线段,就需要绘制多少条同类投影线。例如本例图2-30上总共有3条水平线段,因此,就需要绘制3条水平构造线来做投影线。

03 利用 3 条水平构造线,即可准确、快速地绘制三脚架左视图,如图 2-32 所示。

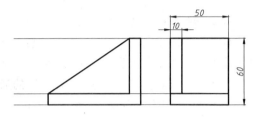

图 2-32　根据水平构造线绘制左视图

04 在命令行输入 E 执行"删除"命令,将图中构造线删除。最终图形效果如图 2-33 所示。

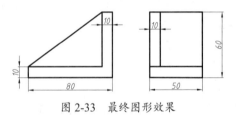

图 2-33　最终图形效果

2.2.4　利用垂直构造线绘制投影图

上面的例子中已经介绍了通过构造线绘制出水平基准线,从而完成横向投影视图绘制的方法。本例接着介绍如何使用构造线绘制出垂直基准线,从而完成垂直方向上的投影视图绘制,具体操作步骤如下。

01 在命令行输入 L 执行"直线"命令,利用直线命令,绘制三角架的正视图,如图 2-34 所示。

图 2-34　绘制正视图

02 在命令行输入 XL 执行"构造线"命令,然后输入 V,分别以正视图上的 3 条垂直线段为对象,绘制出 3 条垂直的构造线,结果如图 2-35 所示。

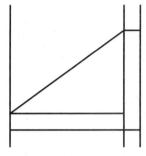

图 2-35　绘制垂直构造线

03 利用两条基准线,即可准确、快速地绘制三脚架俯视图,如图 2-36 所示。

04 在命令行输入 E 执行"删除"命令,将图中构造线删除,最终图形效果如图 2-37 所示。

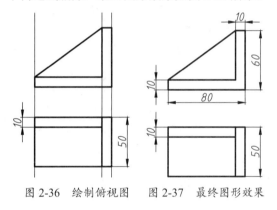

图 2-36　绘制俯视图　　图 2-37　最终图形效果

2.2.5　绘制任意角度线

除使用构造线绘制水平或垂直的基准线外,还可以在执行命令后在命令行输入 A 启用"角度"子选项,从而创建带有特定角度的参考线。如本例的两个堆叠梯形,图形元素数量很少,但仍需要灵活使用构造线命令来更方便、快捷地绘制,否则通过"直线"命令,再输入角度的方式,会增加键盘上的操作量,这一点可自行比较。本例的具体操作步骤如下。

01 在命令行输入 L 执行"直线"命令,绘制如图 2-38 所示的两条线段。

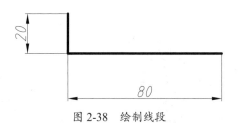

图 2-38 绘制线段

02 在命令行输入 XL 执行"构造线"命令，接着输入 A，输入角度为 30°，然后单击尺寸为 20 的垂直线段的上端点，绘制构造线，如图 2-39 所示。

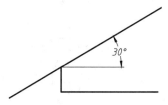

图 2-39 绘制 30° 的构造线

03 在命令行输入 L 执行"直线"命令，以尺寸为 80 的水平线段的右端点为起点，然后向上拖动光标，在垂直方向上得到与构造线的交点为终点，如图 2-40 所示。

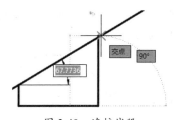

图 2-40 连接线段

04 使用相同方法绘制构造线，以上一步绘制直线的上端点为起点，角度设置为-30°，绘制如图 2-41 所示的构造线。

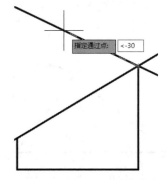

图 2-41 绘制-30° 的构造线

05 执行"构造线"命令，绘制如图 2-42 所示的 3 条垂直构造线。

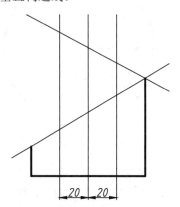

图 2-42 绘制 3 条垂直构造线

06 在命令行输入 E 执行"删除"命令，在命令行输入 TR 执行"修剪"命令，将图中多余的线条修剪。最终图形效果如图 2-43 所示。

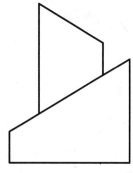

图 2-43 最终图形效果

2.2.6 绘制角平分线

除了绘制一些基准线、辅助线，构造线另外一个使用频率比较高的功能就是用来绘制角平分线。在 AutoCAD 中，使用构造线来绘制角平分线是最快速也是最方便的方法，如果使用其他命令来进行绘制，只能是事倍功半。如本例图形中长度为 16 的线段，只能通过创建角平分线，然后向两侧偏置的方法进行绘制，否则无法得到正确的图形，具体操作步骤如下。

01 绘制一条长度为 80 的线段，接着以线段右端为圆心，绘制一个半径为 50 的圆，如图 2-44 所示。

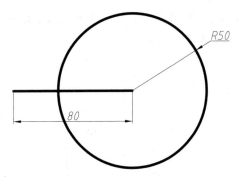

图 2-44　绘制线段和圆

02 在命令行输入 L 执行"直线"命令，以长80 的线段左端为起点，然后按住 Shift 键并右击，在弹出的临时捕捉快捷菜单中选择"切点"命令，如图 2-45 所示。

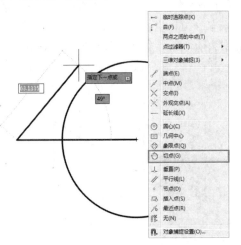

图 2-45　选择"切点"命令

03 将光标移至大圆上，出现切点捕捉标记，在此位置单击，即可绘制圆的切线，如图 2-46 所示。

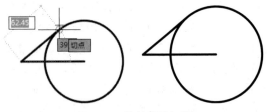

图 2-46　绘制圆的切线

04 在命令行输入 L 执行"直线"命令，连接圆心和切点 1，如图 2-47 所示。

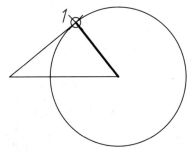

图 2-47　连接线段

05 在命令行输入 A 执行"圆弧"命令，以上一步中绘制的线段中点为圆心，绘制半圆，如图 2-48 所示。

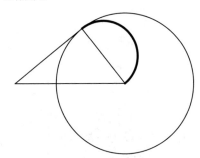

图 2-48　绘制半圆

06 在命令行输入 E 执行"删除"命令，将其中多余的线条修剪，如图 2-49 所示。

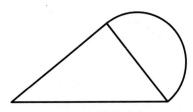

图 2-49　修剪线条

07 绘制角平分线。在命令行输入 XL 执行"构造线"命令，接着输入 B，选择角顶点 3，然后选择点 1 和点 2，即可得到如图 2-50 所示的角平分线。

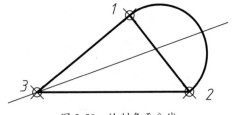

图 2-50　绘制角平分线

08 偏移角平分线。在命令行输入 O 执行"偏移"命令，将平分线向上和向下平移 8，如图 2-51 所示。

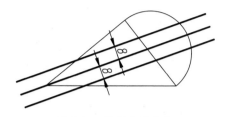

图 2-51 偏移角平分线

09 在命令行输入 L 执行"直线"命令，连接点 4 和点 5，如图 2-52 所示。

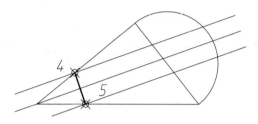

图 2-52 连接线段

10 在命令行输入 E 执行"删除"命令，删除图中多余的线条。最终图形效果，如图 2-53 所示。

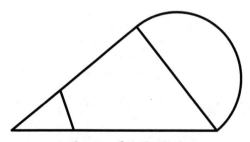

图 2-53 最终图形效果

2.2.7 绘制基准平行线

本例图形由简单的一条圆弧和两条直线组成，元素虽然少，但是如果不会熟练运用 AutoCAD 中的辅助线绘制图形，效率将会大幅降低。本例介绍借助构造线的平行线命令绘制此图的方法，具体操作步骤如下。

01 在命令行输入 L 执行"直线"命令，绘制一条长度为 50 的线段，如图 2-54 所示。

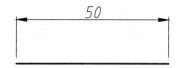

图 2-54 绘制线段

02 在命令行输入 XL 执行"构造线"命令，接着输入 O，选择上一步绘制的长 50 的线段为偏置对象，然后输入偏置距离 50，向上偏移得到如图 2-55 所示的构造线。

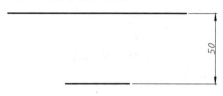

图 2-55 偏移得到构造线

03 在命令行输入 A 执行"圆弧"命令，连接图中的点 1、2、3，如图 2-56 所示。

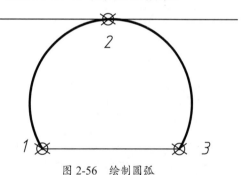

图 2-56 绘制圆弧

04 绘制两条线段，连接点 1 和点 2、点 2 和点 3，如图 2-57 所示。

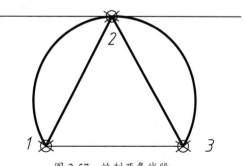

图 2-57 绘制两条线段

05 在命令行输入 E 执行"删除"命令，删除图中多余的线条。最终图形效果，如图 2-58 所示。

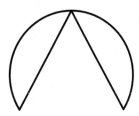

图 2-58　最终图形效果

2.2.8　利用射线绘制多边形

　　射线是指开始于一点并且无限延伸的线，射线经常被用作辅助线使用。本节介绍通过利用射线与圆形、直线绘制多边形的方法，具体操作步骤如下。

01 在命令行输入 RAY 执行"射线"命令，在绘图区域指定点绘制射线，如图 2-59 所示。

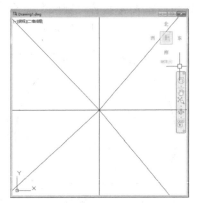

图 2-59　绘制射线

02 在命令行输入 C 执行"圆"命令，以射线的端点为圆心，绘制圆形如图 2-60 所示。

图 2-60　绘制圆形

03 在命令行输入 L 执行"直线"命令，绘制连接线段，如图 2-61 所示。

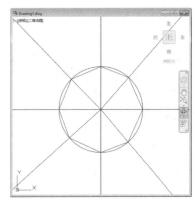

图 2-61　绘制连接线段

04 在命令行输入 E 执行"删除"命令，删除圆形与射线，最终效果如图 2-62 所示。

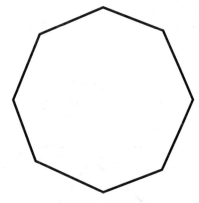

图 2-62　最终效果

操作技巧：

在"绘图"区域单击"射线"按钮 ，也可以执行"射线"命令。

2.2.9　绘制带宽度的多段线

　　使用"多段线"命令可以生成由若干条直线和圆弧首尾连接而成的复合线，同时还可以通过命令中的"线宽（W）"子选项修改其线宽，从而得到比较复杂的图形。如本例中的弯钩加箭头图形，看似元素很多，但其实只用到了"多段线"命令，具体操作步骤如下。

01 在命令行输入 PL 执行"多段线"命令，接着输入 W 设置线宽，起点线宽为 0，端点线宽为 10，如图 2-63 所示。

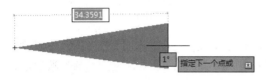

图 2-63　设置线宽参数

02 输入 A 进入圆弧选项，然后输入 A 设置角度为 180°，在右侧捕捉到水平线，输入距离为 50，如图 2-64 所示。

图 2-64　绘制圆弧

03 进入第二段的设置。输入 W 设置起点、端点宽度均为 5，输入 L 设置长度为 8，如图 2-65 所示。

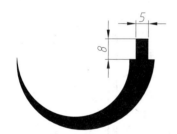

图 2-65　绘制直线段

04 进入第三段的设置。输入 W 设置起点宽度为 15，端点宽度为 0，输入 L 设置长度为 10，绘制外形为三角形的直线段，如图 2-66 所示。

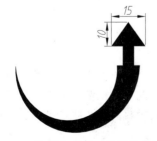

图 2-66　绘制外形为三角形的直线段

2.2.10　创建多线样式

通过创建多线样式，可以提前设定多线的绘制效果。本节介绍通过设置多线样式来创建平面窗的方法。根据不同的尺寸要求，可以自定义样式参数，具体操作步骤如下。

01 打开"2.2.10 创建多线样式 .dwg"素材文件，如图 2-67 所示。

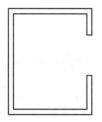

图 2-67　打开素材

02 执行"格式"｜"多线样式"命令，如图 2-68 所示。

图 2-68　执行"多线样式"命令

03 打开"多线样式"对话框，单击"新建"按钮，如图 2-69 所示。

图 2-69　"多线样式"对话框

04 在弹出的对话框中设置"新样式名"，如图 2-70 所示。

图 2-70　设置"新样式名"

05 进入"新建多线样式：窗"对话框，设置"图元"参数，选择封口样式为直线，同时选中"起点"和"端点"复选框，如图 2-71 所示。

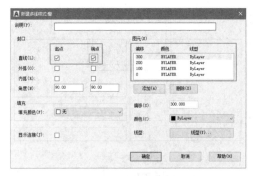

图 2-71　设置参数

06 单击"确定"按钮，返回"多线样式"对话框。选择"窗"样式，单击"置为当前"按钮，如图 2-72 所示。

图 2-72　单击"置为当前"按钮

07 在命令行输入 ML 执行"多线"命令，设置"对正"方式为"无"，其他参数保持默认。根据命令行的提示，分别指定起点和终点，绘制平面窗如图 2-73 所示。

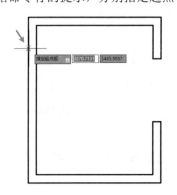
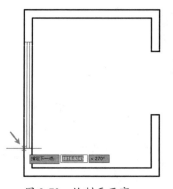
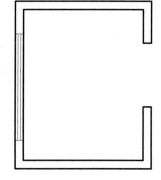

图 2-73　绘制平面窗

2.2.11　多线绘制墙体

"多线"是一种由 1~16 条平行线组成的组合图形对象。"多线"在实际工程设计中的应用非常广泛，如建筑、室内平面图中常用它来绘制墙体。墙体图形常由简单的直线组成，看似元素很少，但直接通过"直线"命令来绘制，会有大量的修剪和删除工作，因此，本小节介绍如何运用"多线"命令进行快速绘制，具体操作步骤如下。

01 在命令行输入 L 执行"直线"命令，绘制两条线段，长度分别为 100 和 80，如图 2-74 所示。

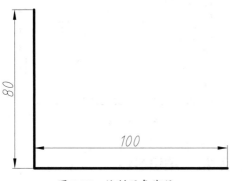

图 2-74　绘制两条线段

02 绘制 5 条线段。在命令行输入 O 执行"偏移"命令，选择初始水平线段，分别向上偏移 10、30、40、60 和 80，如图 2-75 所示。

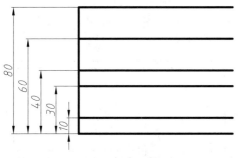

图 2-75　向上偏移线段

03 绘制 4 条线段。在命令行输入 O 执行"偏移"命令，选择初始垂直线段，分别向右偏移 77、82、92 和 100，如图 2-76 所示。

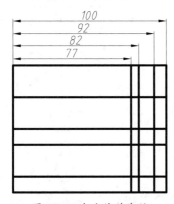

图 2-76　向右偏移线段

04 在命令行输入 E 执行"删除"命令，在命令行输入 TR 执行"修剪"命令，将多余的线条修剪，如图 2-77 所示。

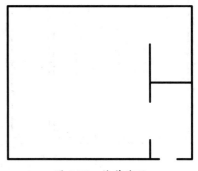

图 2-77　修剪线段

05 在命令行输入 ML 执行"多线"命令，接着输入 J，再输入 Z，设置正对类型为无，然后输入 S，设置比例为 3，最后连接点 1、2、3、4、5 和 6，如图 2-78 所示。

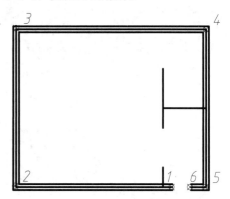

图 2-78　绘制多线

06 使用相同的方法编辑余下线段，如图 2-79 所示。

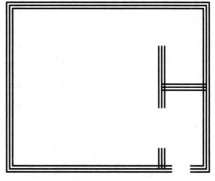

图 2-79　绘制多线

07 修剪图形。在命令行输入 E 执行"删除"命令，删除初始线段，如图 2-80 所示。

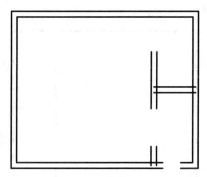

图 2-80　修剪图形

08 双击线段，弹出"多线编辑工具"对话框，选择"T 形打开"工具，如图 2-81 所示。

图 2-81　选择"T 形打开"工具

09 选择多线，编辑图形，效果如图 2-82 所示。

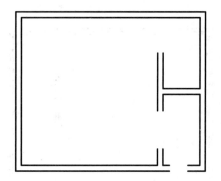

图 2-82　编辑图形

10 在命令行输入 L 执行"直线"命令，闭合线段，效果如图 2-83 所示。

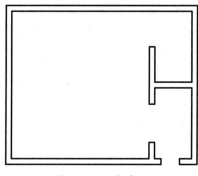

图 2-83　闭合线段

2.2.12　编辑多线

AutoCAD 专门为编辑多线设置了"多线编辑工具"。选择不同的编辑工具，会得到不同的编辑效果。本节介绍几种常用工具的使用方法，具体操作步骤如下。

01 打开"2.2.12 编辑多线 .dwg"素材文件，如图 2-84 所示。

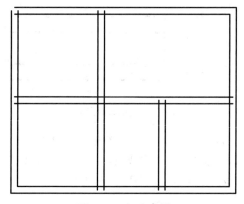

图 2-84　打开素材

02 执行"修改"|"对象"|"多线"命令，如图 2-85 所示。

图 2-85　执行"多线"命令

03 打开"多线编辑工具"对话框，单击"角点结合"工具，如图 2-86 所示。

图 2-86 单击"角点结合"工具

04 在绘图区域中依次单击左上角的垂直多线、水平多线，闭合结果如图 2-87 所示。

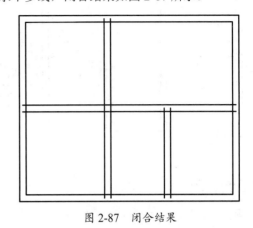

图 2-87 闭合结果

05 在"多线编辑工具"对话框中单击"十字打开"按钮，依次选择垂直多线、水平多线，并删除多余部分，连接多线的效果如图 2-88 所示。

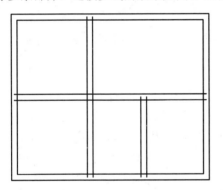 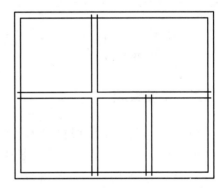

图 2-88 连接多线

06 选择"T 形闭合"工具，依次单击垂直多线、水平多线，闭合结果如图 2-89 所示。在这里要注意的是，使用该工具编辑多线后，两段多线并没有连通。

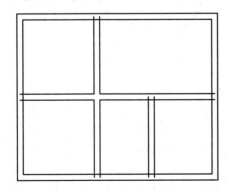 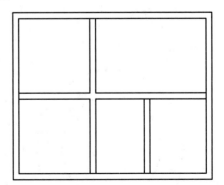

图 2-89 闭合结果

07 选择"T 形合并"工具，选择多线，将其连通，合并结果如图 2-90 所示。使用该工具，得到的效果与使用"T 形闭合"工具的效果相反。

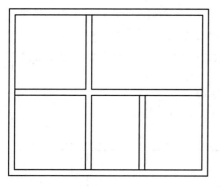

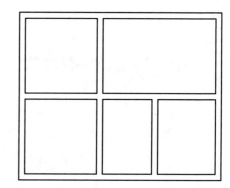

图 2-90　合并结果

操作提示:

双击多线，也可以打开"多线编辑工具"对话框。

2.3　绘制圆

绘制不同类型的圆形可以表现丰富多样的图形轮廓，其中包括圆形、圆环、圆弧和椭圆等。本节介绍绘制圆形的方法。

2.3.1　快速绘圆

"圆"命令的执行方式较为多样，以适应各种不同的绘图需要，如指定圆心和半径绘圆、指定相切对象绘圆等。因此，在执行"圆"命令之前，应先判断所绘圆与其他图形对象的关系，将正确的图形一步到位绘好，减少出错和修改的次数。快速绘圆的具体操作步骤如下。

01 在命令行输入 C，执行"圆"命令，任意指定一点为圆心，输入半径分别为 60 和 40，绘制两圆如图 2-91 所示。

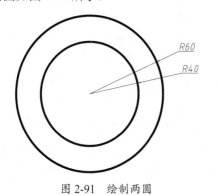

图 2-91　绘制两圆

02 按空格键再次执行圆命令，输入 2P，单击选择上一步所绘圆的下端点为切点，然后输入半径 10，绘制小圆，效果如图 2-92 所示。

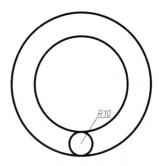

图 2-92　绘制小圆

03 在"默认"选项卡中，单击"修改"区域中的"环形阵列"按钮，选择小圆为对象，大圆圆心为中心点，然后设置阵列参数如图 2-93 所示。阵列圆形的最终效果如图 2-94 所示。

操作技巧:

执行"绘图"|"圆"|"圆心、半径"命令，也可指定圆心和半径绘制圆。

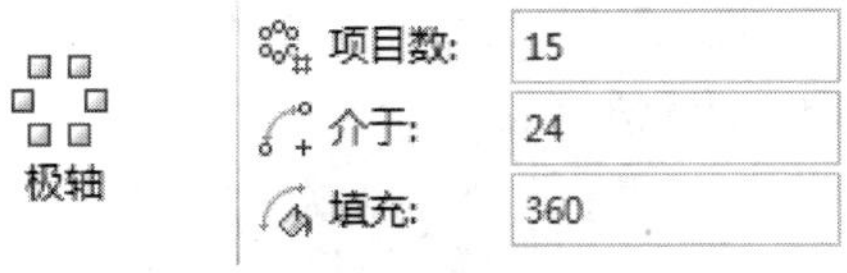

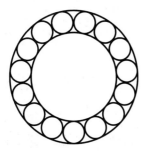

图 2-93 设置阵列参数

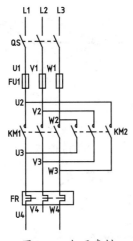

图 2-94 阵列圆形

2.3.2 指定两点绘制发动机图例

选择"两点"方式绘圆，需要分别指定圆形直径的两个端点。以两个端点为界创建圆形，是比较常用的绘制方式。本节介绍利用该种方式绘制电路图中的发动机图例的方法，具体操作步骤如下。

01 打开"2.3.2 指定两点绘制圆 .dwg"文件，如图 2-95 所示。

图 2-95 打开素材

02 在"绘图"区域单击"圆"按钮下方的实心三角形按钮，在列表中选择"两点"命令，如图 2-96 所示。

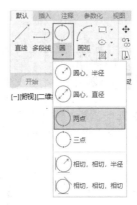

图 2-96 选择"两点"命令

03 根据命令行的提示，依次指定直径的第一个端点和第二个端点，如图 2-97 所示。

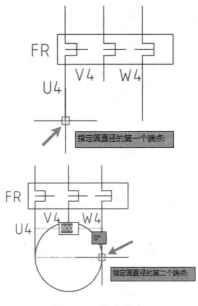

图 2-97 指定端点

04 绘制圆形的结果如图 2-98 所示。

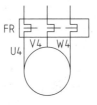

图 2-98 绘制圆形

05 在命令行输入 MT 执行"多行文字"命令，在圆形内绘制标注文字，最终效果如图 2-99 所示。

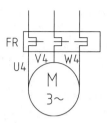

图 2-99　最终效果

操作技巧：

执行"绘图" | "圆" | "两点"命令，也可以指定两点绘制圆。

2.3.3　指定三点绘制灯具图例

选择"三点"绘圆，通过确定圆上的三点来创建圆形。本节介绍利用该种方式绘制电气图纸中灯具图例的方法，具体操作步骤如下。

01 在命令行输入 L 执行"直线"命令，绘制水平线段，如图 2-100 所示。

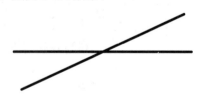

图 2-100　绘制水平线段

02 在命令行输入 RO 执行"旋转"命令，以线段的中点为基点，设置角度为 24°，旋转复制线段，如图 2-101 所示。

图 2-101　旋转复制线段

03 在命令行输入 MI 执行"镜像"命令，向左镜像复制斜线段，如图 2-102 所示。

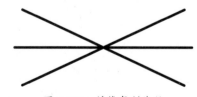

图 2-102　镜像复制线段

04 在"绘图"区域单击"圆"按钮下方的实

心三角形按钮，在列表中选择"三点"命令，如图 2-103 所示。

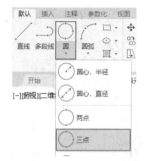

图 2-103　选择"三点"命令

05 单击水平线段左侧端点，指定圆上的第一个点，如图 2-104 所示。

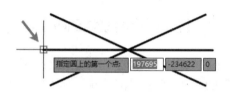

图 2-104　指定第一个点

06 向右上角移动光标，拾取斜线段的端点，指定第二个点，如图 2-105 所示。

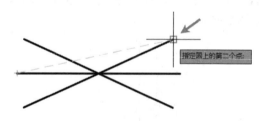

图 2-105　指定第二个点

07 向下移动光标，拾取水平线段的端点，指定第三个点，如图 2-106 所示。

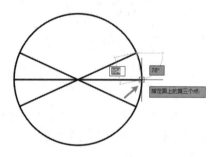

图 2-106　指定第三个点

08 通过确定三点绘制圆形的效果如图 2-107 所示，得到灯具图例。

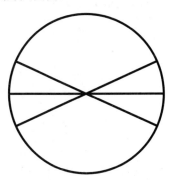

图 2-107　最终效果

操作技巧：

执行"绘图" | "圆" | "三点"命令，也可以指定三点绘制圆。

2.3.4　相切、相切、半径绘制圆

选择"相切、相切、半径"绘制圆，通过在已有的两个圆上分别拾取第一个切点和第二个切点，确认半径后即可创建圆形，具体操作步骤如下。

01 打开"2.3.4 相切、相切、半径绘制圆 .dwg"素材文件，如图 2-108 所示。

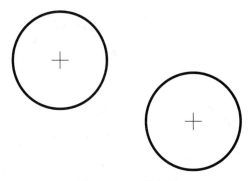

图 2-108　打开素材

02 在"绘图"区域单击"圆"按钮下方的实心三角形按钮，在列表中选择"相切、相切、半径"命令，如图 2-109 所示。

03 在圆上指定第一个切点，移动光标，在另一个圆上指定第二个切点，如图 2-110 所示。

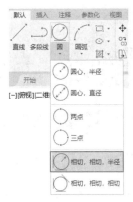

图 2-109　选择"相切、相切、半径"命令

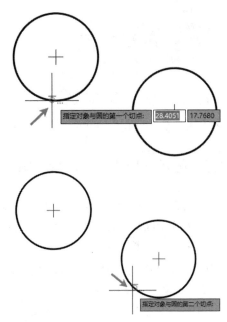

图 2-110　指定切点

04 根据命令行提示输入圆的半径，这里设置圆的半径为 2，按 Enter 键即可创建圆，如图 2-111 所示。

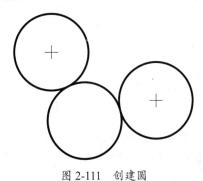

图 2-111　创建圆

操作技巧:

执行"绘图"｜"圆"｜"相切、相切、半径"
命令，如图2-112所示，也可以指定切点和半径绘
制圆。

图 2-112　选择"相切、相切、半径"命令

2.3.5　相切、相切、相切绘制圆

　　选择"相切、相切、相切"绘制圆之前，
需要先绘制 3 个圆形，再依次指定这三个圆形
上的切点来绘制圆形，具体操作步骤如下。

01 打开"2.3.5 相切、相切、相切绘制圆 .dwg"
素材文件，如图2-113 所示。

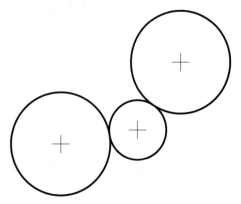

图 2-113　打开素材

02 在"绘图"区域单击"圆"按钮下方的实
心三角形按钮，在列表中选择"相切、相切、
相切"命令，如图2-114 所示。

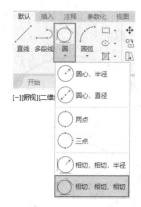

图 2-114　选择"相切、相切、相切"命令

03 在左侧圆形上指定第一个切点，向右移
动光标，在中间圆形上指定第二个切点，如
图 2-115 和图 2-116 所示。

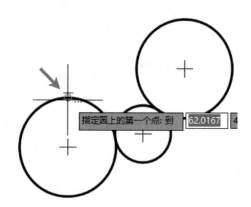

图 2-115　指定第一个切点

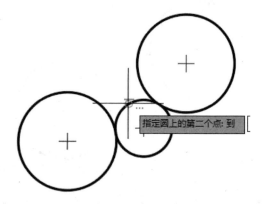

图 2-116　指定第二个切点

04 移动光标，继续指定第三个切点，如图2-117
所示。

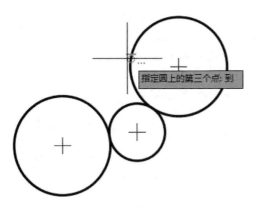

图 2-117 指定第三个切点

05 通过指定 3 个切点绘制圆形的结果如图 2-118 所示。

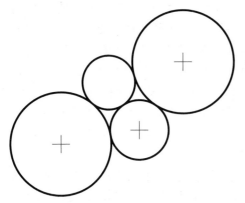

图 2-118 最终结果

操作技巧：

执行"绘图"|"圆"|"相切、相切、相切"命令，也可以通过指定3个切点绘制。

2.3.6 绘制圆环

"圆环"是由同一个圆心不同直径的两个同心圆组成的，控制圆环的参数是圆心、内直径和外直径。默认情况下，所绘制的圆环为填充的实心图形，另外，当内外直径相同时，绘制的圆环为简单的圆轮廓线；当内直径为 0 时，绘制的圆环就为圆区域全部填充的圆饼。因此，使用"圆环"命令可以快速创建大量实心或空心的圆，所以在绘制电路图时，使用"圆环"

命令要方便快捷。本例通过"圆环"命令来完善某液位自动控制器的电路图，具体操作步骤如下。

01 打开"2.3.6 绘制圆环 .dwg"素材文件，素材文件内已经绘制好了完整的电路图，如图 2-119 所示。

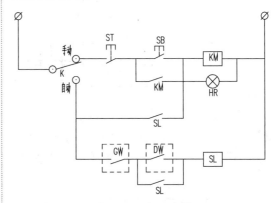

图 2-119 打开素材

02 设置圆环参数。在"默认"选项卡中，单击"绘图"区域的"圆环"按钮◎，指定圆环的内径为 0，外径为 4，然后在各线交点处绘制圆环，按 Enter 键结束命令，绘制圆环结果如图 2-120 所示。

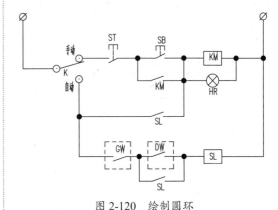

图 2-120 绘制圆环

2.3.7 快速绘制圆弧

在绘图过程中，如果需要绘制一些不规则的图形，很多人都会使用"样条曲线"命令来绘制。然而使用"样条曲线"命令绘图时不仅很难控制，也得不到光顺的曲线效果，其实正确的方法应该是使用"圆弧"命令来进行绘制。快速绘制圆弧的具体操作步骤如下。

01 打开素材文件"2.3.7 快速绘制圆弧 .dwg"，其中已经绘制好了一些简单的辅助线，也可以参考该尺寸自行绘制，如图 2-121 所示。

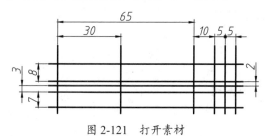

图 2-121　打开素材

02 在命令行输入 A 执行"圆弧"命令，单击选择如图 2-122 的 A、B、C 三点，绘制一条圆弧。

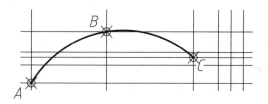

图 2-122　绘制圆弧

03 使用相同方法绘制，选择圆弧右端点 C 为起始点，指定另外的 D、E 两点，绘制圆弧，如图 2-123 所示。

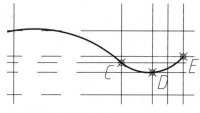

图 2-123　继续绘制圆弧

04 在命令行输入 L 执行"直线"命令，将圆弧端点 E 与中心线上的 F 点相连，如图 2-124 所示。

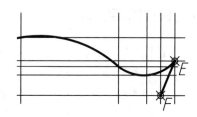

图 2-124　绘制直线

05 在命令行输入 MI 执行"镜像"命令，选择除中心线外的线条及鱼图形的一半，然后以中心线为镜像线，镜像图形的最终效果如图 2-125 所示。

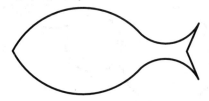

图 2-125　镜像图形

2.3.8　指定圆心绘制圆弧

执行"圆弧"命令时，默认的方式是指定 3 点绘弧，此方法虽然简便灵活，但是却不能精确控制圆弧的尺寸，如圆心位置、半径等。因此，在绘制带有固定尺寸，且已注明圆心位置的圆弧时，应在命令行中输入 A 指令后，立即输入 C，启用"圆心"子选项，此时绘图就能达到准确、高效的效果了，具体操作步骤如下。

01 打开素材文件"2.3.8 指定圆心绘制圆弧 .dwg"，其中已经绘制好了交叉中心线，如图 2-126 所示。

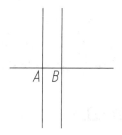

图 2-126　打开素材

02 绘制圆弧。在命令行输入 A 执行"圆弧"命令，紧接着输入 C 启用"圆心"子选项，然后选择 B 点为圆心，再沿着垂直中心线向下拖动光标，待延伸线与垂直中心线重合时输入半径值 18.5，如图 2-127 所示。

03 向上拖动光标，保持与垂直中心线平行，然后在延伸线附近单击一点，即可绘制出第一段圆弧，如图 2-128 所示。

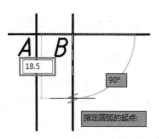

图 2-127 通过输入半径的方式指定圆弧的起点

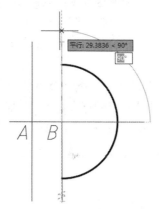

图 2-128 绘制第一段圆弧

操作技巧：

使用该方法绘制圆弧，要注意的一点就是圆弧的起始方向。AutoCAD中圆弧绘制的默认方向是逆时针方向，因此，推荐绘制圆弧时均从下端开始绘起，同本例一样。如果颠倒顺序，则会得到错误的图形。

04 使用相同的方法绘制第二段圆弧。圆心选择 A 点，圆弧两端与第一段圆弧两端相交，结果如图 2-129 所示。

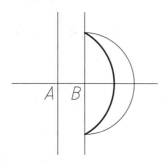

图 2-129 绘制第二段圆弧

05 在命令行输入 TR 执行"修剪"命令，将图中多余的中心线删除，最终效果如图 2-130 所示。

图 2-130 最终效果

2.3.9 指定端点绘制圆弧

本例为一个经典考题，梅花图形由 5 段首尾相接的圆弧组成，每段圆弧的包含角都为 180°，且给出了各圆弧的起点和端点，但圆弧的圆心却是未知的。绘制此例的关键便是要学会利用指定起点和端点来绘制圆弧，同时使用"两点之间的中点"这个临时捕捉命令来确定圆心，只有掌握了这两种方法才能绘制得既快且准，否则极为麻烦。指定端点绘制圆弧的具体操作步骤如下。

01 打开素材文件"2.3.9 指定端点绘制圆弧 .dwg"，素材中已经创建好了 5 个点，如图 2-131 所示。

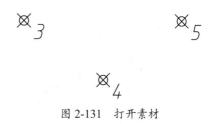

图 2-131 打开素材

02 绘制第一段圆弧。在命令行输入 A 执行"圆弧"命令，然后根据命令行提示选择点 1 为第一段圆弧的起点，接着输入 E，启用"端点"子选项，再指定点 2 为第一段圆弧的端点，如图 2-132 所示。

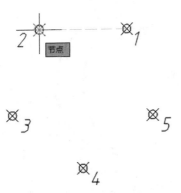

图 2-132　指定起点和端点

03 指定了圆弧的起点和端点后，命令行会提示指定圆弧的圆心，此时按住 Shift 键并右击，在弹出的临时捕捉菜单中选择"两点之间的中点"选项，接着分别捕捉点 1 和点 2，即可创建如图 2-133 所示的第一段圆弧。

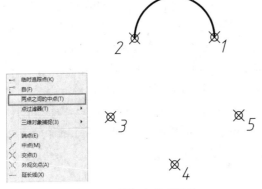

图 2-133　捕捉点绘制圆弧

04 使用相同的方法，以点 2 和点 3 为起点和端点，然后捕捉这两点之间的中点为圆心，创建第二段圆弧，以此类推，即可绘制出梅花图案，如图 2-134 所示。

图 2-134　梅花图案

2.3.10　绘制连续相切圆弧

执行"多段线"命令，除可以获得最为明显的线宽效果外，还可以选择其"圆弧（A）"子选项，创建与上一段直线（或圆弧）相切的圆弧。如本例的腰果图形，由 4 段圆弧彼此相切而成，如果直接使用"圆弧"命令进行绘制，会较为麻烦。因此这类图形应首选"多段线"命令，即可快速绘制此图，避免剪切、计算等烦琐的工作。绘制连续相切圆弧的具体操作步骤如下。

01 在命令行输入 L 执行"直线"命令，在命令行输入 O 执行"偏移"命令，绘制 3 条中心线，如图 2-135 所示。

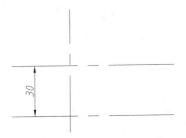

图 2-135　绘制中心线

02 在命令行输入 PL 执行"多段线"命令，选择中心交点为起点，输入 A 绘制圆弧，光标向斜上方捕捉到 45°，设置长度为 50，如图 2-136 所示。

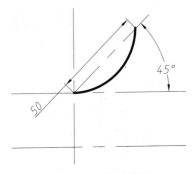

图 2-136　绘制圆弧

03 拖动光标水平向右移动，输入长度 30，绘制圆弧，如图 2-137 所示。

04 拖动光标，选择点 1，绘制圆弧，如图 2-138 所示。

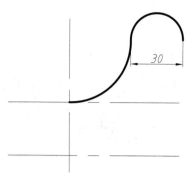

图 2-137　绘制圆弧

图 2-138　绘制圆弧

05 拖动光标，选择点 2，绘制圆弧，如图 2-139 所示。

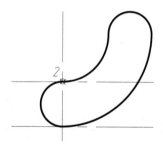

图 2-139　绘制圆弧

2.3.11　绘制椭圆

椭圆是到两定点（焦点）的距离之和为定值的所有点的集合。与圆相比，椭圆的半径长度不一，形状由定义其长度和宽度的两条轴决定，较长的称为长轴，较短的称为短轴。在建筑或室内绘图中，很多图形都会使用椭圆来造型，例如地面拼花、室内吊顶等。本例中的洗脸盆图形，便是由椭圆、椭圆弧、圆和直线组成的，灵活运用椭圆画法，即可快速绘制此图。

具体操作步骤如下。

01 在命令行输入 L 执行"直线"命令，绘制如图 2-140 所示的直线图形。

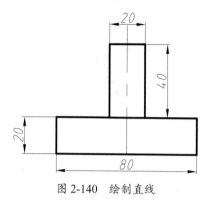

图 2-140　绘制直线

02 在命令行输入 C 执行"圆"命令，绘制如图 2-141 所示的两个圆。

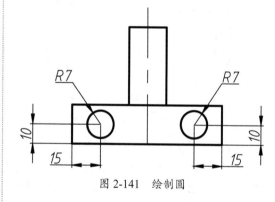

图 2-141　绘制圆

03 在命令行输入 O 执行"偏移"命令，将底线向上偏移 70 和 110，如图 2-142 所示。

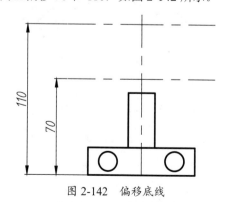

图 2-142　偏移底线

04 在命令行输入 EL 执行"椭圆"命令，接着输入 C，选择中心线交点为圆心，绘制椭圆，如图 2-143 所示。

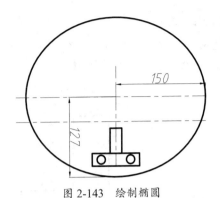

图 2-143　绘制椭圆

05 继续执行"椭圆"命令，输入 A，选择上一步中所绘椭圆的圆心，并分别指定起始点和端点为点 1 和点 2，如图 2-144 所示。

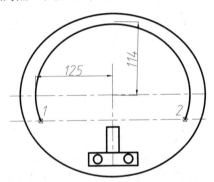

图 2-144　绘制椭圆弧

06 在命令行输入 A 执行"圆弧"命令，连接图中的点 1、点 2、点 3，绘制圆弧，如图 2-145 所示。

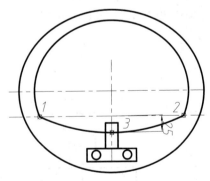

图 2-145　绘制圆弧

07 在命令行输入 E 执行"删除"命令，在命令行输入 TR 执行"修剪"命令，将图中多余的线条修剪，最终图形效果如图 2-146 所示。

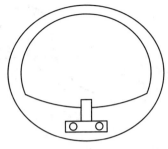

图 2-146　最终图形效果

2.3.12　绘制椭圆弧

椭圆弧是椭圆的一部分。执行"椭圆"命令绘制椭圆弧，一般需要确定的参数是椭圆弧所在椭圆的两条轴及椭圆弧的起点和终点角度，以及从椭圆中截取一段弧线。因此，在绘制椭圆弧中需要注意椭圆的整体位置。本图由椭圆和椭圆弧组成，下面详细介绍绘图过程。

01 单击"绘图"面板的"椭圆"按钮 ⊕，绘制长轴为 58、短轴为 32 的椭圆，如图 2-147 所示。

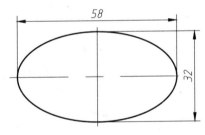

图 2-147　绘制椭圆

02 使用相同的方法，同圆心绘制长轴为 26、短轴为 10 的椭圆；单击"绘图"面板的"圆"按钮 ⊙，同圆心绘制一个半径为 8 的圆，如图 2-148 所示。

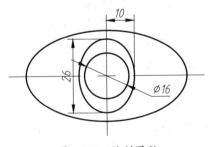

图 2-148　绘制图形

03 单击"绘图"面板的"椭圆弧"按钮，绘制椭圆长轴为26、短轴为13的1/4椭圆弧，如图2-149所示。

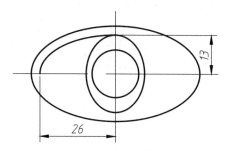

图 2-149 绘制椭圆弧

04 单击"修改"面板的"偏移"按钮，将中心线向上偏移2，如图2-150所示。

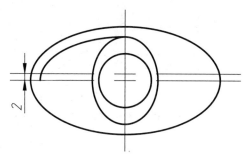

图 2-150 偏移中心线

05 将偏移直线的"图层"改为"轮廓线"。单击"修改"面板的"修剪"按钮，对图形进行修剪，如图2-151所示。

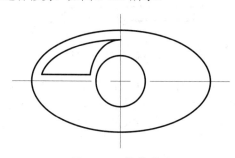

图 2-151 修剪图形

06 单击"修改"面板的"圆角"按钮，在命令行输入R设置圆角半径为1，对图形进行圆角处理，如图2-152所示。

07 单击"修改"面板的"镜像"按钮，以垂直中心线和水平中心线为镜像线，对图形进行两次镜像，最终效果如图2-153所示。

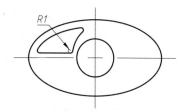

图 2-152 圆角操作

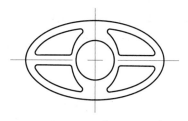

图 2-153 最终效果

2.3.13 绘制样条曲线

"样条曲线"是经过或接近一系列给定点的平滑曲线，它能够自由编辑，并可以控制曲线与点的拟合程度。在景观设计中，常用来绘制水体、流线形的园路及模纹等；在建筑制图中，常用来表示剖面符号等图形；在机械产品设计领域，则常用来表示某些产品的轮廓线或剖切线。本例的螺丝刀图形，涉及较多命令，尤其是中间连接部分的曲线过渡，能否灵活运用样条曲线便是绘制此图的关键，下面介绍此图的绘制过程。

01 在命令行输入L执行"直线"命令绘制两条中心线，接着在命令行输入REC执行"矩形"命令，绘制长为170，宽为120的矩形，然后在命令行输入L执行"直线"命令绘制两条直线，如图2-154所示。

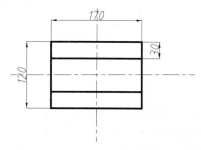

图 2-154 绘制图形

02 在命令行输入 O 执行"偏移"命令，将初始垂直中心线向左偏移 106，如图 2-155 所示。

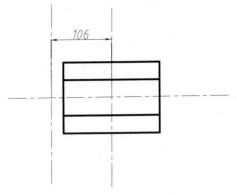

图 2-155　偏移中心线

03 在命令行输入 A 执行"圆弧"命令，连接点 1、点 2、点 3，绘制圆弧，如图 2-156 所示。

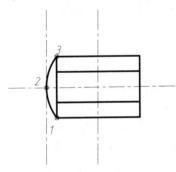

图 2-156　绘制圆弧

04 在命令行输入 O 执行"偏移"命令，绘制 3 条垂直中心线，将初始垂直中心线分别向右偏移 155、265 和 310，如图 2-157 所示。

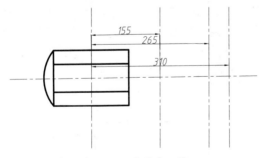

图 2-157　偏移中心线

05 使用相同的方法，绘制 3 条水平中心线，将原初始水平中心线分别向下偏移 22、52 和 74，如图 2-158 所示。

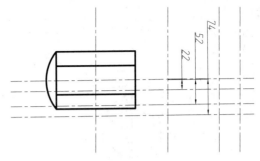

图 2-158　偏移中心线

06 在命令行输入 SPL 执行"样条曲线"命令，连接点 4、点 5、点 6 和点 7，构成曲线，如图 2-159 所示。

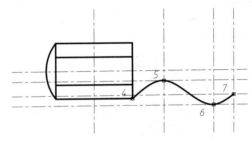

图 2-159　绘制样条曲线

07 在命令行输入 E 执行"删除"命令，删除图中多余的中心线，如图 2-160 所示。

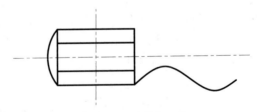

图 2-160　删除中心线

08 在命令行输入 MI 执行"镜像"命令，选择曲线并以水平中心线为镜像线，镜像图形的最终效果如图 2-161 所示。

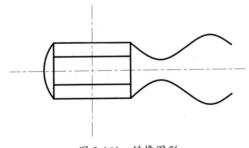

图 2-161　镜像图形

09 在命令行输入 L 执行"直线"命令，绘制一个梯形，注意捕捉的角度为 61°，长度为 50，如图 2-162 所示。

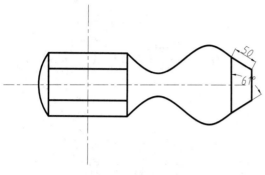

图 2-162 绘制直线

10 在命令行输入 L 执行"直线"命令，绘制一个长为 10，宽为 100 的矩形，如图 2-163 所示。

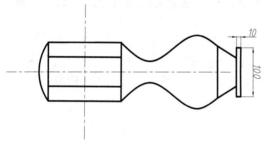

图 2-163 绘制矩形

11 继续使用"直线"命令，绘制螺丝刀头图形的一半，如图 2-164 所示。

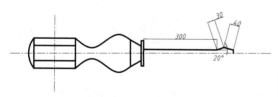

图 2-164 绘制直线

12 在命令行输入 MI 执行"镜像"命令，选择上一步中绘制的图形，并以水平中心线为镜像线，镜像图形的最终效果如图 2-165 所示。

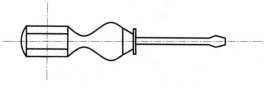

图 2-165 最终图形

2.3.14 编辑样条曲线

本节以在上一节中所创建的样条曲线为例，介绍编辑样条曲线的方法。通过激活样条曲线的夹点，可以调整曲线的形状，还可以将曲线转换为多段线，或者添加、删除曲线上的顶点等。编辑样条曲线的具体操作步骤如下。

01 选择样条曲线，将光标置于顶点之上，顶点显示为红色，同时在右下角显示快捷菜单，如图 2-166 所示。

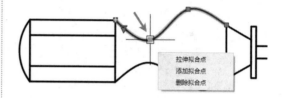

图 2-166 光标置于顶点

02 在红色顶点上单击以激活顶点。向上移动光标，调整夹点的位置，影响曲线的形状，如图 2-167 所示。

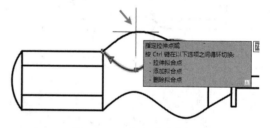

图 2-167 向上移动光标

03 在合适的位置释放鼠标左键，调整曲线形状的结果如图 2-168 所示。

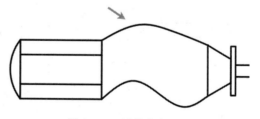

图 2-168 调整曲线形状

04 执行相同的操作，调整下方样条曲线的形状，更改螺丝刀的外形，如图 2-169 所示。

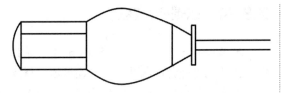

图 2-169　调整结果

05 在"修改"区域单击"编辑样条曲线"按钮 ，如图 2-170 所示。

图 2-170　单击"编辑样条曲线"按钮

06 选择样条曲线，弹出编辑菜单，如图 2-171 所示。选择相应选项，可以对曲线进行修改。

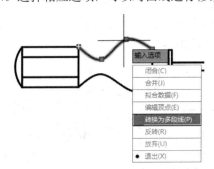

图 2-171　弹出编辑菜单

07 在菜单中选择"转换为多段线"命令，将曲线转换为多段线，如图 2-172 所示。与下方样条曲线对比，多段线包含许多夹点。

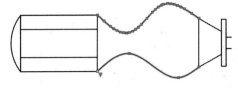

图 2-172　转换为多段线的结果

08 在菜单中选择"编辑顶点"命令，进入编辑顶点的模式，同时弹出专用命令菜单，如图 2-173 所示。选择相应命令，执行"添加""删除"顶点的操作。

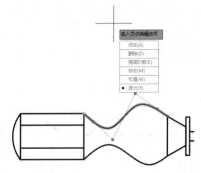

图 2-173　弹出顶点编辑菜单

操作技巧：

执行"修改"｜"对象"｜"样条曲线"命令，也可以编辑样条曲线。

2.3.15　绘制修订云线创建绿篱图例

在绘制园林图纸时经常需要添加绿篱图例来丰富植物的种类。利用"修订云线"命令，可以创建规则形状与不规则形状的绿篱图例，本节介绍创建方法。

01 在"绘图"区域单击"修订云线"按钮 ，如图 2-174 所示。

图 2-174　单击"修订云线"按钮

02 根据命令行的提示，分别指定起点和对角点，绘制矩形修订云线，如图 2-175 所示。

图 2-175　绘制矩形修订云线

03 在合适的位置释放鼠标左键，绘制绿篱的效果如图 2-176 所示。

图 2-176　绘制绿篱

04 按 Enter 键，继续绘制绿篱，结果如图 2-177 所示。

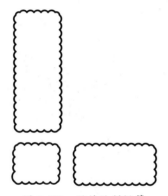

图 2-177　继续绘制绿篱

05 在命令行输入 A 执行"圆弧"命令，在绿篱的图形上绘制圆弧，为图形增加细节，最终结果如图 2-178 所示。

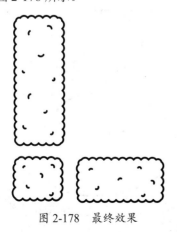

图 2-178　最终效果

操作技巧:

执行"绘图"|"修订云线"命令，如图2-179所示，也可以绘制云线表示绿篱。

图 2-179　选择"修订云线"命令

在"修订云线"列表中，一共提供了 3 种云线类型方便用户选择，分别是"矩形""多边形""徒手画"。选择"矩形"选项，可以创建规则形状的云线；选择"多边形"选项，可以自定义点创建不规则云线，如图 2-180 所示；选择"徒手画"选项，可以创建灵活多变的云线，如图 2-181 所示。

图 2-180　"多边形"云线

图 2-181　"徒手画"云线

2.3.16　绘制螺旋线

通过指定底面半径与顶面半径可以创建螺

旋线。此外，通过在命令行中设置参数，还可以自定义圈数、旋转方向等。切换至三维视图，可以观察螺旋线的三维效果。绘制螺旋线的具体操作步骤如下。

01 在"绘图"区域单击"螺旋"按钮，如图 2-182 所示。

图 2-182　单击"螺旋"按钮

02 根据命令行的提示，指定圆心，向外拖曳光标指定底面半径，如图 2-183 所示。

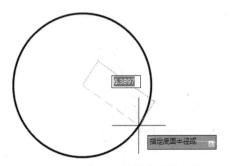

图 2-183　指定底面半径

03 向内移动光标指定顶面半径，如图 2-184 所示。

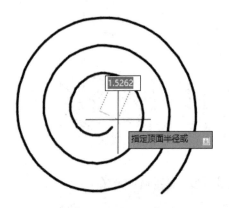

图 2-184　指定顶面半径

04 在合适的位置单击，绘制螺旋线的结果如图 2-185 所示。

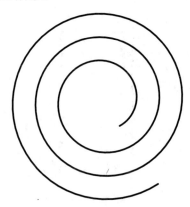

图 2-185　绘制螺旋线

05 在 ViewCube 上单击角点，如图 2-186 所示，切换至三维视图。

图 2-186　单击角点

06 在视图中观察螺旋线的三维样式，如图 2-187 所示。

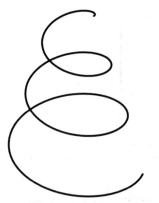

图 2-187　三维螺旋线

操作提示:

在执行"螺旋"命令的过程中，命令行提示"指定螺旋高度或[轴端点(A)/圈数(T)/圈高(H)/扭曲(W)]<8>:"时，输入高度值，可以调整螺旋线的垂直高度。

2.4 绘制多边形

在 AutoCAD 中最常用的多边形是矩形，另外根据实际需要，还可以创建三边形、五边形、六边形等。通过分解、组合多边形，可以得到特定的图形。本节介绍绘制多边形的方法。

2.4.1 快速绘制矩形

矩形就是通常说的长方形，是通过输入矩形的任意两个对角点位置确定的。如本例中所绘制的方头平键图形，在机械制图中较为常见，虽然外观上均由直线组成，但灵活使用矩形命令绘制，则要方便得多。快速绘制矩形的具体操作步骤如下。

01 在命令行输入 REC 执行"矩形"命令，绘制一个长为80,宽为30的矩形，如图2-188所示。

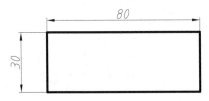

图 2-188　绘制矩形

02 在命令行输入 L 执行"直线"命令，绘制两条线段，构成方头平键的正视图，如图2-189所示。

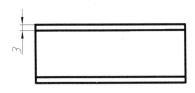

图 2-189　绘制线段

03 在命令行输入 O 执行"偏移"命令，输入 C，设置两个倒角距离均为3，然后绘制长为15，宽为30的矩形，如图2-190所示。

04 使用相同方法，绘制余下的俯视图，如图2-191所示。

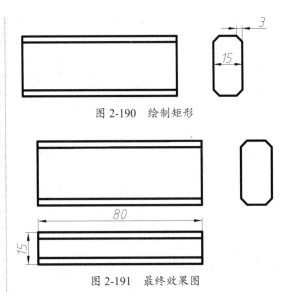

图 2-190　绘制矩形

图 2-191　最终效果图

2.4.2 设置宽度绘制矩形

按照默认的参数创建矩形，矩形的宽度为0，显示在绘图区域为细实线。为了适合某些绘图需要，如绘制图例表，就可以自定义矩形宽度，创建更加醒目的图形。设置宽度绘制矩形的具体操作步骤如下。

01 在命令行输入 REC 执行"矩形"命令，命令行提示如下。

```
命令：REC ✓
RECTANG
指定第一个角点或 [倒角 (C)／标高 (E)／
圆角 (F)／厚度 (T)／宽度 (W)]：W
   //选择"宽度 (W)"选项
指定矩形的线宽 <0>：100
      //输入参数值
指定第一个角点或 [倒角 (C)／标高 (E)／
```

圆角 (F) / 厚度 (T) / 宽度 (W)]：
　　指定另一个角点或 ［面积 (A) / 尺寸 (D) /
旋转 (R)］：

02 分别指定对角点，绘制如图 2-192 所示的矩形。

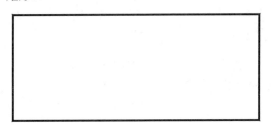

图 2-192　绘制矩形

03 在命令行输入 L 执行"直线"命令，在矩形内部绘制分界线，如图 2-193 所示。

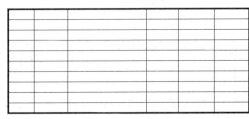

图 2-193　绘制分界线

操作技巧：

考虑将在表格中容纳的文字来绘制矩形、设置分界线的间隔值。

04 在命令行输入 MT 执行"多行文字"命令，绘制说明文字，如图 2-194 所示。

序号	名称	规格	单位	数量	备注
1	桂花	H220-240,P150-200	株	15	
2	湿地松	φ6-7	株	5	
3	樱花	φ4-5	株	10	
4	红枫	φ3-4	株	5	
5	槭树	φ4-5	株	3	
6	山茶	H150-180,P70-90	株	11	
7	苏铁	P120-150	株	1	
8	芭蕉	φ10以下	株	12	
9	紫棚	H180-220	株	6	

图 2-194　绘制说明文字

05 综合运用"多段线"命令和"多行文字"命令，绘制标题文字，植物名录表的绘制结果如图 2-195 所示。

植物名录表

序号	名称	规格	单位	数量	备注
1	桂花	H220-240,P150-200	株	15	
2	湿地松	φ6-7	株	5	
3	樱花	φ4-5	株	10	
4	红枫	φ3-4	株	5	
5	槭树	φ4-5	株	3	
6	山茶	H150-180,P70-90	株	11	
7	苏铁	P120-150	株	1	
8	芭蕉	φ10以下	株	12	
9	紫棚	H180-220	株	6	

图 2-195　绘制标题文字

2.4.3　设置圆角绘制矩形

按照默认设置创建矩形，4 个角均为 90°。定义圆角参数，可以创建圆角矩形。在绘制图形轮廓时经常需要用到圆角矩形来表示。绘制圆角矩形的具体操作步骤如下。

01 在命令行输入 REC 执行"矩形"命令，命令行提示如下。

```
命令：REC ✓
RECTANG
　　指定第一个角点或 ［倒角 (C) / 标高 (E) /
圆角 (F) / 厚度 (T) / 宽度 (W)]：F
　　　　//选择"圆角 (F)"选项
　　指定矩形的圆角半径 <0.0000>：45
　　　　//设置圆角半径值
　　指定第一个角点或 ［倒角 (C) / 标高 (E) /
圆角 (F) / 厚度 (T) / 宽度 (W)]：
　　指定另一个角点或 ［面积 (A) / 尺寸 (D) /
旋转 (R)］：
```

02 指定对角点，绘制圆角矩形，如图 2-196 所示。

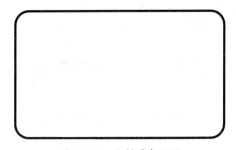

图 2-196　绘制圆角矩形

03 按 Enter 键，继续执行"矩形"命令，修改半径值为 15，继续绘制圆角矩形，如图 2-197 所示。

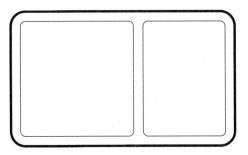

图 2-197 继续绘制圆角矩形

04 在命令行输入 L 执行"直线"命令，在矩形内部绘制斜线段。在命令行输入 F 执行"圆角"命令，设置半径为 15，对图形进行"圆角"操作，如图 2-198 所示。

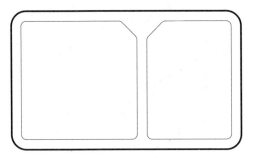

图 2-198 圆角修剪

05 继续绘制其他图形，洗菜盆的最终效果如图 2-199 所示。

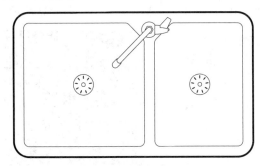

图 2-199 最终效果

操作技巧：

在对图形进行"圆角"操作前，需要先分解矩形。

2.4.4 设置倒角绘制矩形

为了绘制餐桌外轮廓线，需要绘制倒角矩

形。自定义倒角距离，可以满足绘图需求。需要注意的是，下一次执行"矩形"命令，系统仍旧按照在上一步中设定的倒角值绘制矩形。如果要绘制直角矩形，需要将倒角值修改为 0。设置倒角绘制矩形的具体操作步骤如下。

01 在命令行输入 REC 执行"矩形"命令，命令行提示如下。

```
命令：REC ↙
RECTANG
指定第一个角点或 [倒角(C)/标高(E)/
圆角(F)/厚度(T)/宽度(W)]：C
//选择"倒角(C)"选项
指定矩形的第一个倒角距离 <0>：50
//设置参数值
指定矩形的第二个倒角距离 <50>：
//按 Enter 键
指定第一个角点或 [倒角(C)/标高(E)/
圆角(F)/厚度(T)/宽度(W)]：
//单击鼠标左键
指定另一个角点或 [面积(A)/尺寸(D)/
旋转(R)]：D
//选择"尺寸(D)"选项
指定矩形的长度 <10>：700
指定矩形的宽度 <10>：1200
//设置尺寸参数
指定另一个角点或 [面积(A)/尺寸(D)/
旋转(R)]：
```

02 执行上述操作后，绘制倒角矩形的结果如图 2-200 所示。

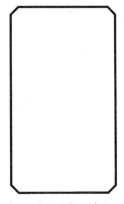

图 2-200 绘制倒角矩形

03 添加平面椅子图形，完成组合餐桌的绘制如图 2-201 所示。

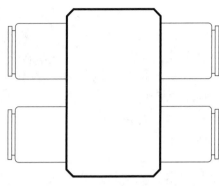

图 2-201　添加平面椅子图形

2.4.5　设置厚度绘制矩形

为矩形添加厚度后，在二维视图中无法观察效果，必须要切换到三维视图。用户可以修改视觉样式，观察三维矩形的显示效果。设置厚度绘制矩形的具体操作步骤如下。

01 在绘图区域的左上角单击视图控件，在列表中选择"西南等轴测"选项，如图 2-202 所示。

图 2-202　选择视图

02 切换至三维视图。在命令行输入 REC 执行"矩形"命令，命令行提示如下。

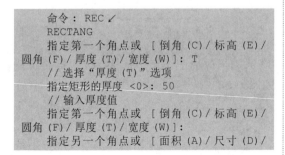

```
命令：REC ✓
RECTANG
指定第一个角点或 [倒角(C)/标高(E)/
圆角(F)/厚度(T)/宽度(W)]：T
//选择"厚度(T)"选项
指定矩形的厚度 <0>：50
//输入厚度值
指定第一个角点或 [倒角(C)/标高(E)/
圆角(F)/厚度(T)/宽度(W)]：
指定另一个角点或 [面积(A)/尺寸(D)/
```

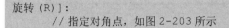
```
旋转(R)]：
　　　//指定对角点，如图 2-203 所示
```

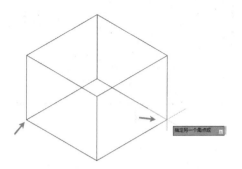

图 2-203　指定对角点

03 创建矩形的结果如图 2-204 所示。

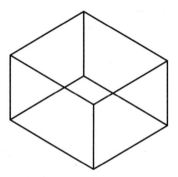

图 2-204　创建矩形

04 单击视觉样式控件，在列表中选择任意一种样式，观察矩形的显示效果，如图 2-205 所示。

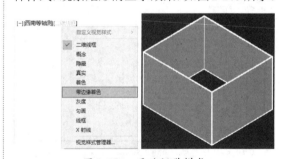

图 2-205　更改视觉样式

2.4.6　绘制正多边形

正多边形是各边长和各内角都相等的多边形。运用正多边形命令直接绘制正多边形可以提高绘图效率，且易保证图形的准确性，具体操作步骤如下。

01 单击"绘图"区域的"圆"按钮◎，绘制一个半径为 20 和一个半径为 40 的圆，如图 2-206 所示。

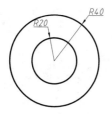

图 2-206 绘制圆

02 单击"绘图"区域的"正多边形"按钮⬡，设置侧面数为 6，选择中心为圆心，端点在圆上，如图 2-207 所示。

03 使用相同方法，设置侧面数为 3，在小圆中绘制一个正三角形，最后利用"直线"命令连接各个端点，最终效果如图 2-208 所示。

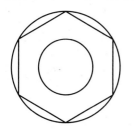

图 2-207 绘制正多边形　　图 2-208 最终效果

2.4.7 面域与布尔操作

　　"面域"是具有一定边界的二维闭合区域，它是一个面对象，内部可以包含孔特征。而通过选择自封闭的对象或者端点相连构成的封闭对象，都可以快速创建面域。在三维建模状态下，面域也可以用作构建实体模型的特征截面，再通过布尔运算，即可得到三维建模用的草图，具体操作步骤如下。

01 在命令行输入 REC 执行"矩形"命令，绘制一个长 100，宽 20 的矩形，如图 2-209 所示。

图 2-209 绘制矩形

02 在命令行输入 C 执行"圆"命令，绘制两个半径均为 20 的圆，如图 2-210 所示。

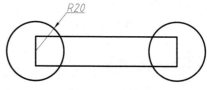

图 2-210 绘制圆

03 在命令行输入 XL 执行"构造线"命令，确定中心点，捕捉到与水平成 5°，如图 2-211 所示。

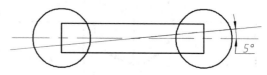

图 2-211 绘制构造线

04 在命令行输入 POL 执行"正多边形"命令，设置侧面数为 6，绘制两个正六边形，如图 2-212 所示。

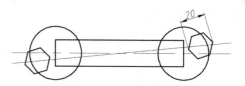

图 2-212 绘制正六边形

05 在命令行输入 E 执行"删除"命令，删除图中的辅助线，如图 2-213 所示。

图 2-213 删除辅助线

06 在命令行输入 REG 执行"面域"命令，依次选择矩形、多边形和圆。在命令行输入 UNI 执行"并集"命令，依次选择矩形和圆，修剪图形，如图 2-214 所示。

图 2-214 修剪图形

07 在命令行输入 SU 执行"差集"命令，选择并集主体后右击，再选择两个多边形，最终效果如图 2-215 所示。

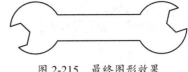

图 2-215　最终图形效果

操作技巧：

布尔运算是数学上的一种逻辑运算，用在AutoCAD绘图中，能极大地提高绘图的效率。需要注意的是，布尔运算的对象只包括实体和共面的面域，普通的线条图形对象无法进行布尔运算。通常的布尔运算包括并集、交集和差集3种，如图2-216所示。

面域原图　　　　　　　　　　并集　　　　　　　　　　差集　　　　交集

图 2-216　并集、交集和差集

2.5　综合练习

综合学习绘制各种图形的方法后，本节提供几个实例供读者练习，包括工业制图与建筑制图，方便将所学技巧运用到不同的图集中。

2.5.1　绘制轴

轴通常是指旋转的、传动动力的相对比较长的零件，是机械中普遍使用的重要零件之一，它的图形绘制通常大量运用"直线""偏移"和"圆"等命令。本例结合本章所学的知识，绘制此图，具体操作步骤如下。

01 启动 AutoCAD，新建空白文件。

02 设置"图层"为"中心线"，单击"直线"按钮／，绘制一条水平中心线；将"图层"为"轮廓线"，绘制轴的轮廓线，如图 2-217 所示。

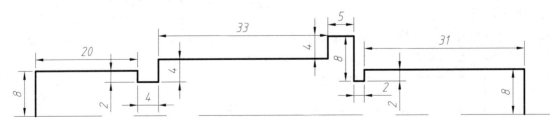

图 2-217　绘制图形

03 单击"镜像"按钮▲▲，选择轮廓线为镜像对象，中心线为镜像线，如图 2-218 所示。

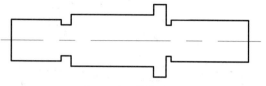

图 2-218 镜像图形

04 单击"直线"按钮✐，连接线段，如图 2-219 所示。

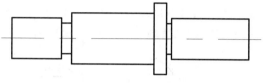

图 2-219 连接线段

05 单击"修改"区域的"倒角"按钮◢，输入 D，设置倒角距离均为 1，对轴的四角倒角，如图 2-220 所示。

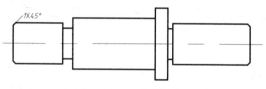

图 2-220 创建倒角

06 单击"直线"按钮✐，连接线段，如图 2-221 所示。

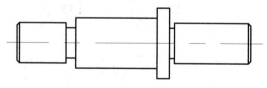

图 2-221 连接线段

07 单击"圆"按钮◉，绘制 3 个圆，如图 2-222 所示。

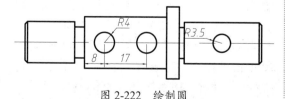

图 2-222 绘制圆

08 单击"直线"按钮✐，绘制切线连接两个圆，如图 2-223 所示。

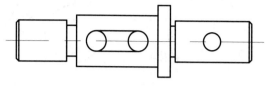

图 2-223 绘制切线

09 单击"修剪"按钮✁，删除多余的线，如图 2-224 所示。

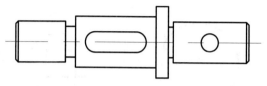

图 2-224 删除多余线条

10 设置"图层"为"中心线"，单击"直线"按钮✐，在长轴的上方绘制 4 条直线，如图 2-225 所示。

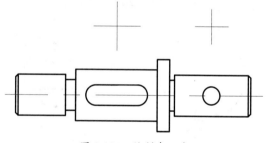

图 2-225 绘制中心线

11 单击"圆"按钮◉，以上一步绘制的中心线交点为圆心，绘制半径为 11 和 8 的圆，如图 2-226 所示。

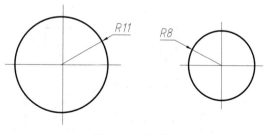

图 2-226 绘制圆

12 单击"偏移"按钮◱，将左侧的垂直线向右偏移 8，水平线向上、下偏移 4，右侧的垂直线向上、下偏移3.5，如图2-227所示。

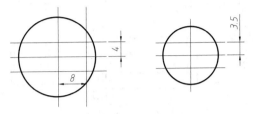

图2-227　偏移直线

13 利用"删除" ✐ 和"修剪" -/-- 命令，修剪图形，如图2-228所示。

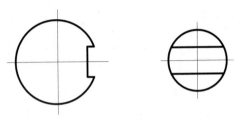

图2-228　修剪图形

14 单击"绘图"区域的"图案填充"按钮▨，对图形剖面进行填充，如图2-229所示。

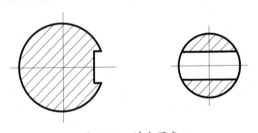

图2-229　填充图案

15 单击"绘图"区域的"多段线"按钮⤵，绘制一条直线和一个箭头，表示剖面位置，如图2-230所示。

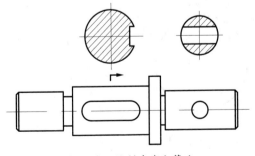

图2-230　绘制直线和箭头

16 利用"复制" ⁰° 和"镜像" ⚎ 命令，移动

并复制箭头，如图2-231所示。

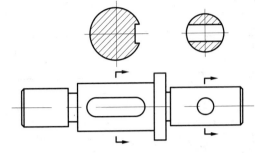

图2-231　移动并复制箭头

17 单击"修改"区域的"圆角"按钮◖，将图形凹槽内直角转为圆角，如图2-232所示。

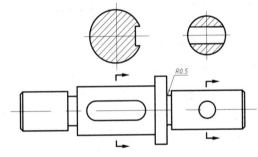

图2-232　创建圆角

18 设置"图层"为"细实线"，单击"圆"按钮◷，在凹槽处绘制一个小圆，如图2-233所示。

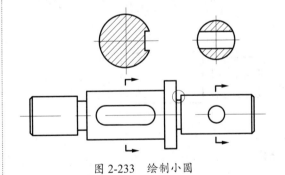

图2-233　绘制小圆

19 利用"复制"命令 ⁰°，将圆圈内的线条一同复制移动上去，然后利用"修剪"命令 -/--，将圆圈外的线条剪裁掉，如图2-234所示。

20 单击"修改"区域的"缩放"按钮▢，选择上一步绘制的图形为缩放对象，放大2倍，如图2-235所示。

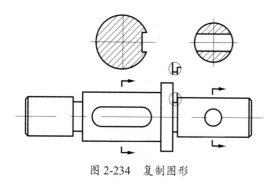

图 2-234 复制图形

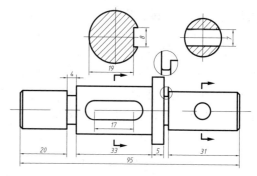

图 2-236 创建线性标注

22 使用相同的方法对圆轴距离进行标注，双击尺寸，在尺寸前面添加直径符号 Ø，如图 2-237 所示。

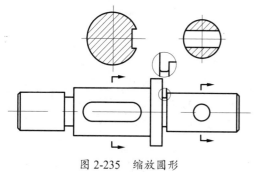

图 2-235 缩放圆形

21 单击"注释"区域的"标注"按钮 ，对图形进行初步线性标注，如图 2-236 所示。

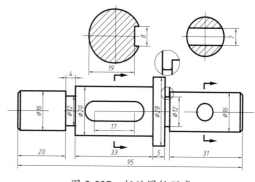

图 2-237 标注圆轴距离

23 利用"半径标注"命令 标注圆角，利用"直线" 和"多行文字" A标注倒角，最终效果如图 2-238 所示。

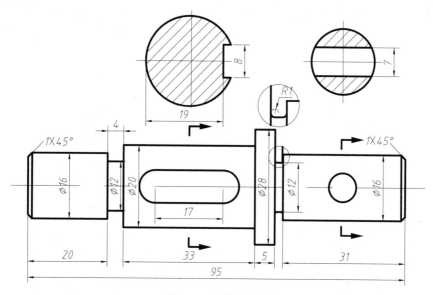

图 2-238 最终效果

2.5.2 绘制齿轮架

本例绘制齿轮架轮廓图，主要练习"直线""偏移""圆""图层"和"修剪"等命令，其中涉及大量的圆弧相切情况，是练习绘制圆弧的经典实例，具体操作步骤如下。

01 启动 AutoCAD，新建空白文件。

02 设置"图层"为"中心线"，利用"直线" ╱和"偏移"命令 ⚐ 绘制 5 条中心线，如图 2-239 所示。

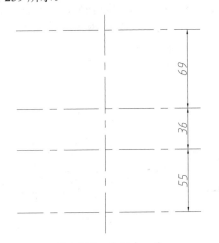

图 2-239 绘制中心线

03 将"图层"改为"轮廓线"，单击"绘图"区域的"圆"按钮 ⊘，下端绘制半径为 22.5 和 45 的圆，上端绘制两组半径为 9 和 18 的圆，如图 2-240 所示。

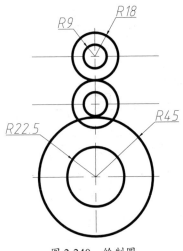

图 2-240 绘制圆

04 利用"直线"命令 ╱，连接两小圆且相切小圆，如图 2-241 所示。

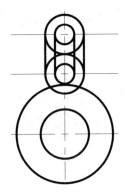

图 2-241 绘制直线

05 单击"绘图"区域的"相切，相切，半径"按钮 ⊘，选择相切圆 1 和圆 2，半径为 20，如图 2-242 所示。

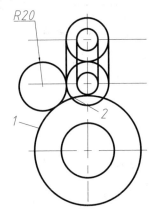

图 2-242 绘制圆

06 利用"删除" ✐ 和"修剪"命令 -/--，修剪图形，如图 2-243 所示。

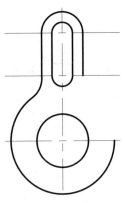

图 2-243 修剪图形

07 设置"图层"为"中心线"，绘制一条斜线，捕捉与水平线相交60°，如图2-244所示。

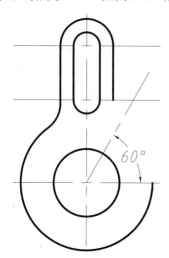

图2-244 绘制中心线

08 利用"圆"按钮 ⊙，绘制一个半径为64的圆，如图2-245所示。

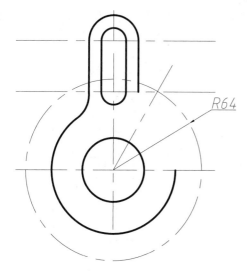

图2-245 绘制圆

09 将"图层"改为"轮廓线"，继续使用"圆"命令，以中心线交点为圆心，绘制各个圆，如图2-246所示。

10 单击"绘图"区域的"相切，相切，半径"按钮 ⊙，选择相切圆3和圆4，半径为10，如图2-247所示。

11 单击"圆"按钮 ⊙，绘制各个圆，其圆与大圆同心，且相切于各个圆，如图2-248所示。

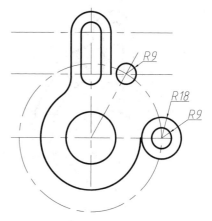

图2-246 绘制圆

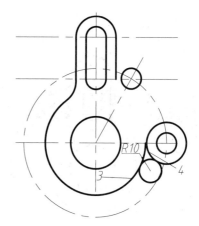

图2-247 绘制圆

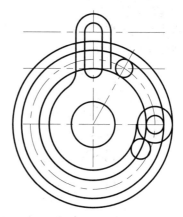

图2-248 绘制圆

12 利用"删除" ✐ 和"修剪"命令 -/-，修剪图形，如图2-249所示。

13 利用"偏移"命令 ⊕，将上端中心线依次向下偏移5和18，效果如图2-250所示。

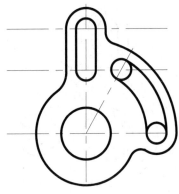

图 2-249　修剪图形

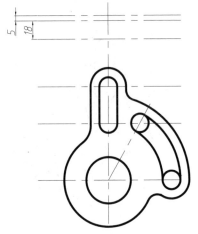

图 2-250　偏移中心线

14 单击"圆"按钮⊙，以向下偏移 5 的偏移线与垂直中心线的交点为圆心，绘制半径为 5 和 35 的圆，如图 2-251 所示。

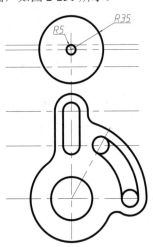

图 2-251　绘制圆

15 单击"圆"按钮⊙，以半径为 35 的圆与中心线的交点为圆心，绘制半径为 40 的圆，如图 2-252 所示。

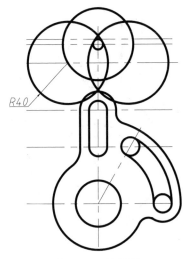

图 2-252　绘制圆

16 单击"绘图"区域的"相切，相切，半径"按钮⊙，选择相切圆 5 和圆 6，半径为 10，以同样的方法绘制圆，如图 2-253 所示。

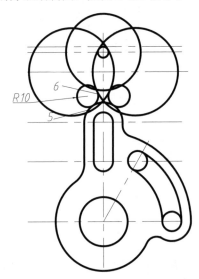

图 2-253　绘制圆

17 利用"删除"✐和"修剪"命令-/--，修剪图形，如图 2-254 所示。

18 进一步修剪直线，添加圆弧，将中心线的长度改为适当的尺寸，最终效果如图 2-255 所示。

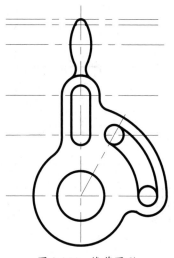

图 2-254　修剪图形

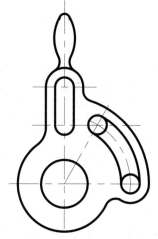

图 2-255　最终效果

2.5.3　绘制小汽车正面图

　　小汽车正面图形的绘制，主要练习"直线""偏移""镜像"和"倒角"等命令，难点在于直线与圆弧相交的线条段，要灵活运用光标捕捉相应的角度，下面详细介绍绘制过程。

01 启动 AutoCAD，新建空白文件。

02 设置"图层"为"中心线"；利用"绘图"区域的"直线"命令／和"修改"区域的"偏移"命令 ，绘制 4 条中心线，如图 2-256 所示。

03 将"图层"改为"轮廓线"，单击"直线"按钮／，绘制一条长为 110 的线段，接着单击

"圆弧"按钮，绘制半径为 60 的圆弧，如图 2-257 所示。

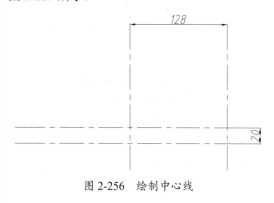

图 2-256　绘制中心线

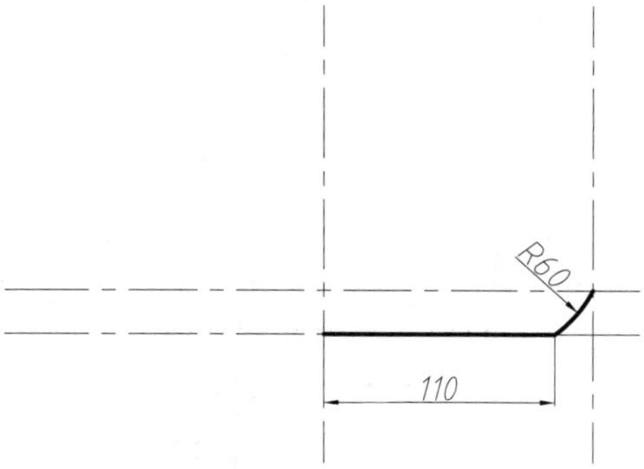

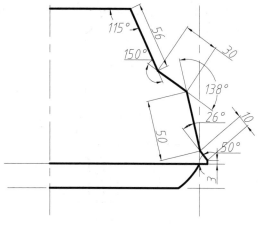

图 2-257　绘制轮廓线

04 使用"直线"命令，绘制多条直线，注意角度的捕捉和线段长度，如图 2-258 所示。

图 2-258　绘制多条直线

05 单击"修改"区域的"圆角"命令 ，通过输入 R，设置圆角半径，对图形逐一倒角，如图 2-259 所示。

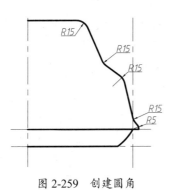

图 2-259　创建圆角

06 利用"直线" / 和"偏移"命令 凸，绘制车轮的轮廓线，如图 2-260 所示。

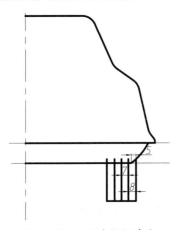

图 2-260　绘制车轮轮廓线

07 单击"修改"区域的"圆角"按钮 凸，输入 R 设置半径为 6.5，对图形进行倒角，如图 2-261 所示。

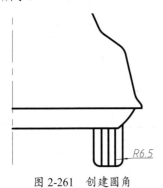

图 2-261　创建圆角

08 利用"直线"命令 / 和"修改"区域的"镜像"命令 ⚎，镜像图形。

09 利用"偏移"命令 凸，将水平中心线向上偏移 9，垂直中心线向左偏移 108；单击"绘图"

区域的"矩形"按钮 ▱，输入 F 设置圆角为 3.5，绘制一个长 216、宽 38 的矩形，如图 2-262 所示。

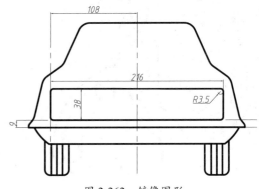

图 2-262　镜像图形

10 利用"矩形"命令，绘制 3 个矩形，如图 2-263 所示。

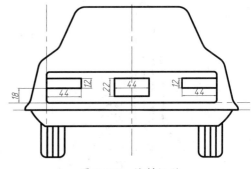

图 2-263　绘制矩形

11 利用"偏移"命令 凸，将水平中心线依次向上偏移 70 和 50，垂直中心线向右偏移 26，如图 2-264 所示。

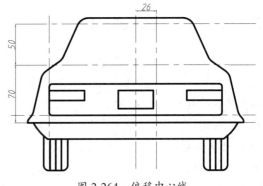

图 2-264　偏移中心线

12 单击"直线"按钮 /，绘制后窗的轮廓线，如图 2-265 所示。

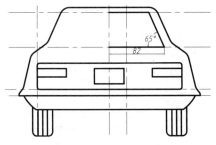

图 2-265　绘制后窗轮廓线

13 使用相同的方法，绘制后座头枕的轮廓线，如图 2-266 所示。

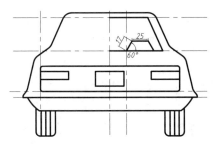

图 2-266　绘制后座头枕轮廓线

14 利用"圆角"命令，设置圆角半径，对图形逐一倒角，如图 2-267 所示。

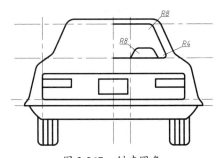

图 2-267　创建圆角

15 单击"镜像"按钮，将绘制的窗户和后座头枕镜像，如图 2-268 所示。

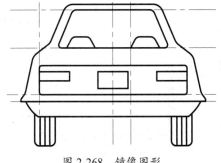

图 2-268　镜像图形

16 单击"直线"按钮，在图形右侧点上，绘制一条垂直向上的直线，长为 10，并连接到圆弧的圆心，效果如图 2-269 所示。

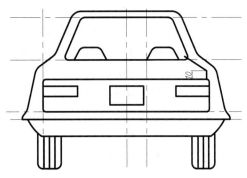

图 2-269　绘制直线

17 利用"圆角"命令，设置圆角半径为 8，对图形倒角，如图 2-270 所示。

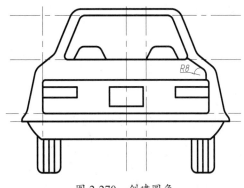

图 2-270　创建圆角

18 单击"镜像"按钮，镜像上几步绘制的线条，并删除中心辅助线，最终效果如图 2-271 所示。

图 2-271　最终效果

2.5.4 绘制建筑平面图

建筑平面图是将新建建筑物或构筑物的墙、门窗、楼梯、地面及内部功能布局等建筑情况，以水平投影方法和相应的图例所组成的图纸。建筑平面图是比较复杂的图形，其图形往往涉及大量的轮廓绘制、尺寸标注、图层指定和图形引用等，所以要利用快捷键和按钮的综合操作，灵活运用好各个命令的功能，才能事倍功半，减少工作量，提高绘图效率。绘制建筑平面图的具体操作步骤如下。

01 新建空白文件。

02 设置"图层"为"细实线"；在命令行输入 XL 执行"构造线"命令，按 F8 键打开"正交"模式，绘制一条水平构造线和垂直构造线，如图 2-272 所示。

图 2-272 绘制构造线

03 在命令行输入 O 执行"偏移"命令，将水平构造线分别向上偏移 1200、1800、900、2100、600、1800、1200 和 600，得到水平方向的辅助线。将垂直构造线连续分别往右偏移 1100、1600、500、1500、3000、1000、1000 和 2000，得到垂直方向的辅助线，它们和水平辅助线一起构成正交的辅助网，如图 2-273 所示。

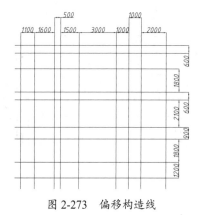

图 2-273 偏移构造线

04 设置"图层"为"轮廓线"，在命令行输入 ML 执行"多线"命令，根据命令提示将对齐方式设置为"无"，将多线比例设为 180，根据辅助网格绘制外墙，如图 2-274 所示。

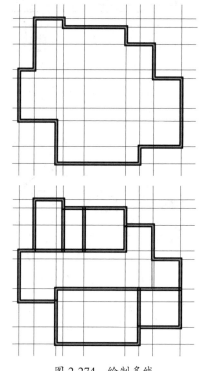

图 2-274 绘制多线

05 在命令行输入 E 执行"删除"命令，删除构造线；在命令行输入 X 执行"分解"命令，全选所有图形；在命令行输入 TR 执行"修剪"命令，修剪图形，使墙体都是光滑连贯的，如图 2-275 所示。

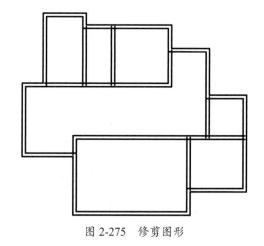

图 2-275 修剪图形

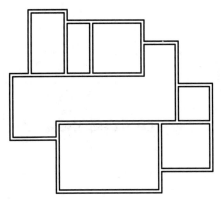

图 2-275 修剪图形（续）

06 在命令行输入 L 执行"直线"命令和在命令行输入 O 执行"偏移"命令绘制一个长为800、宽为180且内部有两条直线的矩形作为窗的图例；单击"修改"区域的"旋转"按钮 ↻，选择窗图例并复制旋转90°，如图 2-276 所示。

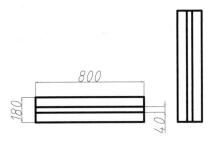

图 2-276 绘制窗户

07 单击"修改"区域的"复制"按钮 ◔，将窗图例复制到各个开间的墙体正中间，如图 2-277 所示。

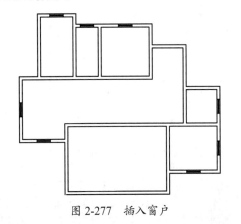

图 2-277 插入窗户

08 在最下面的墙上有一排特殊的窗户需要绘

制。单击"修改"区域的"矩形"按钮 ▭，在空白处绘制一个200×180的矩形，代表窗户之间的墙体界面。在命令行输入 M 执行"移动"命令，将它移至墙体正中间；利用"复制"命令将窗户移动复制到如图 2-278 所示的位置。

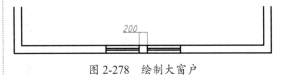

图 2-278 绘制大窗户

09 重复这一操作，使下面墙体上出现4扇特殊窗户，侧面出现2扇特殊窗户，效果如图 2-279 所示。

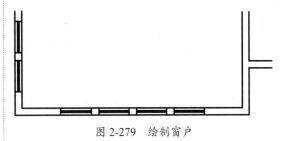

图 2-279 绘制窗户

10 在命令行输入 O 执行"偏移"命令和在命令行输入 TR 执行"修剪"命令，在大门的墙上开一个长为1200的门洞，其余地方都是长为750的门洞，效果如图 2-280 所示。

图 2-280 绘制门洞

11 利用"直线"和"绘图"区域的"圆弧"命令 ⌒，在门洞上绘制一条直线表示门、一个对应半径的圆弧，表示门的开启方向，效果如图 2-281 所示。

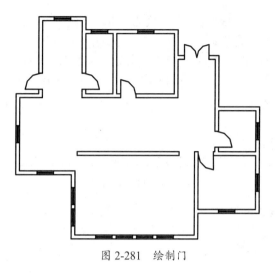

图 2-281 绘制门

12 单击"修改"区域的"复制"按钮🔊，把绘图面板中的桌子复制、粘贴到餐厅，如图 2-282 所示。

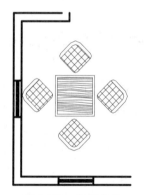

图 2-282 复制桌子

13 采用同样的方法复制一个双人床图例，如图 2-283 所示。

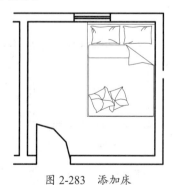

图 2-283 添加床

14 采用同样的方法复制一组沙发图例，如图 2-284 所示。

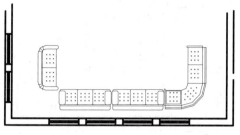

图 2-284 添加沙发

15 采用同样的方法复制一套卫浴设备图例，如图 2-285 所示。

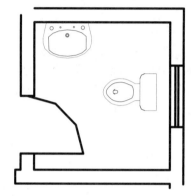

图 2-285 添加卫浴设备

16 采用同样的方法复制一套厨房设备图例，如图 2-286 所示。

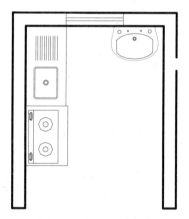

图 2-286 添加厨房设备

提示：

平时注意积累和搜集一些常用建筑单元图例，也可以借助一些建筑图库，将需要的建筑单元图例复制粘贴到当前图形中，这样绘制图形就会非常方便快捷。

17 利用"偏移"命令，让墙线往上偏移 1000，接着利用"直线"命令在墙线的端部绘制直线作为台阶线，然后利用"偏移"命令，每隔 252 偏移一次，如图 2-287 所示。

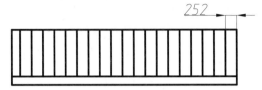

图 2-287　偏移墙线

18 利用"偏移"命令，将上一步中的偏移线再往上偏移 100，接着利用"直线"命令封口并绘制隔断符号，然后利用"修剪"命令修剪图形，如图 2-288 所示。

19 单击"注释"区域的"文字样式"按钮**A**，弹出"文字样式"对话框，设置文字高度为 400.0000，如图 2-289 所示。

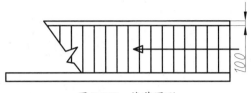

图 2-288　修剪图形

图 2-289　设置文字样式参数

20 单击"注释"区域的"文字样式"按钮**A**，添加文字，对房间的功能用途进行文字说明，如图 2-290 所示。

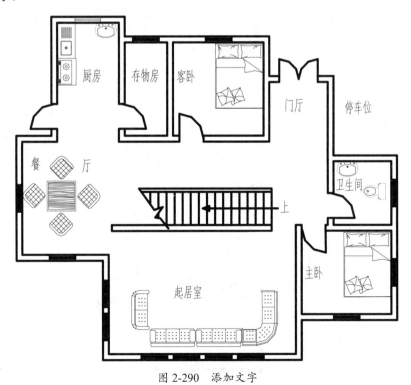

图 2-290　添加文字

21 单击"注释"区域的"标注样式"按钮，弹出"标注样式管理器"对话框，选中"建筑 ISO-25"选项，如图 2-291 所示。

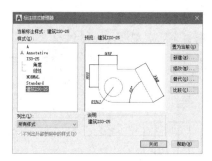

图 2-291   选择标注样式

22 单击"注释"区域的"标注"按钮 🖾 ，对图形进行第一层标注，如图 2-292 所示。

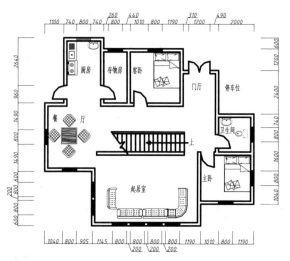

图 2-292   标注图形

23 使用相同的方法对图形进行标注，最终效果如图 2-293 所示。

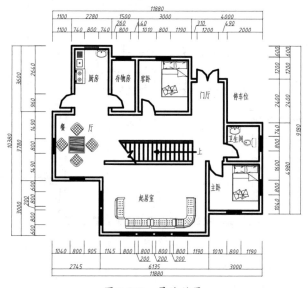

图 2-293   最终效果

第 **3** 章 编辑图形

项目导读

本章介绍编辑图形的方法，包括修改图形、复制图形以及填充图案。利用绘制命令创建图形后，还需要对图形进行编辑操作才能得到适用的图形。本章在经过基础实例的练习后，在最后一节还会提供 6 个实例方便巩固所学知识。

3.1 修改图形

修改图形的操作包括改变图形的大小、位置、角度等。对图形执行修改操作，可以变更图形的原有样式，使之能够被运用到各类图集中。

3.1.1 特殊大小的缩放操作

"缩放"是将已有的图形对象以基点为参照，进行等比缩放。在绘图时，遇到等比例关系的图形，可以直接运用缩放命令绘制图形，减少工作量。本例中的图形是一个经典绘图试题，如果使用常规思路通过绘制圆弧来求解，会非常麻烦，而使用"缩放"命令则要简单得多，具体操作步骤如下。

01 在命令行输入 L 执行"直线"命令和在命令行输入 C 执行"圆"命令，快速绘制一条中心线和一个半径为 70 的圆，如图 3-1 所示。

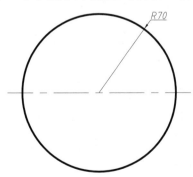

图 3-1　绘制中心线和圆

02 绘制一个半径为 10 的半圆弧，与大圆内切，如图 3-2 所示。

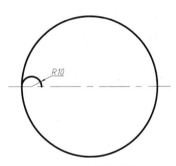

图 3-2　绘制半圆弧

03 在命令行输入 SC 执行"缩放"命令选择半圆弧，选择点 1 为基点，接着输入 C 设置复制比例为 2，确认放大图形。使用相同的方法放大半圆弧，比例为 3、4、5 和 6，如图 3-3 所示。

04 同理绘制下半部分图形，最终效果如图 3-4 所示。

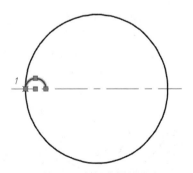

图 3-3　放大并复制圆弧

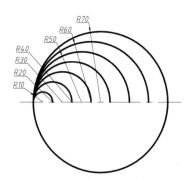

图3-3 放大并复制圆弧（续）

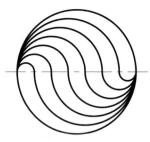

图3-4 最终效果

3.1.2 修剪的快速调用

"修剪"命令用于以指定的切割边裁剪所选定的对象，切割边和被切割的对象可以是直线、圆弧、圆、多段线和样条曲线等。使用该工具时，需要先选择修剪边界，修剪的对象必须与修剪边界相交。绘图时配合辅助线，可方便图形形状、距离和范围等的绘制，具体操作步骤如下。

01 在命令行输入 C 执行"圆"命令，绘制一个半径为 35 的圆，接着在命令行输入 POL 执行"正多边形"命令，设置侧面数为 3，绘制内接于圆的正三角形，如图 3-5 所示。

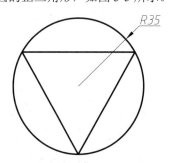

图3-5 绘制圆和三角形

02 在命令行输入 ARC 执行"圆弧"命令，依次选择点 1、点 2（圆心）和点 3，如图 3-6 所示。

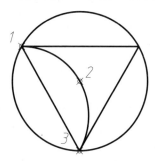

图3-6 绘制圆弧

03 使用相同的方法绘制圆弧，如图 3-7 所示。

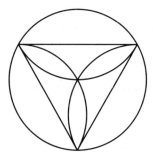

图3-7 绘制圆弧

04 在命令行输入 POL 执行"正多边形"命令，设置侧面数为 3，绘制内接于圆的正三角形，如图 3-8 所示。

图3-8 绘制正三角形

05 在命令行输入 TR 执行"修剪"命令，右击，将三角形中多余的线段删除，如图 3-9 所示。

06 在命令行输入 ARC 执行"圆弧"命令，依次选择点 4、点 2（圆心）和点 5，如图 3-10 所示。

07 使用相同的方法绘制圆弧，最终效果如图 3-11 所示。

图 3-9 修剪图形

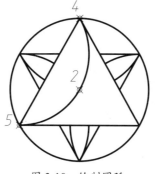
图 3-10 绘制圆弧

图 3-11 最终图形效果

3.1.3 快速指定基点移动图形

"移动"命令是将图形从一个位置平移至另一个位置，移动过程中图形大小、形状和角度都不会改变。"移动"命令操作需要确定平移对象、基点、起点和终点，多用于将错位的图形移至正确位置，弥补错误，使其方便绘图。快速指定基点移动图形的具体操作步骤如下。

01 打开"3.1.3 快速指定基点移动图形 .dwg"素材文件，如图 3-12 所示。

图 3-12 打开素材

02 在命令行输入 M 执行"移动"命令，框选右侧五角星，右击后选择基点为五角星顶点，移至曲线点上，如图 3-13 所示。

图 3-13 移动五角星

03 使用相同的方法移动图形，最后删除样式点，最终效果如图 3-14 所示。

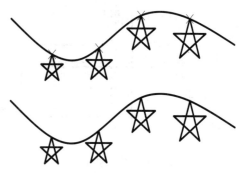
图 3-14 最终效果

3.1.4 用偏移命令创建平行对象

"偏移"命令是一种特殊的复制对象的方法，它根据指定的距离或通过点，建立一个与所选对象平行的形体，从而使对象数量增加。灵活运用"偏移"命令能够快速生成等间距的、具有平行特性的对象，如平行直线、平行曲线、同心圆等。绘图中经常将"偏移"和"修剪"命令配合使用，只需用直线绘制基本的中心线，然后使用"偏移"和"修剪"命令即可完成大部分复杂图形的绘制，如本例所示，具体操作步骤如下。

01 在命令行输入 L 执行"直线"命令，绘制两条中心线，如图 3-15 所示。

02 在命令行输入 O 执行"偏移"命令，将垂直中心线向左偏移 5、8 和 20；将水平中心线向上偏移 5、8 和 20，向下偏移 30，如图 3-16 所示。

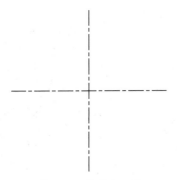

图 3-15　绘制中心线

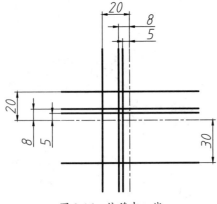

图 3-16　偏移中心线

03 在命令行输入 L 执行"直线"命令，选择细实线和粗实线的交点为起始点，拖动光标捕捉到与水平成 45°，端点分别交于水平和垂直中线，如图 3-17 所示。

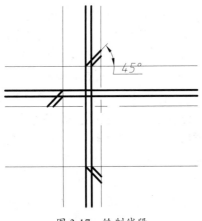

图 3-17　绘制线段

04 在命令行输入 E 执行"删除"命令和在命令行输入 TR 执行"修剪"命令，将多余的线条修剪，如图 3-18 所示。

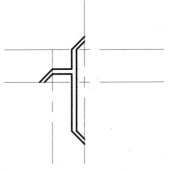

图 3-18　修剪线条

05 在命令行输入 MI 执行"镜像"命令，选择镜像对象，镜像图形。第一次镜像线为水平中心线，第二次镜像线为垂直中心线，如图 3-19 所示。

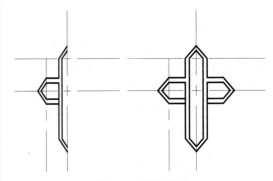

图 3-19　镜像图形

06 在命令行输入 E 执行"删除"命令和在命令行输入 TR 执行"修剪"命令，将多余的线条修剪，最终图形如图 3-20 所示。

图 3-20　最终图形

3.1.5　特殊角度的旋转操作

"旋转"命令是将图形对象围绕着一个固

定的点（基点）旋转一定的角度。在命令执行过程中，需要确定的参数有旋转对象、基点位置和旋转角度。默认的旋转方向为逆时针方向，输入负值角度时则按顺时针方向旋转对象。如本例中要将直线 CD 修改为垂直于直线 AB，就可以通过执行两次"旋转"命令来完成，具体操作步骤如下。

01 打开"3.1.5 特殊角度的旋转操作 .dwg"素材文件，如图 3-21 所示，其中已绘制好了两条直线：AB 和 CD。

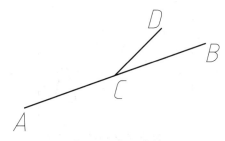

图 3-21　打开素材

02 通过观察素材图形可知，直线 AB 与水平的夹角未知，所以不能直接通过输入角度的方法将直线 CD 旋转为直线 AB 的垂线，此时就可以先将直线 CD 旋转至 AB 重合的位置，然后再旋转 90°，即可使 CD 垂直于 AB。

03 在命令行输入 RO 执行"旋转"命令，选择直线 CD 为旋转对象，指定点 C 为基点，然后输入 R 启用"参照"子选项，再分别指定 C、D 两点为参照对象，接着直线 CD 便会随光标位置进行旋转，将其调整到与直线 AB 重合的位置，如图 3-22 所示。

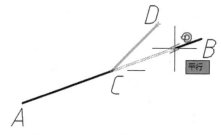

图 3-22　将 CD 旋转至与 AB 重合

04 此时直线 CD 已经与直线 AB 重合，这样再次执行"旋转"命令，就可以通过输入角度值的方法将直线 CD 旋转至与直线 AB 成 90° 夹

角的位置。

05 按 Enter 键重复执行"旋转"命令，仍然选择直线 CD 为旋转对象、点 C 为基点，然后输入角度值 90，即可使 CD 垂直于 AB，如图 3-23 所示。

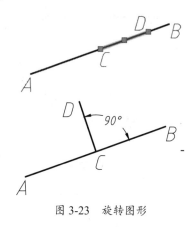

图 3-23　旋转图形

3.1.6　灵活选择进行删除

在 AutoCAD 中，"删除"是使用频率最高的命令之一。在绘制过程中，有时通过绘制辅助线条可以更快捷地得到理想图形，此时就需要用删除命令将辅助线删除。因此使用"删除"命令的关键便是快速、准确地选择要删除的对象，尽量不出现误删的情况。灵活选择进行删除的具体操作步骤如下。

01 在命令行输入 C 执行"圆"命令和在命令行输入 POL 执行"正多边形"命令，绘制一个半径为 50 的圆，一个内接于圆的正六边形，如图 3-24 所示。

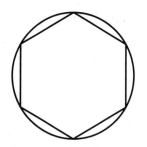

图 3-24　绘制圆和正六边形

02 在命令行输入 L 执行"直线"命令，连接各个端点，绘制成一个六角星，如图 3-25 所示。

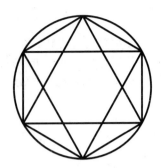

图 3-25　连接线段

03 在命令行输入 E 执行"删除"命令，选择圆和六边形，然后右击删除图形，最终效果如图 3-26 所示。

图 3-26　最终效果

3.1.7　延伸的快速调用

"延伸"命令是将没有和边界相交的部分延伸补齐。绘图过程中，需要设置的参数有延伸边界和延伸对象两类，可以根据延伸对象原有的属性进行延伸，也可以根据边界的位置限定范围，本例就是结合这两种情况的很好实例，具体操作步骤如下。

01 打开"3.1.7 延伸的快速调用.dwg"素材文件，如图 3-27 所示。

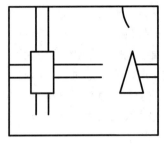

图 3-27　打开素材

02 在命令行输入 EX 执行"延伸"命令，选择延伸对象和延伸边界并右击，如图 3-28 所示。

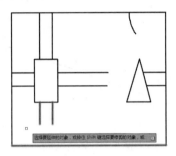

图 3-28　选择对象

03 单击选择要延伸的对象，继续使用相同的方法延伸水平未靠边的线段，如图 3-29 所示。

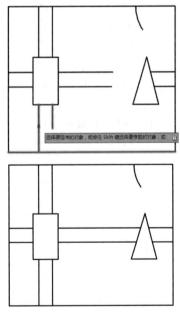

图 3-29　延伸线段

04 同理也可以延伸圆弧，在命令行输入 EX 执行"延伸"命令，选择延伸对象和延伸边界并右击确认，最后选择延伸圆弧，最终图形效果如图 3-30 所示。

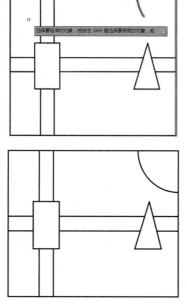

图 3-30 最终图形效果

3.1.8 更改图形次序

AutoCAD 图纸如同一张或多张透明的图纸上下重叠，在相对复杂的图形中，图形交错，线条重叠，操作者往往不能轻易选中所需的图形或者错选了原本应选择的图形，这时可以使用前置命令，将图形至于图层顶层便于操作。更改图形次序的具体操作步骤如下。

01 打开 "3.1.8 更改图形次序 .dwg" 素材文件，其中已经绘制好了市政规划的局部图，图中可见道路、文字等被河流遮挡，如图 3-31 所示。

图 3-31 打开素材

02 前置道路。选中道路的填充图案，以及道路上的各线条，接着单击"修改"区域的"前置"按钮，结果如图 3-32 所示。

图 3-32 前置道路

03 前置文字。此时道路图形被置于河流之上，符合生活实际，但道路名称被遮盖，因此，需将文字对象前置。单击"修改"区域的"将文字前置"按钮，即可完成操作，结果如图 3-33 所示。

图 3-33 前置文字

04 前置边框。上述步骤操作后图形边框被置于各对象之下，因此，为了打印效果可将边框置于顶层，结果如图 3-34 所示。

图 3-34 前置边框

3.1.9 使用"打断于点"命令修改电路图

"打断于点"命令是指，将原本是一个整体的线条分离成两端，创建出间距效果。被打断的线条只能是单独的线条，不能打断组合形体。"打断于点"命令可以用来为文字、标注等创建注释空间，尤其适用于修改由大量直线、多段线等线性对象构成的电路图。本例通过"打断于点"命令的灵活使用，为某电路图添加电器元件，具体操作步骤如下。

01 打开"3.1.9 使用"打断于点"命令修改电路图 .dwg"素材文件，其中绘制好了简单电路图和孤悬在外的电器元件（可调电阻），如图 3-35 所示。

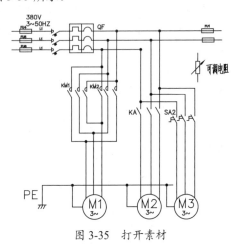

图 3-35 打开素材

02 在"默认"选项卡中，单击"修改"区域的"打断"按钮，选择可调电阻左侧的线路作为打断对象，可调电阻的上、下两个端点作为打断点，打断效果如图 3-36 所示。

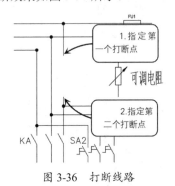

图 3-36 打断线路

03 采用相同方法打断剩下的两条线路，效果如图 3-37 所示。

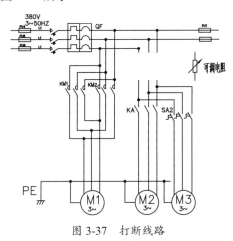

图 3-37 打断线路

04 单击"修改"区域的"复制"按钮，将可调电阻复制到打断的 3 条线路上，如图 3-38 所示。

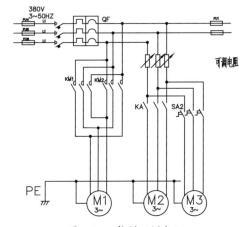

图 3-38 复制可调电阻

3.1.10 打断图形

"打断"命令是在线条上创建两个打断点，然后将线条断开。默认情况下，系统会以选择对象时的拾取点作为第一个打断点，但此方法往往不能精确地选择坐标点，所以如果不希望以拾取点为第一个打断点，则可以在命令行中选择"第一点"选项，重新指定第一个打断点，再指定第二个打断点。打断图形的具体操作步骤如下。

01 打开"3.1.10 打断图形 .dwg"素材文件，如图 3-39 所示。

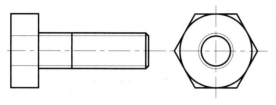

图 3-39 打开素材

02 在命令行输入 BR 执行"打断"命令，选择打断对象，然后输入 F，依次选择点 1 和点 2 打断细线，如图 3-40 所示。

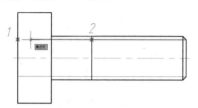

图 3-40 选择对象

03 使用相同的方法编辑图形，编辑右视图时，打断点依次选择点 3、点 4，如图 3-41 所示。

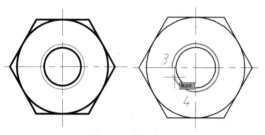

图 3-41 选择打断点

操作技巧：

AutoCAD 按逆时针方向删除圆上第一点到第二点之间的部分。

04 修改图形后，最终效果如图 3-42 所示。

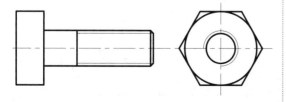

图 3-42 最终效果

3.1.11 拉伸图形

"拉伸"命令可将图形的一部分沿指定方向拉伸。执行该命令需要选择拉伸对象、拉伸基点和第二点（确定拉伸方向和距离）。"拉伸"命令的使用窍门是其拉伸基点可以不选择在对象上，在图形空白处任意指定一点即可，然后准确地指定第二点，即可快速修改图形。拉伸图形的具体操作步骤如下。

01 打开"3.1.11 拉伸图形 .dwg"素材文件，如图 3-43 所示。

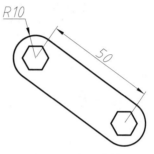

图 3-43 打开素材

02 在命令行输入 S 执行"拉伸"命令，选择对象，如图 3-44 所示。

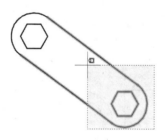

图 3-44 选择对象

03 右击，单击选择圆心为拉伸基点，输入拉伸距离为 20，按 Enter 键确认，最终效果如图 3-45 所示。

操作技巧：

拉伸遵循以下原则：1.通过单击选择和窗口选择获得的拉伸对象将只被平移，不被拉伸；2.通过交叉选择获得的拉伸对象，如果所有夹点都落入选择框内，图形将发生平移；3.如果只有部分夹点落入选择框，图形将沿拉伸位移拉伸；4.如果没有夹点落入选择窗口，图形将保持不变。

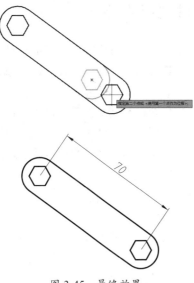

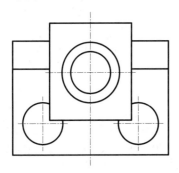

图 3-45　最终效果

3.1.12　创建圆角

"圆角"命令是将两条相交的直线通过一个圆弧光滑地连接起来。"圆角"命令的使用分为两步：第一步确定圆角大小，通过半径设置；第二步选定两条需要圆角化的边。创建圆角的具体操作步骤如下。

01 打开"3.1.12 创建圆角 .dwg"素材文件，如图 3-46 所示。

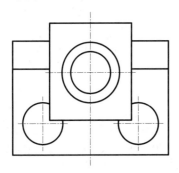

图 3-46　打开素材

02 在命令行输入 F 执行"圆角"命令，接着输入 R 设置圆角半经为 150，选择两条相交的直线，如图 3-47 所示。

03 使用相同的方法创建右侧的圆角，效果如图 3-48 所示。

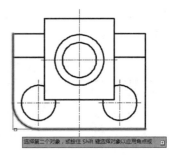

图 3-47　选择对象

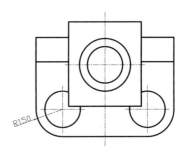

图 3-48　创建圆角

04 使用相同的方法，在命令行输入 F 执行"圆角"命令，接着输入 R 设置圆角半径为 30，再输入 M 设置为多选，一次为多个对象创建圆角，如图 3-49 所示。

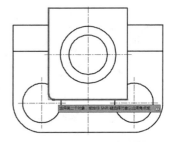

图 3-49　继续创建圆角

05 修改矩形的 4 个角，最终效果如图 3-50 所示。

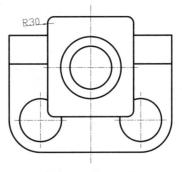

图 3-50　最终效果

3.1.13 创建倒角

"倒角"命令与"圆角"命令类似，它是将两条相交的直线通过一个斜线连接起来，进行过渡。"倒角"命令的使用分为两步：第一步确定倒角大小或倒角距离与相关角度；第二步选定两条需要倒角的边。创建倒角的具体操作步骤如下。

01 打开"3.1.13 创建倒角 .dwg"素材文件，如图 3-51 所示。

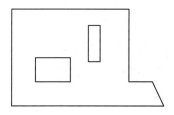

图 3-51　打开素材

02 在命令行输入 CHA 执行"倒角"命令，输入 D 设置距离，第一个倒角距离为 5，第二个倒角距离为 6，然后依次选择直线 1 和直线 2，如图 3-52 所示。

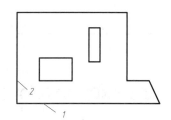

图 3-52　依次选择直线

03 创建倒角后的效果，如图 3-53 所示。

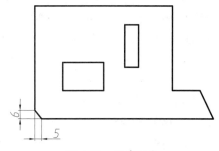

图 3-53　创建倒角

04 继续在命令行输入 CHA 执行"倒角"命令，输入 A 设置角度，第一个倒角距离为 5，角度

为 60°，然后依次选择直线 2 和直线 3，如图 3-54 所示。

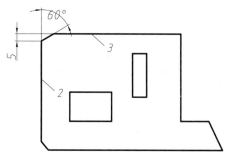

图 3-54　选择直线

05 使用相同的方法，在命令行输入 CHA 执行"倒角"命令，输入 D 设置距离，第一个和第二个倒角距离均为 5，然后输入 M 设置为多选，一次为多个对象倒角，最终效果如图 3-55 所示。

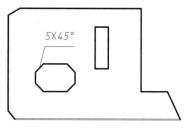

图 3-55　最终效果

3.1.14 将零散线条合并为整线

"合并"命令用于将独立的图形对象合并为一个整体。它可以将多个对象进行合并，包括圆弧、椭圆弧、直线、多线段、样条曲线等。如本例中的图形，如果不先合并就直接操作，就会走许多弯路，合并的具体操作步骤如下。

01 打开"3.1.14 将零散线条合并为整线 .dwg"素材文件，如图 3-56 所示。

图 3-56　打开素材

02 在命令行输入 J 执行"合并"命令，选择五角星的线段，右击使其成为整线，如图 3-57 所示。

图 3-57　选择线段

03 在命令行输入 O 执行"偏移"命令，把合并后的五角星向外和向内偏移 10，最终效果如图 3-58 所示。

图 3-58　最终效果

3.1.15　分解图形进行快速编辑

对于由多个对象组成的对象——矩形、多边形、多段线、块、阵列等，如果需要对其中的单个对象进行编辑操作，就需要利用"分解"命令将这些对象分解成单个的图形对象，然后在利用编辑工具进行编辑。分解图形进行快速编辑的具体操作步骤如下。

01 打开"3.1.15 分解图形进行快速编辑 .dwg"素材文件，如图 3-59 所示。

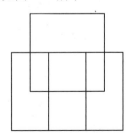

图 3-59　打开素材

02 图形由 3 个整线的矩形组成，不能进行修剪，在命令行输入 X 执行"分解"命令，选择矩形后右击进行分解，如图 3-60 所示。

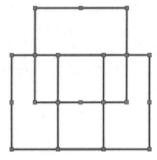

图 3-60　分解矩形

03 在命令行输入 TR 执行"修剪"命令，将多余的线段删除，最终效果如图 3-61 所示。

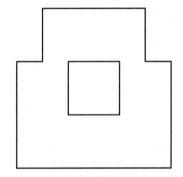

图 3-61　最终效果

3.1.16　拉长线段快速得到中心线

"拉长"命令可以改变原图形的长度，通过指定一个长度增量、角度增量（对于圆弧）、总长度来进行修改。大部分图形（如圆、矩形）均需要绘制中心线，而在绘制中心线时，通常需要将中心线延长至图形外，且伸出长度相等。如果逐条去拉伸中心线，就略显麻烦，此时即可使用"拉长"命令来快速延伸中心线，使其符合设计规范，具体操作步骤如下。

01 打开"3.1.16 拉长线段快速得到中心线 .dwg"素材文件，如图 3-62 所示。

02 在命令行中输入 LEN，执行"拉长"命令。

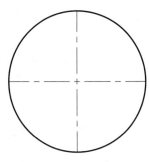

图 3-62 打开素材

03 在两条中心线的各个端点处单击，向外拉

长 3 个单位，如图 3-63 所示，命令行操作如下。

```
命令：len lengthen
选择对象或 [增量(DE)/百分数(P)/全部
(T)/动态(DY)]:DE1    //选择"增量"选项
输入长度增量或 [角度(A)] <0.5000>:
31            //输入每次拉长增量
选择要修改的对象或 [放弃(U)]:
选择要修改的对象或 [放弃(U)]:
选择要修改的对象或 [放弃(U)]:
选择要修改的对象或 [放弃(U)]:
//依次在两中心线 4 个端点附近单击，完成拉长
选择要修改的对象或 [放弃(U)]: 1
//按 Enter 结束拉长命令
```

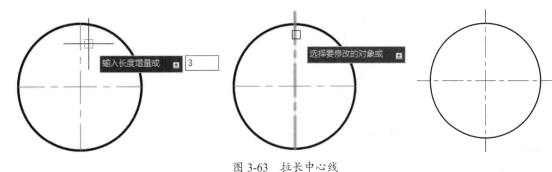

图 3-63 拉长中心线

3.1.17 快速对齐二维图形

在 AutoCAD 中，经常需要对已经绘制好的图形进行移动。除了前面已经介绍过的"移动"命令，还可以通过"对齐"命令来达到更为灵活的操作效果（如两目标对象大小不一致，在移动过程中进行缩放）。快速对齐二维图形的具体操作步骤如下。

01 打开"3.1.17 快速对齐二维图形 .dwg"素材文件，其中已经绘制好了三通管和装配管，但图形比例不一致，如图 3-64 所示。

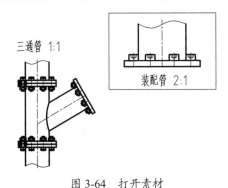

图 3-64 打开素材

02 在命令行中输入 AL，执行"对齐"命令。

03 选择整个装配管图形，然后根据三通管和装配管的对接方式，如图 3-65 所示，分别指定对应的两对对齐点（1 对应 2、3 对应 4）。

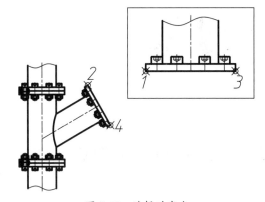

图 3-65 选择对齐点

04 两对对齐点指定完毕后，按 Enter 键，命令行提示"是否基于对齐点缩放对象"，输入 Y，选择"是"，再按 Enter 键，即可将装配管对齐至三通管中，效果如图 3-66 所示，命令行提示如下。

```
命令：_align
                    //调用"合并"命令
选择对象：指定对角点：找到 1 个
选择对象：1        //选择整个装配管图形
指定第一个源点：   //选择装配管上的点1
指定第一个目标点： //选择三通管上的点2
指定第二个源点：   //选择装配管上的点3
指定第二个目标点： //选择三通管上的点4
指定第三个源点或 <继续>:1
//按 Enter 键完成对齐点的指定
是否基于对齐点缩放对象？[是(Y)/否(N)]
<否>：Y
//输入 Y 执行缩放，按 Enter 键完成操作
```

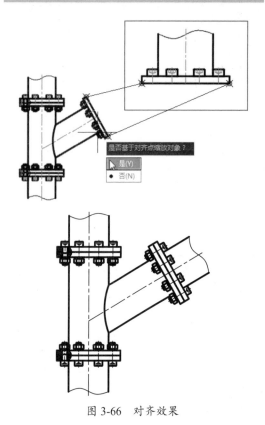

图 3-66　对齐效果

3.1.18　快速对齐三维图形

"对齐"命令可以使当前的对象与其他对象对齐，既适用于二维对象，也适用于三维对象，尤其对于三维对象来说价值更大。在对齐二维对象时，可以指定一对或两对对齐点（源点和目标点），而在对齐三维对象时则需要指定三对对齐点。快速对齐三维图形的具体操作步骤如下。

01 打开"3.1.18 快速对齐三维图形 .dwg"素材文件。

02 在视觉样式列表中选择"二维线框"样式，调整图形的显示效果，如图 3-67 所示。

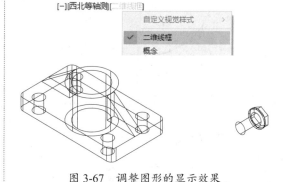

图 3-67　调整图形的显示效果

03 在命令行中输入 AL，执行"对齐"命令，选择螺栓为要对齐的对象，如图 3-68 所示。

图 3-68　选择对象

04 此时命令行提示如下。

```
命令：AL
ALIGN
选择对象：指定对角点：找到 1 个
指定第一个源点：    //如图 3-69 所示
指定第一个目标点：  //如图 3-70 所示
```

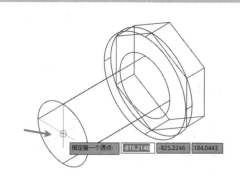

图 3-69　指定第一个源点

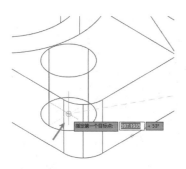

图 3-70 指定第一个目标点

指定第二个源点： // 如图 3-71 所示
指定第二个目标点： // 如图 3-72 所示

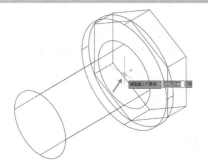

图 3-71 指定第二个源点

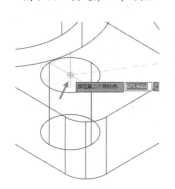

图 3-72 指定第二个目标点

指定第三个源点或 <继续>：
// 如图 3-73 所示
指定第三个目标点：
// 如图 3-74 所示

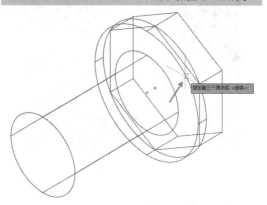

图 3-73 指定第三个源点

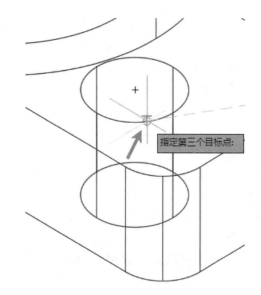

图 3-74 指定第三个目标点

05 将当前的"视觉样式"设置为"概念"，从不同的角度观察对齐效果，如图 3-75 所示。

图 3-75 观察对齐效果

06 复制螺栓，重复以上操作完成所有位置螺栓的装配，最终效果如图 3-76 所示。

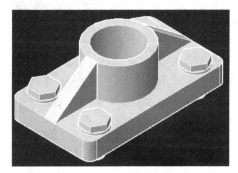

图 3-76　最终效果

3.1.19　组合图形

使用"对象编组"命令，可以将众多的图形对象进行分类编组，编辑成多个单一对象组，操作者只需将光标放在对象组上，该对象组中的所有对象就会突出显示，单击即可完全选中该组中的所有图形对象。在对大量图形进行操作时，该命令可以起到事半功倍的效果，具体操作步骤如下。

01 打开"3.1.19 组合图形 .dwg"素材文件。

02 在命令行中输入 CLA 后按 Enter 键，执行"对象编组"命令，打开如图 3-77 所示的"对象编组"对话框。

图 3-77　"对象编组"对话框

03 在"编辑名"文本框中输入"图标框"，作为新组名称，如图 3-78 所示。

图 3-78　为新组命名

04 单击"新建"按钮，返回绘图区，选择如图 3-79 所示的图框，作为编组对象。

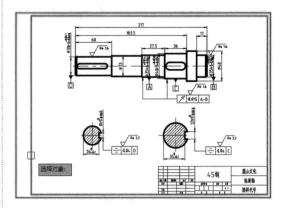

图 3-79　选择图框

05 按 Enter 键，返回"对象编组"对话框，结果在对话框中创建了一个名为"图表框"的对象组，如图 3-80 所示。

图 3-80　创建"图表框"对象组

06 在"编组名"文本框内输入"明细表"，然后单击"新建"按钮，返回绘图区，选择如图 3-81 所示的明细表，将其编成单一组。

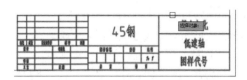

图 3-81　选择明细表

07 按 Enter 键返回对话框，创建结果如图 3-82
所示。

图 3-82　创建结果

08 在"编组名"文本框中输入"零件图"，
然后单击"新建"按钮，返回绘图区，选择如
图 3-83 所示的图形，将其编成单一对象组。

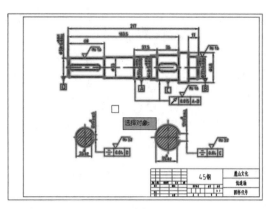

图 3-83　选择零件图

09 按 Enter 键返回对话框，如图 3-84 所示。

10 单击"对象编组"对话框中的"确定"按钮，
在当前图形文件中创建了 3 个对象组，如图
3-84 所示，可以通过单击同时选中某组中的所
有对象。

图 3-84　创建结果

3.2　复制图形

　　对图形执行复制操作，可以得到若干个图形副本。特别是利用"阵列"命令，可以按照间距
或者角度布置副本图形。本节将介绍复制图形的方法。

3.2.1　活用镜像绘制对称图形

　　"镜像"命令用于将选择的图形以镜像线对称复制。在镜像过程中，原对象可以保留，也可
以删除。"镜像"命令常用于创建一些结构对称的图形，可以灵活运用"镜像"命令来降低工作量，
下面通过实例介绍"镜像"命令。

01 在命令行输入 L 执行"直线"命令，绘制两条中心线，如图 3-85 所示。

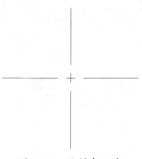

图 3-85　绘制中心线

02 在命令行输入 O 执行"偏移"命令，将水平中心线依次向上偏移 5、10、10 和 10，如图 3-86 所示。

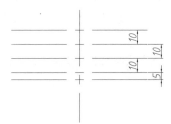

图 3-86　向上偏移中心线

03 采用同样的方法把垂直中心线向左偏移 5、10、10 和 10，如图 3-87 所示。

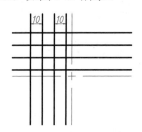

图 3-87　向左偏移中心线

04 在命令行输入 TR 执行"修剪"命令，右击空白处，对图形进行修剪，如图 3-88 所示。

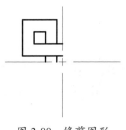

图 3-88　修剪图形

05 单击"修改"区域的"镜像"按钮，选择轮廓线图形，以垂直中心线为镜像线，镜像图形。采用同样的方法，以水平中心线为镜像线，进行第二次镜像，最终效果如图 3-89 所示。

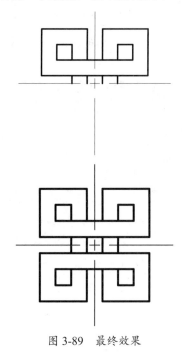

图 3-89　最终效果

3.2.2　快速指定基点复制图形

"复制"命令和"移动"命令类似，只不过它在平移图形的同时，会在源图形位置创建一个副本，所以"复制"命令需要确定的参数仍然是平移对象、基点、起点和终点。"复制"命令多用于有多个相同的对象时，通过复制快速得到多个相同的图形，具体操作步骤如下。

01 在命令行输入 C 执行"圆"命令，绘制两个圆，其半径分别为 6 和 7，如图 3-90 所示。

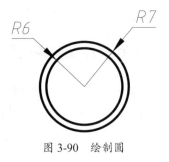

图 3-90　绘制圆

02 在命令行输入 CO 执行"复制"命令选择两圆后选择基点为圆心，将光标水平向右移动，距离为 10，如图 3-91 所示。

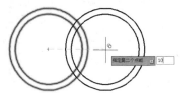

图 3-91　复制圆

03 使用相同的方法，复制左侧的两个圆，向右移动的距离分别为 20、30 和 40，如图 3-92 所示。

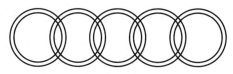

图 3-92　连续复制圆

04 在命令行输入 M 执行"移动"命令，选择中间相交的圆，然后选择圆心为基点，向下移动 6，最终效果如图 3-93 所示。

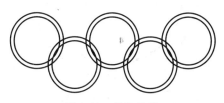

图 3-93　最终效果

3.2.3　矩形阵列绘制瓷砖图形

　　矩形阵列是在行和列两个线性方向创建源对象的多个副本。绘图过程需要先确定源对象，然后设置行和列方向的阵列间距与个数。如果希望阵列的图形向相反的方向复制，则需要在列间距或行间距前加 - 符号。本例是瓷砖的简图，通过运用矩形阵列命令可以大幅降低工作量，下面结合实例介绍矩形阵列命令。

01 利用"直线"命令绘制瓷砖的一半轮廓线，如图 3-94 所示。

02 单击"修改"区域的"偏移"按钮，将上端水平直线向上偏移 1，如图 3-95 所示。

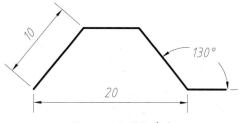

图 3-94　绘制轮廓线

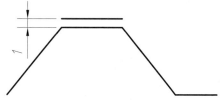

图 3-95　偏移直线

03 单击"修改"区域的"镜像"按钮，以上一步绘制的偏移线作为镜像线，镜像瓷砖轮廓线，如图 3-96 所示。

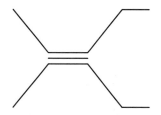

图 3-96　镜像轮廓线

04 删除偏移直线，然后单击"修改"区域的"矩形阵列"按钮，选择瓷砖轮廓线进行矩形阵列，设置参数如图 3-97 所示。

默认	插入	注释	参数化	视图	管理	输出	附加模块	协作	阵列创建
		列数	4		行数	3			
矩形		介于	25		介于	20			
		总计	75		总计	40			
类型			列			行			

图 3-97　设置参数

05 按 Enter 键，最终效果如图 3-98 所示。

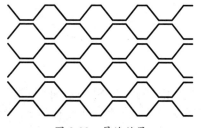

图 3-98　最终效果

3.2.4 环形阵列

环形阵列是以某一点为中心点进行环形复制，阵列结果是阵列对象沿圆周均匀分布。绘图前先确定源对象，然后确定环形阵列的基点与个数。本例结合图形的特点，灵活运用"环形阵列"命令，提高绘图速度。环形阵列的具体操作步骤如下。

01 使用"直线"和"圆"命令，绘制两条中心线和一个半径为 15 的圆，如图 3-99 所示。

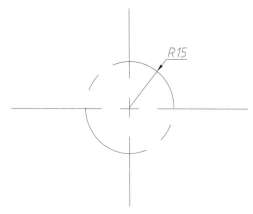

图 3-99 绘制中心线和圆

02 在命令行输入 C 执行"圆"命令，绘制半径为 30 和 25 的圆，如图 3-100 所示。

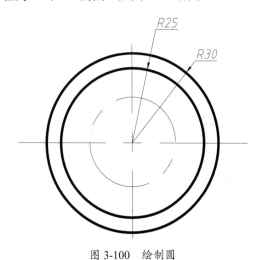

图 3-100 绘制圆

03 继续使用"圆"命令，以小圆与垂直中心线的交点为圆心，绘制一个半径为 3 的圆，如图 3-101 所示。

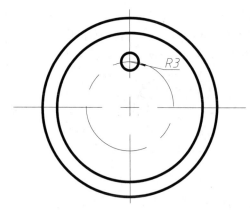

图 3-101 绘制半径为 3 的圆形

04 在命令行输入 L 执行"直线"命令，绘制两条斜线，与水平线夹角为 60°，如图 3-102 所示。

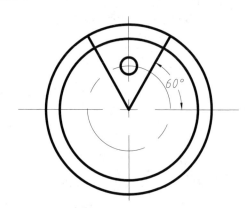

图 3-102 绘制两条斜线

05 在命令行输入 TR 执行"修剪"命令，修剪多余的直线，如图 3-103 所示。

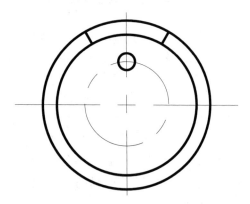

图 3-103 修剪多余的直线

06 单击"修改"区域的"环形阵列"按钮 ⬚，

选择小圆为阵列对象，以大圆心为基点进行圆心阵列，设置项目数为6，如图3-104所示。

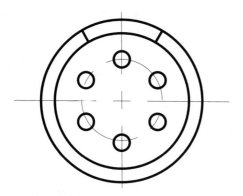

图 3-104 阵列复制圆形

07 采用同样的方法阵列两条斜线，项目数为3，如图3-105所示。

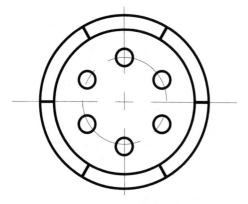

图 3-105 阵列复制斜线

08 利用"修剪"命令，修剪多余的直线，最终效果如图3-106所示。

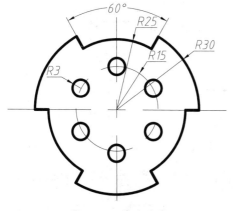

图 3-106 最终效果

3.2.5 路径阵列复制圆形

路径阵列可沿曲线轨迹复制图形，通过设置不同的基点，即可得到不同的阵列结果。指定阵列的路径可以是直线、多段线、三维多段线、样条曲线、螺旋、圆弧、圆或椭圆。"路径阵列"便于在绘图中针对情况的特殊性，设计相应的阵列路径，从而得到相应的阵列效果。路径阵列复制圆形的具体操作步骤如下。

01 利用"圆"和"直线"命令，绘制图形如图3-107所示。

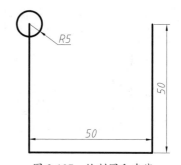

图 3-107 绘制圆和直线

02 单击"修改"区域的"合并"按钮 ➡，将所有直线对象合并成整体。

03 单击"修改"区域的"路径阵列"按钮 ⁰₀⁰，选择圆为阵列对象，直线为阵列路径，设置参数如图3-108所示。

图 3-108 设置参数

04 按 Enter 键得到最终效果，如图3-109所示。

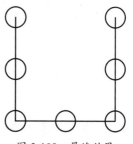

图 3-109 最终效果

3.3 图案填充

为图形填充图案，可以丰富图形的表现效果。通过设置图案的类型、角度以及比例，可以得到多样的图案效果，使图集看起来更加生动。本节介绍填充图案的方法。

3.3.1 填充图形

"图案填充"是指用某种图案充满图像中指定的区域，可以使用预定义的填充图案，也可以使用当前的线型定义简单的直线图案，或者创建更加复杂的填充图案。图案填充的应用非常广泛，例如，在机械工程图中，可以用图案填充表达一个剖切的区域，也可以使用不同的填充图案来表达不同的零部件或材料。填充图形的具体操作步骤如下。

01 打开"3.3.1 填充图形 .dwg"素材文件，如图 3-110 所示。

02 在命令行输入 H 执行"图案填充"命令，选择图案，并设置填充比例，如图 3-111 所示。

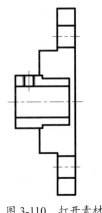

图 3-110　打开素材　　　　　　　　图 3-111　设置填充比例

03 拾取填充区域，按 Enter 键结束命令，填充图案的效果如图 3-112 所示。

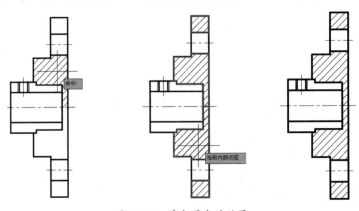

图 3-112　填充图案的效果

04 按 Enter 键再次执行"图案填充"命令，其他参数保持不变，将"角度"值修改为 90，如图 3-113 所示。

05 拾取区域填充图案，最终效果如图 3-114 所示。

图 3-113 修改角度参数

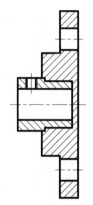

图 3-114 最终效果

操作技巧：

同一个部件相隔的剖面或断面应使用相同的剖面线，而相邻部件的剖面线应该用方向不同或间距不同的剖面线表示。

3.3.2 指定填充原点

在填充规则图案时，如果重定义填充原点的位置，可以调整图案的显示效果。如填充瓷砖图案时，将填充原点设置在某个角点，可以使瓷砖的铺装效果更加整齐。指定填充原点的具体操作步骤如下。

01 打开"3.3.2 指定填充原点.dwg"文件，如图 3-115 所示。

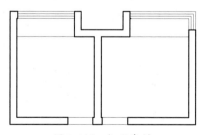

图 3-115 打开素材

02 在命令行输入 H 执行"图案填充"命令，根据命令行的提示，输入 T，选择"设置"选项。在打开的对话框中设置图案类型以及间距值等，如图 3-116 所示。

图 3-116 设置参数

03 在区域内拾取内部点，如图 3-117 所示。

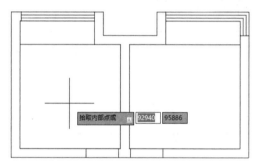

图 3-117 拾取内部点

04 观察填充效果，发现瓷砖的铺装效果比较零碎，如图 3-118 所示。

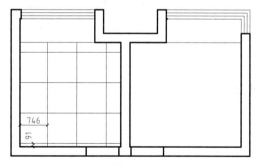

图 3-118 填充效果

05 在对话框的左下角选中"指定的原点"单选按钮，选中"默认为边界范围"复选框，在下方的下拉列表中选择"左下"选项，如图 3-119 所示，表示将填充原点指定为房间的左下角点。

图 3-119　选择"左下"选项

06 拾取房间填充图案，如图 3-120 所示。可以发现瓷砖的铺装效果比较整齐，减少了边角余料。

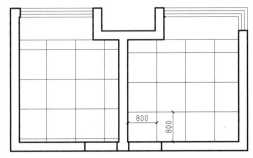

图 3-120　填充图案

操作提示：

在"默认为边界范围"下拉列表中可以选择其他的选项。选择"存储为默认原点"选项，可以存储当前的设置，下次填充图案时以该点为原点进行"填充"操作。

3.3.3　设置填充比例

即使是相同的图案，设置不同的比例后得到的填充效果也不同。本节分别使用不同的比例填充图案表现室内的木地板铺装效果。比例值并不是越大或者越小越好，而是要取一个合适值。设置填充比例的具体操作步骤如下。

01 打开"3.3.3 设置填充比例 .dwg"文件。

02 在命令行输入 H 执行"图案填充"命令，

在参数面板中选择 DOLMIT 图案，设置"比例"值为 5，如图 3-121 所示。

图 3-121　设置参数

03 拾取填充区域，填充图案的效果如图 3-122 所示。通过观察效果，可以发现因为比例较小，并不能借助图案充分展现室内的铺装效果。

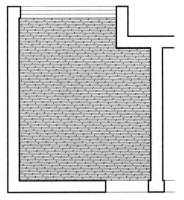

图 3-122　填充图案

04 按 Enter 键再执行"图案填充"命令，输入 T，选择"设置"选项，在打开的对话框中保持图案类型不变，将"比例"值改为 12，如图 3-123 所示。

图 3-123　修改填充比例

05 拾取填充区域，观察填充效果，如图 3-124 所示。通过调整填充比例，可以发现该图案能很好地表现木地板的铺装效果。

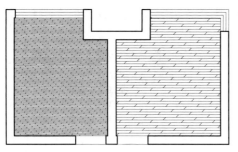

图 3-124　填充效果

操作技巧:

在不断更改填充比例的同时，可以实时在绘图区域预览填充效果，通过观察效果选择合适的填充比例。

3.3.4　设置填充角度

通过设置填充角度，可以丰富图案的表现效果。在 AutoCAD 中，用户可以设置任意的填充角度，选择最合适的角度值达到最佳的表现效果，具体操作步骤如下。

01 打开 "3.3.4 设置填充角度 .dwg" 文件。

02 在命令行输入 H 执行 "图案填充" 命令，在参数面板中选择填充图案，保持 "角度" 值为 0 不变，如图 3-125 所示。

图 3-125　设置参数

03 拾取填充区域，观察图案的填充效果，如图 3-126 所示。可以发现，该填充效果用来表现玻璃材质并不很理想。

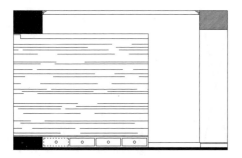

图 3-126　观察填充效果

04 按 Enter 键再执行 "图案填充" 命令，输入 T，选择 "设置" 选项，在打开的对话框中保持图案类型不变，将 "比例" 值改为 15，"角度" 值改为 45，如图 3-127 所示。

图 3-127　修改参数

05 拾取填充区域，填充效果如图 3-128 所示。可以发现，45°的填充图案能够更好地表现玻璃材质的折射效果。

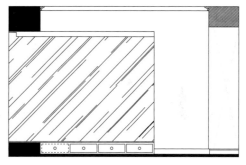

图 3-128　填充效果

操作提示:

并不是所有的图案都适合以45°来表现，应该综合考虑当前的绘图情况，如需要利用图案表现的材质类型等。

3.3.5　选择填充图案

选择不同的填充图案，能够传达不同的效果。AutoCAD 提供了多种图案，方便创建丰富多样的图面效果。本节介绍选择不同的图案表现室内壁纸效果的方法，具体操作步骤如下。

01 打开"3.3.5 选择填充图案 .dwg"文件。

02 在命令行输入 H 执行"图案填充"命令，在参数面板中选择图案，并设置其他参数，如图 3-129 所示。

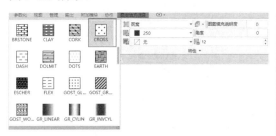

图 3-129　选择图案并设置参数

03 拾取填充区域，填充图案的效果如图 3-130 所示。

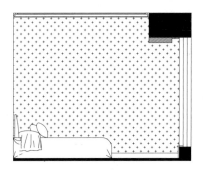

图 3-130　填充效果

04 按 Enter 键再执行"图案填充"命令，输入 T，选择"设置"选项。在对话框中单击"样例"选项右侧的矩形选框，在弹出的选项板中选择图案，如图 3-131 所示。

图 3-131　选择图案

05 单击"确定"按钮，返回对话框设置填充参数，如图 3-132 所示。

图 3-132　设置参数

06 拾取填充区域，填充图案如图 3-133 所示。观察效果可以发现，选择不同的图案可以得到不同的壁纸铺贴效果。

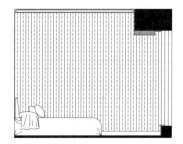

图 3-133　填充图案

操作技巧：

在选项板中选择ANSI选项卡和ISO选项卡，显示不同类型的图案，如图3-134所示，可以根据需要选用。

图 3-134　显示不同类型的图案

图 3-134 显示不同类型的图案（续）

3.3.6 选择填充颜色

选择填充颜色能够以丰富的色彩表现图形的填充效果。但是仅限于在计算机屏幕中查看，因为在打印输出图纸时，通常选择黑白模式。选择填充颜色的具体操作步骤如下。

01 打开"3.3.6 选择填充颜色 .dwg"文件。

02 在命令行输入 H 执行"图案填充"命令，在参数面板中选择图案，在"图案填充颜色"下拉列表中选择颜色，如图 3-135 所示。

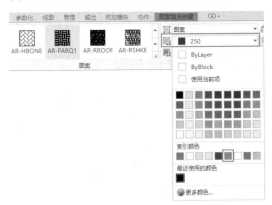

图 3-135 选择颜色

03 拾取区域填充图案，观察填充效果，发现图案以指定的颜色显示，如图 3-136 所示。

04 按 Enter 键再执行"图案填充"命令，输入 T，选择"设置"选项。在对话框的"颜色"下拉列表中选择适用的颜色，如图 3-137 所示。

05 如果在下拉列表中选择"选择颜色"选项，将打开"选择颜色"对话框，显示更多的颜色

类型，如图 3-138 所示。选择其中一项，单击"确定"按钮即可。

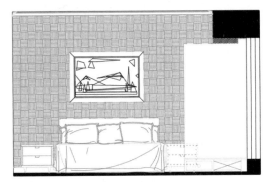

图 3-136 填充效果

图 3-137 选择颜色

图 3-138 显示多种颜色类型

操作技巧：

在对话框中单击"背景颜色"按钮，在如图3-139所示的下拉列表中选择颜色，如黄色，可以为填充图案填充背景。默认选择"无"，即无背景。

图 3-139　填充背景颜色

3.3.7　特性匹配

　　"特性匹配"的功能就是把一个图形对象（源对象）的特性复制到另外一个（或一组）图形对象（目标对象）上。绘图过程中属性与其他图形相同，可直接套用，以提高效率。特性匹配的具体操作步骤如下。

01 打开"3.3.7 特性匹配 .dwg"素材文件，如图 3-140 所示。

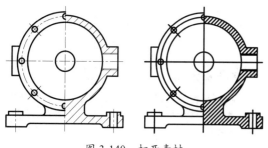

图 3-140　打开素材

02 在命令行输入 MA 执行"特性匹配"命令，选择参考对象，然后选择对应图形的目标对象，如图 3-141 所示。

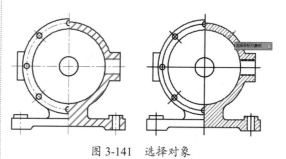

图 3-141　选择对象

03 使用相同的方法，将右侧图形不同的地方，逐一对应左侧图形转换特性，最终效果如图 3-142 所示。

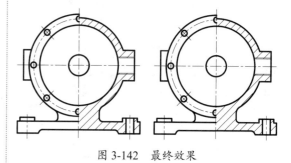

图 3-142　最终效果

3.3.8　创建渐变填充

　　默认情况下，填充图案以点、线表示。选择"渐变填充"样式，能够以绚烂的实体图案表现填充效果。本节介绍填充"单色""双色"渐变图案的方法，具体操作步骤如下。

01 打开"3.3.8 创建渐变填充 .dwg"文件。

02 在命令行输入 H 执行"图案填充"命令，在命令行中输入 T，选择"设置"选项。在对话框中选择"渐变色"选项卡，选择"单色"颜色模式，并选择黄色，如图 3-143 所示。

03 拾取填充区域，填充渐变色的效果如图 3-144 所示。观察效果，可以看到由左至右，颜色逐渐从黄色变成深灰色。

04 在对话框中选择"双色"颜色模式，分别设置"颜色 1"和"颜色 2"，如图 3-145 所示。

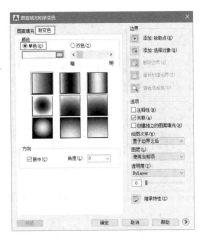

图 3-143 设置参数

从左至右，蓝色逐渐变为紫色，填充效果如图 3-146 所示。

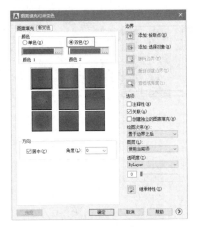

图 3-145 设置参数

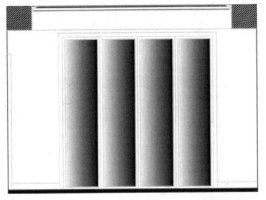

图 3-144 渐变填充效果

05 拾取填充区域，观察填充效果，可以看到

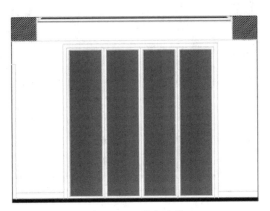

图 3-146 填充效果

3.3.9 编辑渐变填充

选择渐变填充图案，进入修改面板，或者打开"图案填充编辑"对话框修改参数，重新定义填充效果。本节以 3.3.8 小节所创建的填充效果为例，介绍编辑渐变填充的方法。

01 选择渐变填充图案，在"选项"面板中单击右下角的斜箭头按钮，如图 3-147 所示。

图 3-147 单击斜箭头按钮

02 打开"图案填充编辑"对话框，取消选中"居中"复选框，在列表中选择填充方式，如图 3-148 所示。

03 单击"确定"按钮关闭对话框，观察修改效果，可以看到从左下角至右上角，黑色逐渐变为黄色，如图 3-149 所示。

图 3-148　设置参数

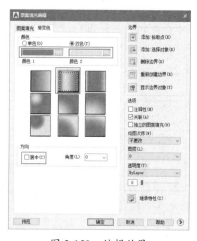

图 3-149　从左下角至右上角的填充效果

04 与修改双色渐变填充图案的方法相同，取消选择"居中"复选框后，即可任意选择一种渐变方式，编辑效果如图 3-150 所示。

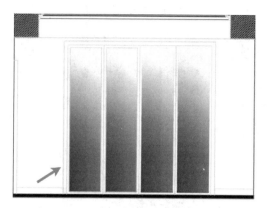

图 3-150　编辑效果

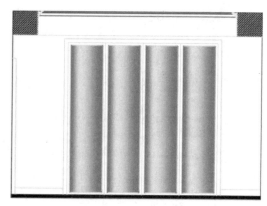

图 3-150　编辑效果（续）

操作提示：

在"角度"下拉列表中可以自定义渐变的角度。如将"角度"值设置为30，双色渐变填充的修改效果如图3-151所示。

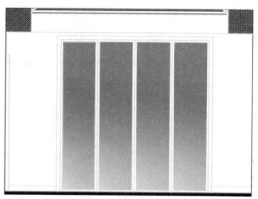

图 3-151　自定义角度填充效果

3.4 综合练习

本章介绍了 AutoCAD 使用频率较大的编辑命令的用法。熟练掌握这些命令，能够进一步提升绘图能力。本节提供了几个实例方便大家练习。

3.4.1 绘制小鱼图形

小鱼图形涉及大量的"圆""直线""圆弧"等命令的使用，而这类命令又是 AutoCAD 主要的绘图命令，因此，具有丰富的快捷键调用方法。本例结合本章所学的快捷键知识，完全用快捷键的方式绘制该图形。绘制小鱼图形的具体操作步骤如下。

01 以本书附赠的样板"标准制图样板 .dwt"作为基础样板，新建空白文件。

02 设置"图层"为"中心线"，在命令行输入 L 执行"直线"命令，绘制一条水平中心线和两条垂直中线，其中垂直中心线相距 205，如图 3-152 所示。

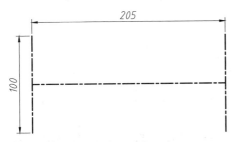

图 3-152 绘制中心线

03 绘制鱼唇。在命令行中输入 O，执行"偏移"命令，按如图 3-153 所示的尺寸对中心线进行偏移。

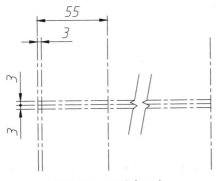

图 3-153 偏移中心线

04 以偏移所得的中心线交点为圆心，分别绘制两个 R3 的圆，如图 3-154 所示。

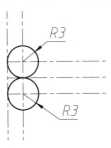

图 3-154 绘制圆形

05 绘制 Ø64 辅助圆。在命令行输入 C 执行"圆"命令，以另一条辅助线的交点为圆心，绘制如图 3-155 所示的圆。

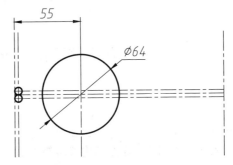

图 3-155 绘制 Ø64 的圆

06 绘制上侧鱼头。在"绘图"区域单击"相切、相切、半径"按钮⊙，分别在上侧的 R3 圆和 Ø64 辅助圆上单击一点，输入半径为 80，结果如图 3-156 所示。

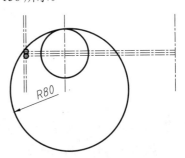

图 3-156 绘制 R80 的辅助圆

07 在命令行输入 TR 执行"修剪"命令，修剪掉多余的圆弧部分，并删除偏移的辅助线，得到鱼头的上侧轮廓，如图 3-157 所示。

08 绘制鱼背。在命令行输入 O 执行"偏移"命令，将 Ø64 辅助圆的中心线向右偏移 108，效果如图 3-158 所示。

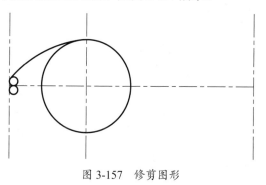

图 3-157　修剪图形

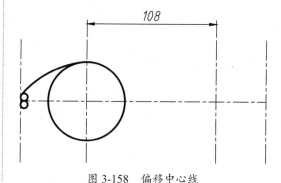

图 3-158　偏移中心线

09 绘制鱼背。在命令行输入 A 执行"圆弧"命令，以所得的中心线交点 A 为起点，鱼头圆弧的端点 B 为终点，绘制半径为 150 的圆弧，如图 3-159 所示。

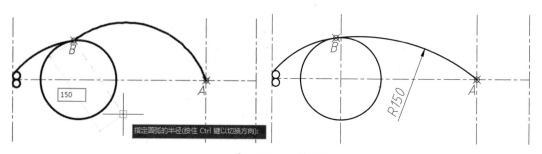

图 3-159　绘制圆弧

10 绘制鱼鳍。在命令行中输入 O，执行"偏移"命令，将鱼背弧线向上偏移 10，得到背鳍轮廓，如图 3-160 所示。

11 再次执行"偏移"命令，将 Ø64 辅助圆的中心线向右偏移 10 和 75，效果如图 3-161 所示。

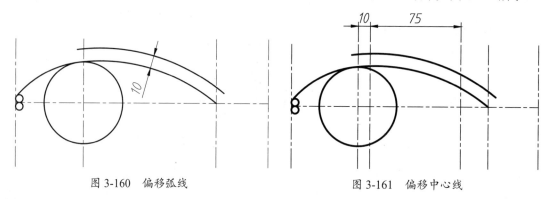

图 3-160　偏移弧线

图 3-161　偏移中心线

12 在命令行输入 L 执行"直线"命令，以点 C 为起点，向上绘制角度为 60°的直线，相交于鱼鳍的轮廓线，如图 3-162 所示。

13 在命令行输入 C 执行"圆"命令，以点 D 为圆心，绘制半径为 50 的圆，如图 3-163 所示。

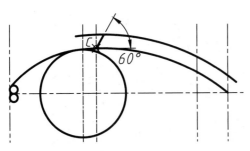

图 3-162　绘制 60°斜线

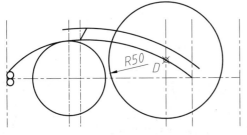

图 3-163　绘制 R50 的圆

14 再将鱼鳍的轮廓线向下偏移 50，与上一步绘制的 R50 圆得到一个交点 E，如图 3-164 所示。

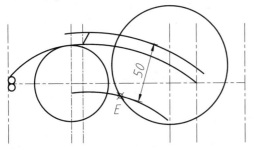

图 3-164　偏移鱼鳍轮廓线

15 以交点 E 为圆心，绘制半径为 50 的圆，即可得到鱼鳍尾端的 R50 圆弧部分，如图 3-165 所示。

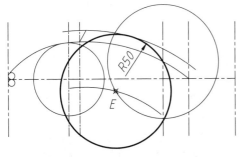

图 3-165　绘制 R50 的辅助圆

16 在命令行输入 TR，执行"修剪"命令，将多余的圆弧修剪掉，并删除多余辅助线，得到如图 3-166 所示的鱼鳍图形。

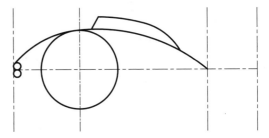

图 3-166　修剪图形得到完整鱼鳍图形

17 绘制鱼腹。在命令行输入 A 执行"圆弧"命令，然后按住 Shift 键并右击，在弹出的快捷菜单中选择"切点"命令，如图 3-167 所示。

图 3-167　选择"切点"命令

18 在辅助圆上捕捉切点 F，以该点为圆弧的起点；然后捕捉辅助线的交点 G，以该点为圆弧的端点，接着输入半径为 180，得到鱼腹圆弧轮廓线，如图 3-168 所示。

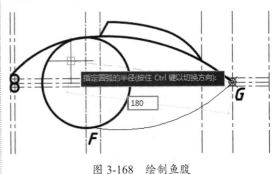

图 3-168　绘制鱼腹

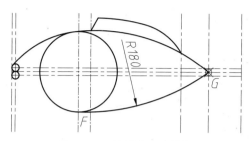

图 3-168　绘制鱼腹（续）

19 绘制鱼头。在命令行输入 L 执行"直线"命令，然后按相同的方法，分别捕捉鱼唇与辅助圆上的切点，绘制一条公切线，如图 3-169 所示。

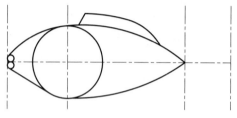

图 3-169　绘制公切线

20 绘制腹鳍。在命令行中输入 O，执行"偏移"命令，按如图 3-170 所示的尺寸偏移中心线。

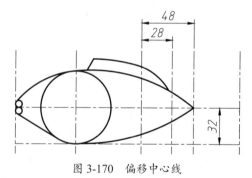

图 3-170　偏移中心线

21 在命令行输入 A 执行"圆弧"命令，以点 H 为起点、点 K 为端点，输入半径为 50，绘制如图 3-171 所示的圆弧。

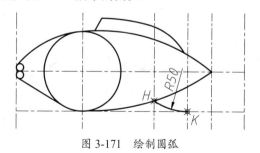

图 3-171　绘制圆弧

22 在命令行输入 C 执行"圆"命令，以点 K 为圆心，绘制半径为 20 的圆，如图 3-172 所示。

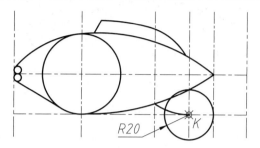

图 3-172　绘制 R20 的辅助圆

23 在命令行输入 O，执行"偏移"命令，将鱼腹的轮廓线向下偏移 20，与上一步绘制的 R20 圆得到一个交点 L，如图 3-173 所示。

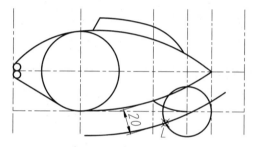

图 3-173　向下偏移圆弧

24 以交点 L 为圆心，绘制半径为 20 的圆，即可得到腹鳍上侧的 R20 圆弧部分，如图 3-174 所示。

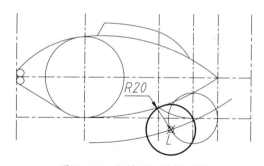

图 3-174　绘制 R20 的辅助圆

25 在命令行输入 TR 执行"修剪"命令，将多余的圆弧修剪掉，并删除多余辅助线，得到如图 3-175 所示的腹鳍图形。

26 绘制鱼尾。在命令行输入 O 执行"偏移"命令，将水平中心线向上、下两侧各偏移 36，如图 3-176 所示。

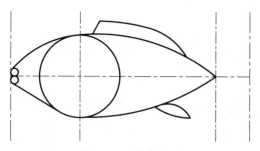

图 3-175　修剪图形

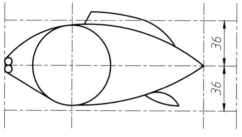

图 3-176　偏移中心线

27 在命令行输入 RAY 执行"射线"命令，以中心线的端点 M 为起点，分半绘制角度为 82°、-82°的两条射线，如图 3-177 所示。

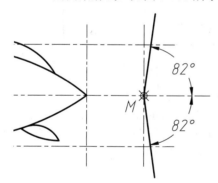

图 3-177　绘制射线

28 在命令行输入 A 执行"圆弧"命令，以交点 N 为起点、交点 P 为端点，输入半径为 60，绘制如图 3-178 所示的圆弧。

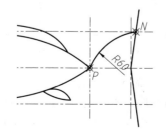

图 3-178　绘制圆弧

29 以相同的方法绘制下侧的鱼尾，然后执行"修剪"和"删除"命令，修剪多余的辅助线，效果如图 3-179 所示。

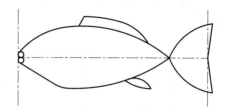

图 3-179　修剪多余辅助线

30 在命令行输入 F 执行"圆角"命令，输入倒角半径为 15，对鱼尾和鱼身进行修剪，效果如图 3-180 所示。

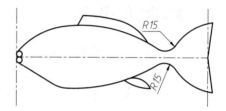

图 3-180　修剪效果

31 绘制鱼眼。将水平中心线向上偏移 10，再将左侧垂直中心线向右偏移 21，以所得交点为圆心，绘制直径为 7 的圆，即可得到鱼眼，如图 3-181 所示。

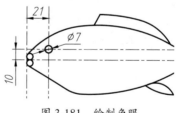

图 3-181　绘制鱼眼

32 绘制鱼鳃。以中心线的左侧交点为圆心，绘制半径为 35 的圆，然后修剪鱼身之外的部分，即可得到鱼鳃，如图 3-182 所示。

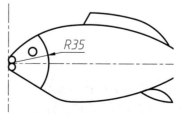

图 3-182　绘制鱼鳃

33 删除多余辅助线，即可得到最终的鱼形图，如图 3-183 所示。

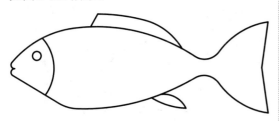

图 3-183　最终的鱼形图

本例综合应用了"圆弧""圆""直线""偏移""修剪"等诸多绘图与编辑命令，对理解并掌握 AutoCAD 的绘图方法有极大帮助。

3.4.2　绘制房子立面图

房子立面图主要表达建筑在高度方向上的特征，包括建筑图的结构高度、具体高度上的结构特征等。本例立面图来表达房子的门窗布局以及其具体高度，看似主要由线段组成，元素很少，但绘制过程不灵活运用"阵列""偏移""等分""合并""分解"等命令，将加大工作量，下面详细介绍绘图过程。

01 以本书附赠样板"标准制图样板 .dwt"作为基础样板，新建空白文件。

02 在命令行输入 XL 执行"构造线"命令，绘制 7 条构造线，3 条水平，4 条垂直，如图 3-184 所示。

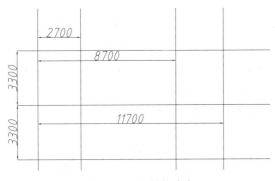

图 3-184　绘制构造线

03 在命令行输入 L 执行"直线"命令，绘制第一层的大致轮廓，如图 3-185 所示。

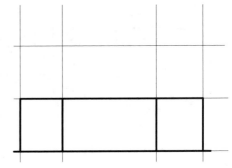

图 3-185　绘制第一层轮廓线

04 绘制窗户。在命令行输入 O 执行"偏移"命令，将地面的直线向上偏移 1200，接着在命令行输入 TR 执行"修剪"命令，剪裁掉中间的部分，如图 3-186 所示。

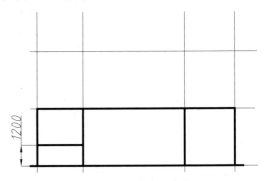

图 3-186　偏移并修剪线段

05 在命令行输入 O 执行"偏移"命令，使 1200 高的线段继续向上偏移 1200，接着在命令行输入 L 执行"直线"命令，捕捉偏移线段的中心点，连接偏移线段如图 3-187 所示。

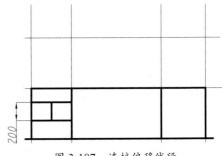

图 3-187　连接偏移线段

06 在命令行输入 O 执行"偏移"命令，让连接线向两侧偏移 400，接着在命令行输入 F 执行"圆弧"命令，连接点 1 和点 2，绘制半径为 400 的半圆，如图 3-188 所示。

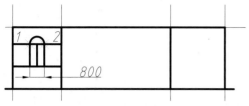

图 3-188 绘制半圆

07 在命令行输入 TR 执行"修剪"命令，删除多余的线条，如图 3-189 所示。

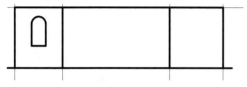

图 3-189 修剪多余的线条

08 在命令行输入 J 执行"合并"命令，选择窗户线条，右击将其合并，如图 3-190 所示。

09 在命令行输入 O 执行"偏移"命令，设置偏移距离为 60，选择窗户线条，单击区域内一点，如图 3-191 所示。

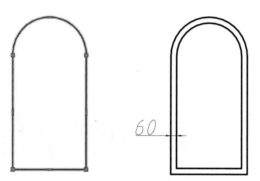

图 3-190 合并线条   图 3-191 向内偏移线段

10 在命令行输入 L 执行"直线"命令，绘制窗户的对称轴和矩形的上边界，然后在命令行输入 O 执行"偏移"命令使所得直线分别往直线两侧偏移 30，如图 3-192 所示。

11 在命令行输入 DDPTYPE 执行"点样式"命令，弹出"点样式"对话框，选择点的样式，如图 3-193 所示。

12 在命令行输入 X 执行"分解"命令，把内边的矩形分解。然后在命令行输入 DIV 执行"定数等分"命令，将左侧的直线等分为 4 部分，如图 3-194 所示。

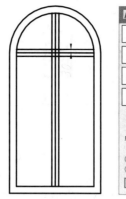
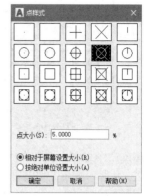

图 3-192 偏移直线   图 3-193 选择点样式

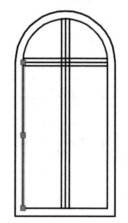
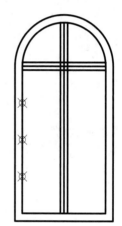

图 3-194 等分线段

13 在命令行输入 CO 执行"复制"命令，复制水平直线到各个等分点，这样就得到了一个窗户图形，如图 3-195 所示。

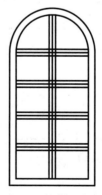

图 3-195 复制线段

14 绘制右窗口辅助线。在命令行输入 L 执行"直线"命令，绘制右窗口的中心线，如图 3-196 所示。

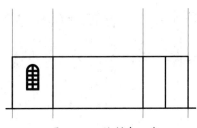

图 3-196　绘制中心线

15 在命令行输入 CO 执行"复制"命令，复制左窗，水平移至右侧开间的正中间，然后在命令行输入 E 执行"删除"命令删除辅助线，如图 3-197 所示。

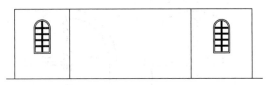

图 3-197　复制图形并删除辅助线

16 在命令行输入 O 执行"偏移"命令，将中间左侧的垂直中心线向右偏移 700 和 1700；将底边中心线向上偏移 600 和 2600，如图 3-198 所示。

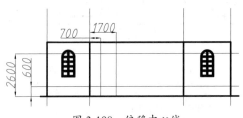

图 3-198　偏移中心线

17 在命令行输入 REC 执行"矩形"命令，根据辅助线绘制一个 1000×2000 的矩形，如图 3-199 所示。

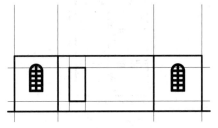

图 3-199　绘制矩形

18 在命令行输入 AR 执行"矩形阵列"命令，选择矩形对象，如图 3-200 所示。

图 3-200　选择矩形对象

19 在参数面板中设置阵列参数，如图 3-201 所示。

图 3-201　设置阵列参数

20 在命令行输入 E 执行"删除"命令删除中心线，如图 3-202 所示。

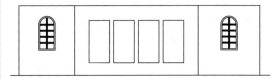

图 3-202　删除中心线

21 在命令行输入 O 执行"偏移"命令，将 4 个矩形都向内偏移 60，得到底层的全部窗户，如图 3-203 所示。

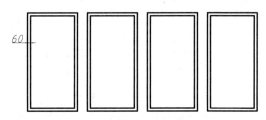

图 3-203　偏移图形

22 绘制二层的窗户。在命令行输入 O 执行"偏移"命令，将中间左侧垂直中心线向右偏移 600、2400、3000 和 3600；将中间两条水平中心线分别向上偏移 600 和 2000，如图 3-204 所示。

23 在命令行输入 REC 执行"矩形"命令，根据中心线绘制一个 1800×2000 的矩形，如图 3-205 所示。

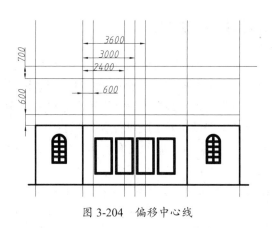

图 3-204　偏移中心线

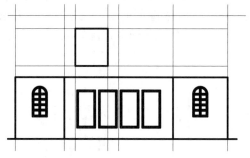

图 3-205　绘制矩形

24 在命令行输入 O 执行"偏移"命令，将矩形向内偏移 60，如图 3-206 所示。

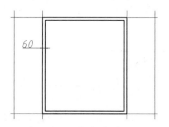

图 3-206　向内偏移矩形

25 在命令行输入 L 执行"直线"命令，连接偏移矩形的上下两边的中点；在命令行输入 O 执行"偏移"命令让连接线向两侧各偏移 30，如图 3-207 所示。

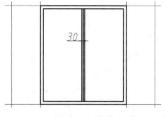

图 3-207　偏移连接线

26 在命令行输入 CO 执行"复制"命令，复制一个大窗到开间的右侧对应位置，在命令行输入 E 执行"删除"命令删除辅助线，如图 3-208 所示。

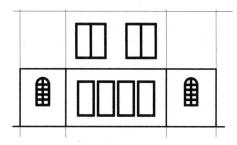

图 3-208　复制图形并删除辅助线

27 窗户绘制完成后，在命令行输入 L 执行"直线"命令补全轮廓；在命令行输入 O 执行"偏移"命令将二层的最外侧的两条垂直线段向外偏移 600，如图 3-209 所示。

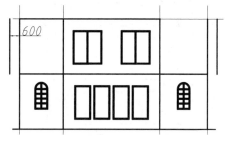

图 3-209　绘制轮廓线

28 在命令行输入 EX 执行"延伸"命令，将屋面线延伸到两条偏移线。在命令行输入 O 执行"偏移"命令将屋面线向下偏移 100，得到顶层的屋面板，效果如图 3-210 所示。

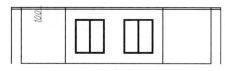

图 3-210　绘制屋顶轮廓线

29 在命令行输入 TR 执行"修剪"命令，删除多余的线条，如图 3-211 所示。

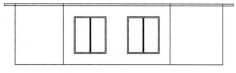

图 3-211　修剪图形

30 采用同样的方法使中间的垂直线条往外偏移 600，并修剪线条，如图 3-212 所示。

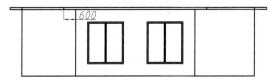

图 3-212　偏移直线

31 在命令行输入 L 执行"直线"命令绘制一个标高符号，如图 3-213 所示。

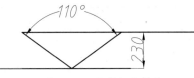

图 3-213　绘制标高符号

32 在命令行输入 CO 执行"复制"命令，将标高符号复制到各个位置，如图 3-214 所示。

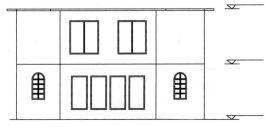

图 3-214　复制符号

33 在命令行输入 T 执行"多行文字"命令，在标高符号上标出具体的标高数值；在图形的正下方框选文字范围，输入 1:100，最后在命令行输入 L 执行"直线"命令，在文字下方绘制一根线宽为 0.3mm 的直线，这样房子立面图就绘制完成了，最终效果如图 3-215 所示。

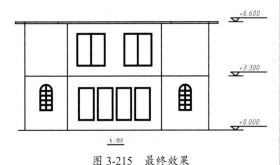

图 3-215　最终效果

3.4.3　绘制楼梯

楼梯作为楼层之间的连接结构，是层式建筑物必备的结构之一。绘制此图时，巧妙运用"合并""构造线""偏移"等命令将大幅降低绘图工作量，下面详细介绍绘图过程。

01 以本书附赠样板"标准制图样板 .dwt"作为基础样板，新建空白文件。

02 设置"图层"为"细实线"，在命令行输入 XL 执行"构造线"命令，绘制一条垂直构造线和一条水平构造线；再在命令行输入 O 执行"偏移"命令将水平构造线依次向上偏移 150，垂直构造线依次偏移 252，如图 3-216 所示。

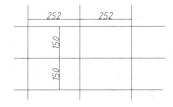

图 3-216　绘制构造线

03 将"图层"改为"轮廓线"，在命令行输入 L 执行"直线"命令，根据构造线绘制出楼梯踏步线，如图 3-217 所示。

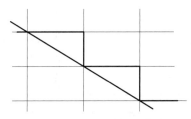

图 3-217　绘制楼梯踏步线

04 在命令行输入 O 执行"偏移"命令，将斜线向下偏移 100，再将原斜线删除，如图 3-218 所示。

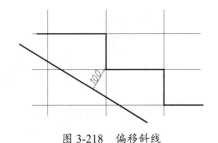

图 3-218　偏移斜线

05 在命令行输入 J 执行 "合并" 命令，将楼梯踏步线合并，然后在命令行输入 O 执行 "偏移" 命令，依次向外偏移 10，偏移两次，如图 3-219 所示。

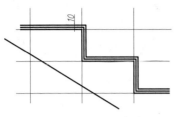

图 3-219 偏移踏步线

06 在命令行输入 REC 执行 "矩形" 命令绘制防滑条，在命令行输入 L 执行 "直线" 命令绘制楼梯辅助线，如图 3-220 所示。

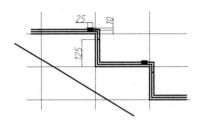

图 3-220 绘制防滑条和楼梯辅助线

07 在命令行输入 E 执行 "删除" 命令，在命令行输入 RT 执行 "修剪" 命令，将图中多余的线条修剪掉，如图 3-221 所示。

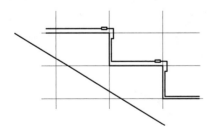

图 3-221 修剪线条

08 将楼梯外层的轮廓线转换至 "细实线" 图层，如图 3-222 所示。

图 3-222 修改图层

09 在命令行输入 H 执行 "图案填充" 命令，拾取填充范围内的一点，设置参数，如图 3-223 所示。

图 3-223 设置参数

10 选择图案并填充，效果如图 3-224 所示。

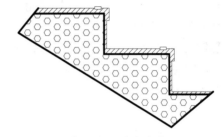

图 3-224 填充效果

11 在命令行输入 DIM 执行 "尺寸标注" 命令，对图形进行尺寸标注，效果如图 3-225 所示。

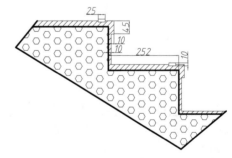

图 3-225 尺寸标注

12 在命令行输入 LE 执行 "引线" 命令，在命令行输入 MT 执行 "多行文字" 命令标注图形，最终效果如图 3-226 所示。

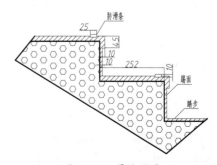

图 3-226 最终效果

3.4.4 绘制弹簧零件

弹簧是一种利用弹性来工作的机械零件。用弹性材料制成的零件在外力作用下发生形变，除去外力后又恢复原状。通过对弹簧零件的绘制，主要综合练习"直线""偏移""打断""图案填充"和"镜像"等命令，在绘制过程中需要注意对象的捕捉。绘制弹簧零件的具体操作步骤如下。

01 以本书附赠样板"标准制图样板 .dwt"作为基础样板，新建空白文件。

02 设置"图层"为"中心线"；在命令行输入 L 执行"直线"命令，绘制两条中心线，如图 3-227 所示。

图 3-227　绘制中心线

03 设置"图层"为"轮廓线"；在命令行输入 C 执行"圆"命令，绘制两个圆，其半径分别为 90 和 130，如图 3-228 所示。

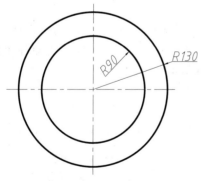

图 3-228　绘制圆

04 在命令行输入 O 执行"偏移"命令，将垂直中心线向右偏移 20，如图 3-229 所示。

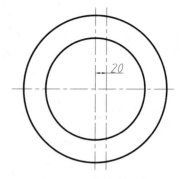

图 3-229　偏移中心线

05 在命令行输入 TR 执行"修剪"命令删除多余的线段；在命令行输入 L 执行"直线"命令，闭合线段，如图 3-230 所示。

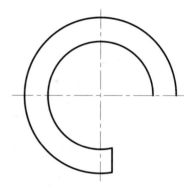

图 3-230　闭合线段

06 在命令行输入 O 执行"偏移"命令，将垂直中心线向右偏移 120 和 140，将水平中心线向上偏移 110，向下偏移 110 和 130，如图 3-231 所示。

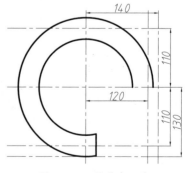

图 3-231　偏移中心线

07 在命令行输入 C 执行"圆"命令，以中心线交点为圆心绘制两个半径为 20 的圆，如图 3-232 所示。

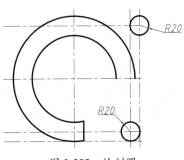

图 3-232 绘制圆

08 执行"直线"命令，选择水平中心线与圆的交点为起点，按住 Ctrl 键和鼠标右键执行"切点"命令，捕捉小圆上的切点为直线的端点，如图 3-233 所示。

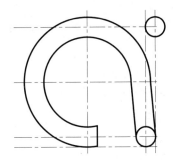

图 3-233 绘制切线

09 在命令行输入 AR 执行"矩形阵列"命令，选择对象为上一步中的两个圆，设置参数如图 3-234 所示。

图 3-234 设置参数

10 阵列复制的效果如图 3-235 所示。

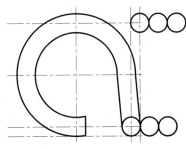

图 3-235 阵列复制

11 在命令行输入 L 执行"直线"命令，使用相同的方法绘制切线，效果如图 3-236 所示。

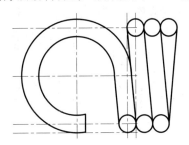

图 3-236 绘制切线

12 在命令行输入 TR 执行"修剪"命令，修剪并删除多余线段，效果如图 3-237 所示。

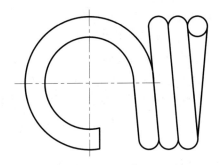

图 3-237 修剪图形

13 在命令行输入 O 执行"偏移"命令，将垂直中心线向右偏移 300，然后在命令行输入 MI 执行"镜像"命令，将图形镜像，效果如图 3-238 所示。

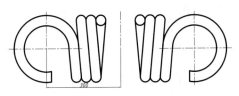

图 3-238 镜像图形

14 在命令行输入 MI 执行"镜像"命令，将右侧弹簧沿水平中心线进行镜像，并删除源对象，如图 3-239 所示。

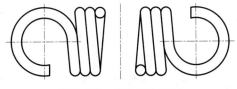

图 3-239 水平镜像图形

15 选择"剖面线"为当前图层，在命令行输入 H 执行"图案填充"命令，对弹簧的剖切截面进行图案填充，效果如图 3-240 所示。

16 选择"标注线"为当前图层，对图形标注，最终效果如图 3-241 所示。

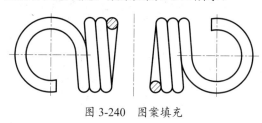

图 3-240 图案填充

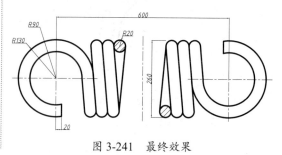

图 3-241 最终效果

3.4.5 绘制球轴承

球轴承是滚动轴承的一种，球滚珠装在内钢圈和外钢圈的中间，能承受较大的载荷。球轴承图形由多个圆和线段组成，绘制时灵活运用"分解""偏移""阵列"等命令能大幅减少工作量。绘制球轴承的具体操作步骤如下。

01 以本书附赠样板"标准制图样板 .dwt"作为基础样板，新建空白文件。

02 设置"图层"为"轮廓线"，在命令行输入 REC 执行"矩形"命令，接着输入 F 设置倒角为 3，绘制长为 25、宽为 95 的矩形，如图 3-242 所示。

03 在命令行输入 O 执行"偏移"命令，将上端线段向下依次偏移 8、9 和 8，如图 3-243 所示。

04 在命令行输入 EX 执行"延伸"命令，选择对象为两端直线和偏移直线，右击并选择偏移的水平线段向两侧延伸，如图 3-244 所示。

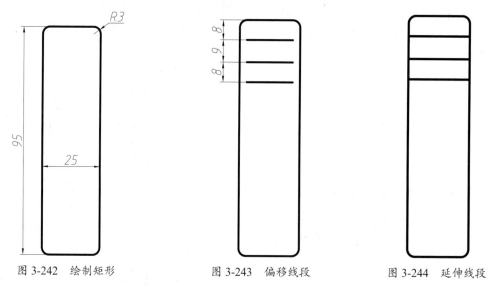

图 3-242 绘制矩形　　　　　图 3-243 偏移线段　　　　　图 3-244 延伸线段

05 在命令行输入 F 执行"圆角"命令，设置圆角半径为 2，对轮廓线进行圆角处理，如图 3-245 所示。

06 在命令行输入 C 执行"圆"命令，以偏移的第一条线段中心为圆心，绘制半径为 6 的圆，如图 3-246 所示；然后在命令行输入 M 执行"偏移"命令，将圆向下偏移 4.5。

07 在命令行输入 TR 执行"修剪"命令，删除多余的线条，如图 3-247 所示。

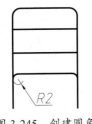

图 3-245 创建圆角

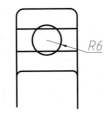

图 3-246 绘制圆

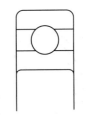

图 3-247 修剪图形

08 在命令行输入 L 执行"直线"命令，绘制一条水平对称线。然后在命令行输入 MI 执行"镜像"命令，镜像之前绘制的图形，如图 3-248 所示。

09 设置"图层"为"剖面线"，在命令行输入 H 执行"图案填充"命令，设置比例为 15，其他参数不变，对图形进行填充，如图 3-249 所示。

10 继续采用上一步的操作，将填充角度设置为 270°，填充图形，如图 3-250 所示。

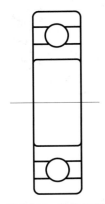

图 3-248 镜像图形

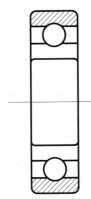

图 3-249 图案填充

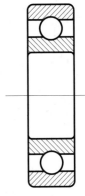

图 3-250 填充图形

11 单击中心线，将中心线向右拉长，然后在命令行输入 O 执行"偏移"命令，将中心线向上偏移 30.5、35、39.5、47.5，向下偏移 39.5；在命令行输入 L 执行"直线"命令，在右侧绘制一条垂直中心线，如图 3-251 所示。

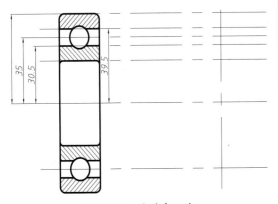

图 3-251 偏移中心线

12 设置"图层"为"轮廓线"，在命令行输

入 C 执行"圆"命令，以点 1 为圆心，绘制多个与中心线相切的圆，如图 3-252 所示。

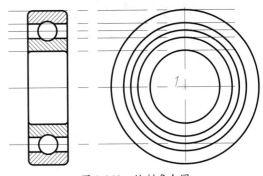

图 3-252 绘制多个圆

13 在命令行输入 C 执行"圆"命令，以点 2 为圆心，绘制半径为 6 的圆，如图 3-253 所示。

14 在命令行输入 TR 执行"修剪"命令，删除多余的线条，如图 3-254 所示。

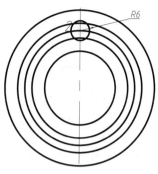

图 3-253　绘制圆

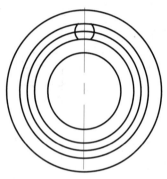

图 3-254　修剪图形

15 在命令行输入 AR 执行"矩形阵列"命令，设置项目总数为 15，角度为 360°，选择修剪后的两段圆弧，以大圆的圆心为中心点，进行环形阵列，效果如图 3-255 所示。

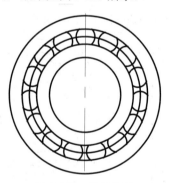

图 3-255　阵列图形

16 在命令行输入 E 执行"删除"命令，删除之前偏移的辅助线，效果如图 3-256 所示。

17 将中心线的位置和长度调整好，最终效果如图 3-257 所示。

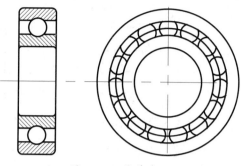

图 3-256　修剪图形

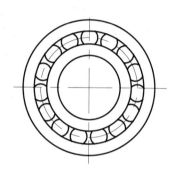

图 3-257　最终效果

3.4.6　绘制调节盘

调节盘是机械工程中运用较多的零件之一，主要起到定位和控制装置的作用。在绘制调节盘时，画出一个视图后要利用"高平齐"的规则绘制另一个视图，以减少尺寸的输入。另外，巧用"修剪""圆角""辅助线"命令，能减少绘制工作量。绘制调节盘的具体操作步骤如下。

01 以本书附赠样板"标准制图样板 .dwt"作为基础样板，新建空白文件。

02 设置"图层"为"中心线"。在命令行输入 L 执行"直线"命令，绘制两条中心线，如图 3-258 所示。

图 3-258　绘制中心线

03 设置"图层"为"轮廓线"。在命令行输入 C 执行"圆"命令，绘制多个圆，其半径分别为 15、17、55、85、93.5，如图 3-259 所示。

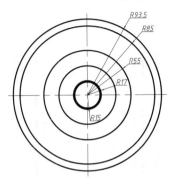

图 3-259 绘制多个圆

04 在命令行输入 L 执行"直线"命令，绘制两条中心线，如图 3-260 所示。

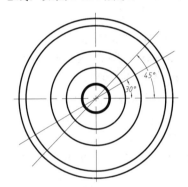

图 3-260 绘制中心线

05 设置"图层"为"轮廓线"。在命令行输入 C 执行"圆"命令，以点 1 为圆心，绘制半径为 5.5 的圆；以点 2 为圆心，绘制两个圆，其半径分别为 3.5 和 6，如图 3-261 所示。

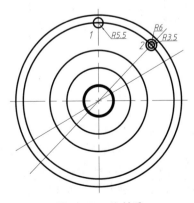

图 3-261 绘制圆

06 在"修改"区域单击"环形阵列"按钮，选择上一步中的圆形，以大圆圆心为中心点，项目数为 4，环形阵列复制的结果如图 3-262 所示。

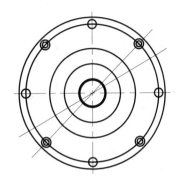

图 3-262 环形阵列结果

07 在命令行输入 C 执行"圆"命令，绘制两个半径为 3 的圆，如图 3-263 所示。

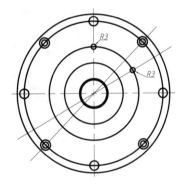

图 3-263 绘制圆

08 在命令行输入 MI 执行"镜像"命令，以垂直和水平中心线为镜像线，镜像半径为 3 的圆，如图 3-264 所示。

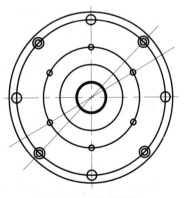

图 3-264 镜像图形

09 更改图形中部分线条的图层为"中心线"，在命令行输入 L 执行"直线"命令补全中心线，如图 3-265 所示。

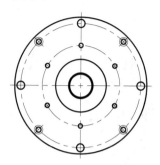

图 3-265 改变图层

10 设置"图层"为"中心线"。在命令行输入 L 执行"直线"命令，绘制与主视图对齐的水平中心线，效果如图 3-266 所示。

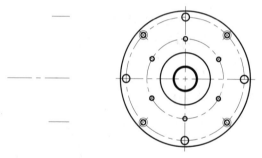

图 3-266 绘制中心线

11 设置"图层"为"轮廓线"。在命令行输入 L 执行"直线"命令，绘制一条垂直轮廓线，效果如图 3-267 所示。

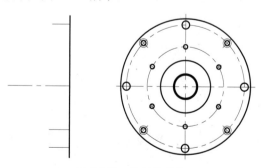

图 3-267 绘制轮廓线

12 在命令行输入 O 执行"偏移"命令，将轮廓线向左偏移 10、24、27、46，将水平中心线向上、下偏移 29、36，效果如图 3-268 所示。

13 在命令行输入 C 执行"圆"命令，以偏移 24 的直线与中心线的交点为圆心绘制 R30 的圆，效果如图 3-269 所示。

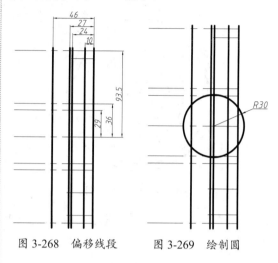

图 3-268 偏移线段   图 3-269 绘制圆

14 在命令行输入 TR 执行"修剪"命令，在命令行输入 E 执行"删除"命令，修剪并删除多余的线条，如图 3-270 所示。

15 在命令行输入 F 执行"圆角"命令，设置圆角半径为 3，在左上角和左下角创建圆角。在命令行输入 CHA 执行"倒角"命令，设置距离为 1，在右上角和右下角创建倒角，如图 3-271 所示。

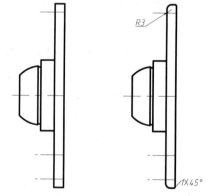

图 3-270 修剪图形   图 3-271 创建倒角

16 在命令行输入 L 执行"直线"命令，根据三视图"高平齐"的原则，绘制螺纹孔和沉孔的轮廓线，如图 3-272 所示。

17 在命令行输入 O 执行"偏移"命令，将水平中心线向上、下各偏移 15、23、27；将最左端的轮廓线向右偏移 14、29，如图 3-273 所示。

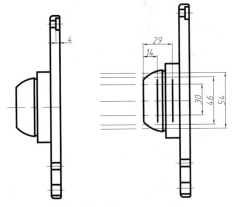

图 3-272　绘制轮廓线　　图 3-273　偏移中心线

18 在命令行输入 TR 执行"修剪"命令，删除多余的线条，如图 3-274 所示。

19 在命令行输入 CHA 执行"倒角"命令，设置倒角距离为 2，角度为 45°，如图 3-275 所示。

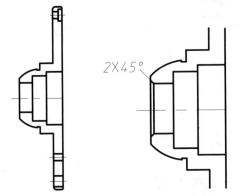

图 3-274　删除多余的线条　　图 3-275　创建倒角

20 在命令行输入 L 执行"直线"命令，绘制与侧视图对齐的水平中心线，如图 3-276 所示。

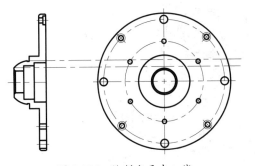

图 3-276　绘制水平中心线

21 将"图层"更换为"轮廓线"，以大圆为

圆心，绘制两个与上一步中心线相切的圆，如图 3-277 所示。

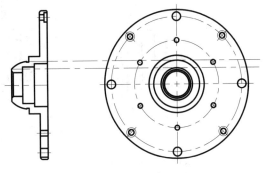

图 3-277　绘制相切圆

22 选择"剖面线"图层。在命令行输入 H 执行"填充图案"命令，设置比例为 20，填充剖面线，如图 3-278 所示。

23 在命令行输入 DIM 执行"标注"命令，标注各线性尺寸，如图 3-279 所示。

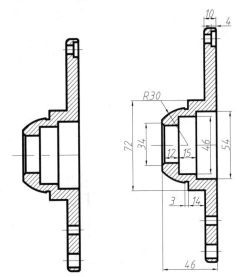

图 3-278　填充剖面线　　图 3-279　标注线性尺寸

24 双击各直径尺寸，在尺寸值前添加直径符号，如图 3-280 所示。

25 在命令行输入 DIMD 执行"直径标注"命令，对圆弧和圆进行标注，如图 3-281 所示。

26 在命令行输入 DIMA 执行"角度标注"命令，在命令行输入 ML 执行"多重引线"命令，对角度和倒角进行标注，如图 3-282 所示。

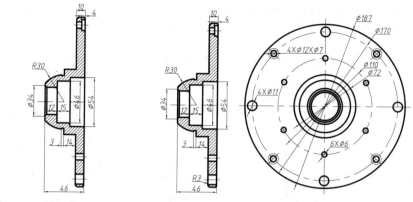

图 3-280　添加直径符号　　　　　　图 3-281　标注圆弧和圆

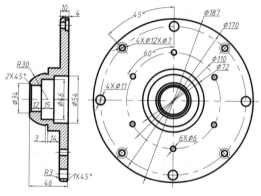

图 3-282　标注角度和倒角

27 在命令行输入 PL 执行"多段线"命令，利用命令行的"线宽"选项绘制剖切箭头，并在命令行输入 MT 执行"多行文字"命令输入剖切序号，最终效果如图 3-283 所示。

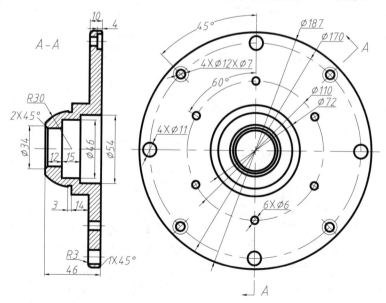

图 3-283　最终效果

第 4 章   创建标注

项目导读

本章介绍创建与编辑标注的方法，包括设置标注样式、创建各种类型的标注以及编辑标注等。无论是尺寸标注还是引线标注，都可以通过对话框来修改属性参数。请根据本章内容勤加练习，熟练掌握与标注有关的知识。

4.1   设置标注样式

4.1.1   快速创建标注样式

尺寸标注样式是一组尺寸参数设置的集合，用于控制尺寸标注中各组成部分的格式和外观。在标注尺寸之前，应首先根据相关要求设置尺寸样式。可以根据需要，利用"标注样式管理器"设置多个尺寸样式，以便标注尺寸时灵活应用，并确保尺寸标注的标准化。而由于"标注样式管理器"的按钮一般都隐藏于"标注"区域的扩展菜单下，因此，建议通过按快捷键 D 来打开"标注样式管理器"，这样可以节省很多不必要的单击。同时应记牢"修改标注样式"对话框中各选项卡的作用，这样就能快速、准确地找到正确的标注修改控件。创建标注样式的具体操作步骤如下。

01 打开 AutoCAD，创建一个新的空白图形文件。

02 在命令行输入 D 执行"标注样式"命令，在弹出的如图 4-1 所示的"标注样式管理器"对话框中，单击"新建"按钮，在弹出的"创建新标注样式"对话框中的"新样式名"文本框中输入 ISO-25，然后单击"继续"按钮，此时系统会弹出如图 4-2 所示的"新建标注样式：ISO-25"对话框。

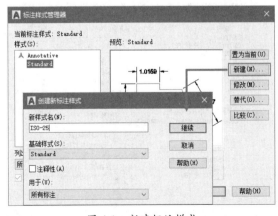

图 4-1   新建标注样式

图 4-2   "新建标注样式：ISO-25"对话框

03 单击"确定"按钮返回"标注样式管理器"对话框，选择 ISO-25 样式，单击"新建"按钮，在"用于"下拉列表中选择"线性标注"选项，如图 4-3 所示。采用同样的方法，创建"角度标注"样式，结果如图 4-4 所示。

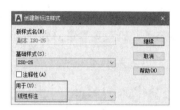

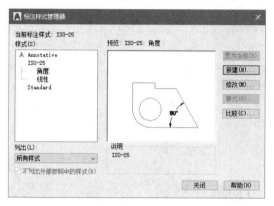

图 4-3　创建标注样式　　　　　　　图 4-4　创建样式的结果

04 选择 ISO-25 样式，单击"修改"按钮，在弹出的对话框中分别选择"线""符号和箭头""文字""调整""主单位""公差"选项卡，并如图 4-5 所示设置参数。

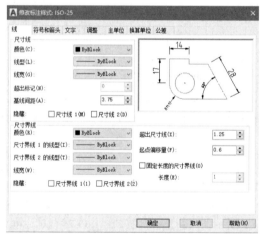

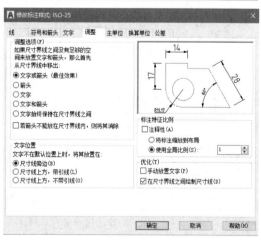

图 4-5　设置参数

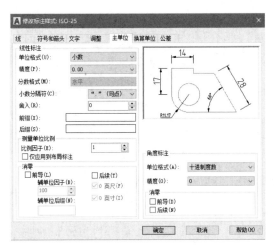

图4-5　设置参数（续）

05 选择"线性"样式，单击"修改"按钮，在弹出的对话框中修改"文字"选项卡中的参数，如图4-6所示。利用同样的方法修改"角度"样式，参数设置如图4-7所示。

图4-6　修改"线性"样式的文字参数　　　　图4-7　修改"角度"样式的文字参数

4.1.2　设置尺寸线样式

在默认情况下，尺寸线按系统设置的颜色、线型、线宽显示。在标注图形时，可以根据需要定义尺寸线的样式。本节介绍设置尺寸线样式的方法，具体操作步骤如下。

01 在命令行输入 D 执行"标注样式"命令，打开"标注样式管理器"对话框。以4.1.1 小节中所设置的标注样式为例，介绍设置尺寸线的步骤。

02 在 ISO-25 列表中选择"线性"标注，单击"修改"按钮打开对话框，选择"线"选项卡，在"尺寸线"选项组中提供多个选项，可以修改参数。

03 在"颜色"下拉列表中有多种颜色模式，如图4-8所示。

图 4-8　颜色列表

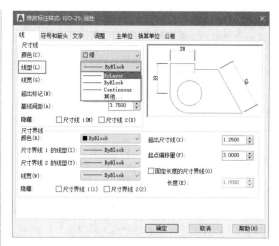

图 4-10　线型列表

04 在列表中选择"选择颜色"选项，打开"选择颜色"对话框，其中有更多颜色模式，如图 4-9 所示。选择其中一种，如绿色，单击"确定"按钮即可。

图 4-9　"选择颜色"对话框

操作技巧：

在"选择颜色"对话框中选择"真彩色"和"配色系统"选项卡，可以选择更丰富的颜色。

05 选择颜色后，在对话框右上角的窗口中可以预览修改结果。

06 在"线型"下拉列表中有当前已加载的线型，如图 4-10 所示，默认选择 ByBlock 线型。

07 选择"其他"选项，在"选择线型"对话框中单击"加载"按钮，进入"加载或重载线型"对话框。选择线型，如 ACAD_ISO03W100，如图 4-11 所示。

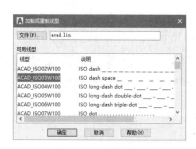

图 4-11　选择线型

08 单击"确定"按钮返回"选择线型"对话框，选择 ACAD_ISO03W100 线型，如图 4-12 所示，单击"确定"按钮。

图 4-12　加载线型

09 在"线宽"下拉列表中有多种线宽选项，选择其中的一种，如 0.30mm，如图 4-13 所示。

10 默认情况下，"超出标记"选项为不可编辑状态，如图 4-14 所示。

11 切换至"符号和箭头"选项卡，修改箭头样式为"建筑标记"，如图 4-15 所示。

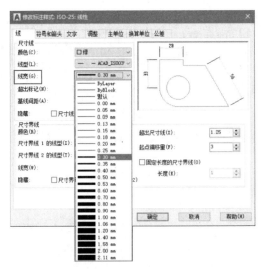

图 4-13　选择线宽

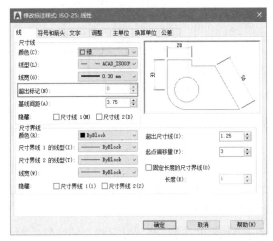

图 4-14　选项不可被编辑

图 4-15　选择箭头样式

操作提示：

在"第一个""第二个"下拉列表中选择"倾斜"样式，也能激活"超出标记"选项。

12 返回"线"选项卡，此时"超出标记"选项已经可以被编辑了，修改参数值为5，如图 4-16 所示。

图 4-16　设置参数

13 在绘图区域中观察尺寸线超出尺寸箭头的效果，如图 4-17 所示。

图 4-17　显示效果

14 修改"基线间距"值，调整基线标注中尺寸线的间距。如图 4-18 所示为间距值为2的标注效果；如图 4-19 所示为间距值为5的标注效果。

操作提示：

必须保持其他选项的默认值不变，才能查看"基线间距"值的修改结果。

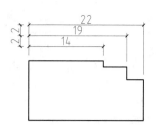

图 4-18　间距为 2 的标注效果

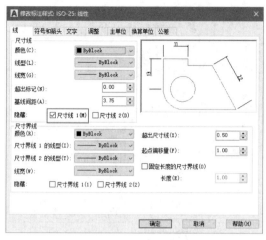

图 4-20　选中"尺寸线 1"复选框

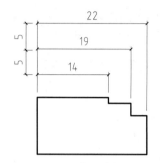

图 4-19　间距为 5 的标注效果

15 在"隐藏"选项中选中"尺寸线 1"复选框，如图 4-20 所示，左侧的尺寸线被隐藏，如图 4-21 所示。选中"尺寸线 2"复选框，右侧的尺寸线被隐藏。

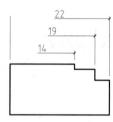

图 4-21　隐藏尺寸线

4.1.3　设置尺寸界线样式

尺寸标注数字所表示的距离为左、右尺寸界线内的范围。默认以细实线的样式显示，通过设置各项参数，可以调整尺寸界线的样式，本节介绍具体的操作方法。

01 在"尺寸界线"选项组中，可以修改"颜色""尺寸界线 1 的线型""尺寸界线 2 的线型""线宽""隐藏"参数，如图 4-22 所示。设置方法参考 4.1.2 小节的内容。

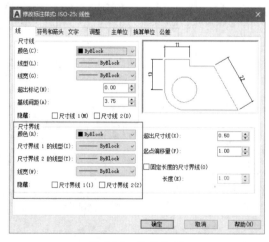

图 4-22　参数选项

02 修改"超出尺寸线"值，如图 4-23 所示，设置尺寸界线超出尺寸线的距离。

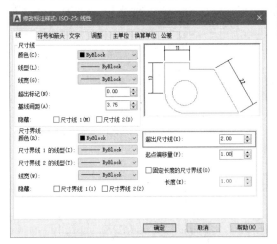

图 4-23 修改"超出尺寸线"值

03 图 4-24 所示为"超出尺寸线"值为 0.5 的效果；图 4-25 所示为"超出尺寸线"值为 2 的效果。根据需要选择合适的值即可。

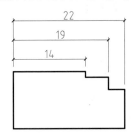

图 4-24 "超出尺寸线"为 0.5 的效果

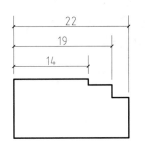

图 4-25 "超出尺寸线"为 2 的效果

04 "起点偏移量"指的是尺寸界线原点与图形的间距。图 4-26 所示为偏移量为 0.00 的标注效果；图 4-27 所示为偏移量为 1.00 的标注效果。

05 选择"固定长度的尺寸界线"复选框，激活"长度"参数，可以自定义尺寸界线的长度。

06 图 4-28 所示为将长度设置为 1.00 的标注效果。图 4-29 所示为长度为 3.00 的标注效果。

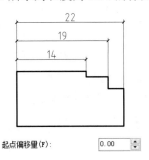

图 4-26 "起点偏移量"为 0.00 的效果

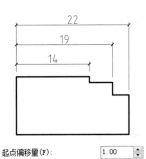

图 4-27 "起点偏移量"为 1.00 的效果

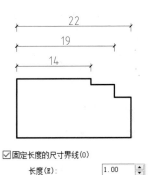

图 4-28 长度为 1.00 的标注效果

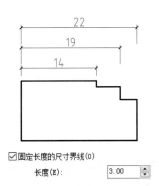

图 4-29 长度为 3.00 的标注效果

4.1.4 设置箭头样式

不同类型的尺寸标注,选择与之对应的箭头样式。如线性标注的箭头样式为"建筑标记"或"倾斜"。角度标注、直径/半径标注的箭头样式为"实心闭合"。此外,通过设置"箭头大小"值,使箭头与尺寸线、尺寸界线相适合,具体操作步骤如下。

01 选择"符号和箭头"选项卡,在"第一个"下拉列表中显示多种箭头样式,如图4-30所示。

图4-30　"第一个"下拉列表

02 在"第二个"下拉列表中选择箭头样式,如图4-31所示。

图4-31　"第二个"下拉列表

03 选择"建筑标记"样式,调整"箭头大小"值,可以得到不同的显示效果。

04 图4-32所示为"箭头大小"为0.5的标注效果;图4-33所示为"箭头大小"为1的标注效果。

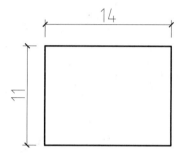

图4-32　"箭头大小"为0.5的效果

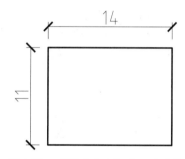

图4-33　"箭头大小"为1的效果

05 在设置角度标注、直径/半径标注的箭头样式时,选择"实心闭合"样式,如图4-34所示。

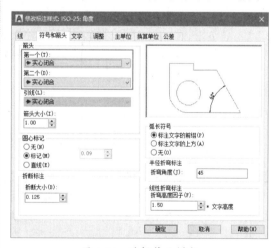

图4-34　选择箭头样式

06 角度标注效果如图 4-35 所示。

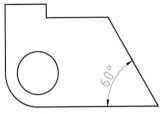

图 4-35 角度标注的效果

4.1.5 设置尺寸文字样式

尺寸标注中的文字，通过设置样式、大小、位置等参数，可以定义显示效果。本节介绍一些常用参数的设置，其他未涉及的参数，可自行测试并观察最终效果。设置尺寸文字样式的具体操作步骤如下。

01 选择"文字"选项卡，在"文字样式"下拉列表中显示当前正在使用的样式，如 Standard，如图 4-36 所示。在该下拉列表中可以显示已创建的其他文字样式。

02 单击下拉列表右侧的矩形按钮，如图 4-36 所示，打开"文字样式"对话框，可以在该对话框中新建样式，或者修改已有样式的参数。在"字体"选项组中选择字体，如图 4-37 所示。

图 4-37 选择字体

04 在"填充颜色"下拉列表中选择颜色，可以为文字添加背景颜色，如图 4-38 所示。默认选择为"无"，即不为文字添加任何背景色。

图 4-36 单击矩形按钮

03 在"文字颜色"下拉列表中选择颜色类型。

图 4-38 为文字添加背景颜色

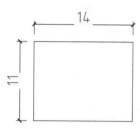

图4-38　为文字添加背景颜色（续）

05 在"文字样式"对话框中定义"高度"值后，"修改标注样式"对话框中的"文字高度"选项不可被编辑，如图4-39所示。此时将"文字样式"对话框中的"高度"值设置为0，可以恢复"文字高度"的可编辑状态。

图4-39　设置文字高度

06 选择"主单位"选项卡，在"单位格式"下拉列表中选择"分数"选项，如图4-40所示。

07 此时"分数高度比例"选项被激活，如图4-41所示。该选项值用来调整分数中文字高度与整数部分文字高度的比例。默认值为1.00，即分数中上、下两个文字都与整数部分一样大。

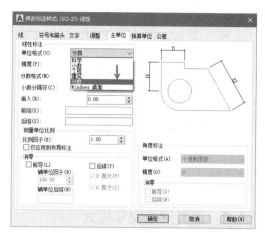

图4-40　选择格式

图4-41　激活选项

操作提示：

"分数高度比例"选项使用到的情况不多，通常保持默认值即可。在这里不展开讲解，如果有兴趣可以通过调整参数观察标注效果。

08 选中"绘制文字边框"复选框，为标注文字添加方框，如图4-42所示。

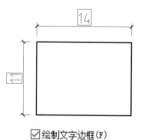

☑绘制文字边框(F)

图4-42　添加边框

09 修改"从尺寸线偏移"值，设置文字与尺寸线的间距，偏移结果如图 4-43 所示。

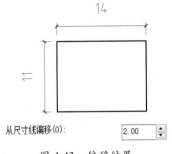

从尺寸线偏移(O): [2.00]

图 4-43　偏移结果

操作提示：

在"垂直""水平""观察方向"下拉列表中，可以设置文字与尺寸线的位置关系。可以选择不同的选项，并从预览窗口中观察效果，在此不赘述。

10 在"义字对齐"选项组中，提供了 3 种义字对齐方式，效果如图 4-44 所示。通过预览窗口，可以实时了解不同对齐方式的显示效果。

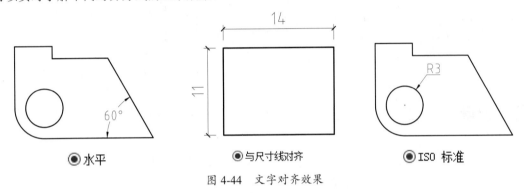

◉水平　　　◉与尺寸线对齐　　　◉ISO 标准

图 4-44　文字对齐效果

4.1.6　设置标注精度

AutoCAD 提供了多种类型的单位格式，最常用的是"小数"格式。通过设置"精度"和"小数分隔符"参数，可以调整标注文字的显示效果，具体操作步骤如下。

01 在"主单位"选项卡的"单位格式"下拉列表中选择适用的格式，如"小数"。

02 在"精度"下拉列表中，选择选项，如图 4-45 所示，调整尺寸标注的精度，即显示小数点后几位数。

03 在"小数分隔符"下拉列表中，提供了 3 种符号，如图 4-46 所示，最常用的是"句点"符号。

图 4-45　"单位格式"列表

图 4-46　3 种分隔符

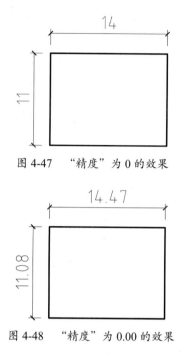

图 4-47　"精度"为 0 的效果

图 4-48　"精度"为 0.00 的效果

04 图 4-47 所示为"精度"为 0 时的标注效果；图 4-48 所示为"精度"为 0.00 时的标注效果。

4.2 创建尺寸标注

尺寸标注的类型包括智能标注、线性标注、角度标注、对齐标注等。不同类型的图形，需要为其创建对应的尺寸标注，本节介绍创建方法。

4.2.1 智能标注

智能标注为 AutoCAD 2020 的新增功能，可以根据选定的对象类型自动创建相应的标注。可自动创建的标注类型包括垂直标注、水平标注、对齐标注、旋转的线性标注、角度标注、半径标注、直径标注、折弯半径标注、基线标注和连续标注等，下面通过实例简单介绍智能标注的使用方法。

01 打开"4.2.1 智能标注 .dwg"素材文件，如图 4-49 所示。

02 单击"注释"区域的"标注"按钮，将光标移至圆形上，当光标变为小矩形时单击，并对圆形进行标注，如图 4-50 所示。

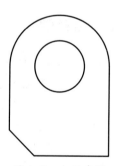

图 4-49　打开素材

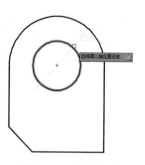

图 4-50　标注圆形

03 使用相同的方法标注圆弧，如图4-51所示。

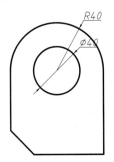

图 4-51 标注圆弧

04 继续使用"标注"命令，将光标移至左侧的垂直直线上，光标变为小矩形时单击，标注直线。同理，标注下端直线，如图4-52所示。

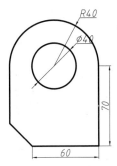

图 4-52 标注直线

05 使用相同的方法，先选择下端水平线，再选择斜线，标注夹角角度，最终效果如图4-53所示。

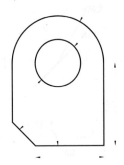

图 4-53 最终效果

4.2.2 线性标注

线性标注用于标注任意两点之间的水平或垂直方向的距离。在绘制中，"线性"命令可以通过"指定原点"或者"选择对象"进行标注。"指定原点"命令是指定尺寸界线的两个端点；"选择对象"则是选择对象之后，系统以对象的两个端点作为两条尺寸界线的起点。线性标注的具体操作步骤如下。

01 打开"4.2.2 线性标注 .dwg"素材文件，如图4-54所示。

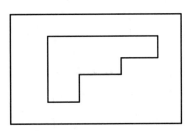

图 4-54 打开素材

02 单击"注释"区域的"线性标注"按钮⊢⊣，标注水平线的尺寸，如图4-55所示。

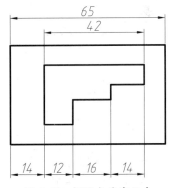

图 4-55 标注水平线尺寸

03 使用相同的方法标注垂直线尺寸，最终效果如图4-56所示。

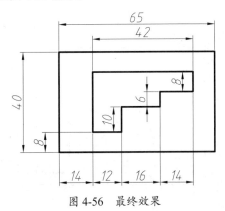

图 4-56 最终效果

4.2.3 角度标注

利用角度标注命令可以标注两条相交直线间的角度，还可以标注 3 个点之间的夹角和圆弧的圆心角。具体操作步骤如下。

01 打开 "4.2.3 角度标注 .dwg" 素材文件，如图 4-57 所示。

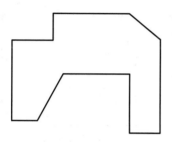

图 4-57　打开素材

02 单击 "注释" 区域的 "线性标注" 按钮 ，对图形进行线性标注，如图 4-58 所示。

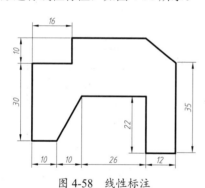

图 4-58　线性标注

03 单击 "注释" 区域的 "角度标注" 按钮 ，选择相邻的直线，对夹角进行标注，如图 4-59 所示。

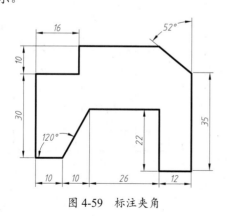

图 4-59　标注夹角

4.2.4 对齐标注

当标注对象为倾斜的直线线形时，可使用 "对齐" 标注。对齐标注可以创建与指定位置或对象平行的标注。"对齐" 标注的方法与 "线性" 标注的方法类似，具体操作步骤如下。

01 打开 "4.2.4 对齐标注 .dwg" 素材文件，如图 4-60 所示。

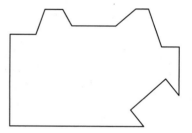

图 4-60　打开素材

02 利用 "线性标注" 和 "角度标注" 命令 对图形进行标注，如图 4-61 所示。

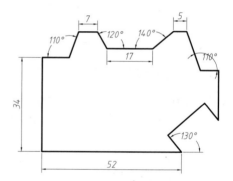

图 4-61　标注图形

03 单击 "注释" 区域的 "对齐标注" 按钮 ，依次对斜线进行标注，如图 4-62 所示。

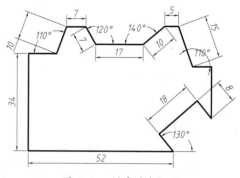

图 4-62　创建对齐标注

4.2.5 标注半径和直径

当标注对象为圆弧或圆时，需要创建半径和直径标注。一般情况下，整圆或大于半圆的圆弧应标注直径尺寸，小于或等于半圆的圆弧应标注为半径尺寸。默认情况下，系统自动在标注值前添加尺寸符号——R（半径）和ø（直径）。标注半径和直径的具体操作步骤如下。

01 打开"4.2.5 标注半径和直径.dwg"素材文件，如图4-63所示。

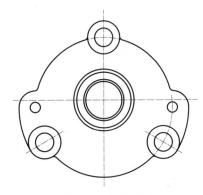

图4-63　打开素材

02 利用"线性标注"命令├┤，对两条水平中心线的距离进行标注，如图4-64所示。

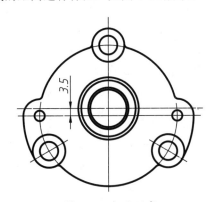

图4-64　标注距离

03 单击"注释"区域的"直径标注"按钮◎，对图形中的整圆依次标注直径，如图4-65所示。

04 单击"注释"区域的"半径标注"按钮◎，对图形中的圆弧和圆角依次标注半径，最终效果如图4-66所示。

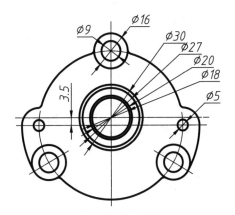

图4-65　标注圆直径

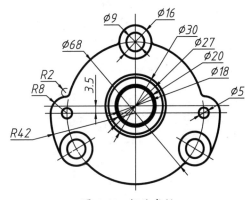

图4-66　标注半径

4.2.6 弧长标注

弧长标注用于标注圆弧、椭圆弧或者其他弧线的长度。标注方法类似直线的标注，具体操作步骤如下。

01 打开"4.2.6 弧长标注.dwg"素材文件，如图4-67所示。

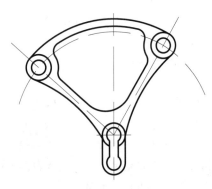

图4-67　打开素材

02 利用"对齐标注" ✎、"角度标注" △、"直径标注" ◎ 和 "半径标注" ◎ 命令对图形进行标注，如图 4-68 所示。

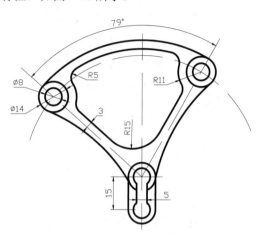

图 4-68 标注图形

03 单击"标注"区域的"弧长标注"按钮 ⌒，选择右侧的圆弧，对圆弧进行标注，最终效果如图 4-69 所示。

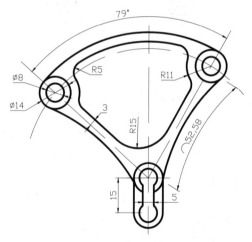

图 4-69 最终效果

4.2.7 折弯标注

当圆弧半径相对于图形尺寸较大时，半径标注的尺寸线相对于图形显得过长，此时即可使用折弯标注线，该标注方式与"半径"标注方式类似，但需要定义一个位置代替圆或圆弧的中心。折弯标注的具体操作步骤如下。

01 打开"4.2.7 折弯标注 .dwg"素材文件，如图 4-70 所示。

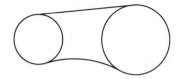

图 4-70 打开素材

02 单击"标注"区域的"折弯标注"按钮 ⌒，先选择圆弧，然后选择一个代替圆弧或圆心的位置点，最后选择折弯线的位置，如图 4-71 所示。

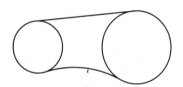

图 4-71 创建折弯标注

4.2.8 连续标注

连续标注必须先创建尺寸标注，然后系统默认将上一个尺寸界线终点作为下一个标注的起点，此时只需不断选择第二条尺寸界线的原点即可。连续标注的具体操作步骤如下。

01 按组合键 Ctrl+O，打开"4.2.8 连续标注 .dwg"素材文件，如图 4-72 所示。

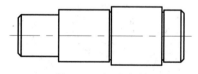

图 4-72 打开素材

02 标注第一个垂直尺寸。在命令行中输入 DLI，执行"线性标注"命令，为轴线添加第一个尺寸标注，如图 4-73 所示。

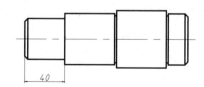

图 4-73 创建线性标注

03 在"注释"选项卡中，单击"标注"区域的"连续"按钮，执行"连续标注"命令，命令行提示如下。

```
命令：DCO↙        DIMCONTINUE
    //调用"连续标注"命令
选择连续标注：
    //选择标注
指定第二条尺寸界线原点或 [放弃 (U)/选
择 (S)] <选择>：      //指定第二
条尺寸界线原点
标注文字 = 50
指定第二条尺寸界线原点或 [放弃 (U)/选
择 (S)] <选择>：
标注文字 = 52
指定第二条尺寸界线原点或 [放弃 (U)/选
择 (S)] <选择>：
标注文字 = 22       //按 Esc 键退出
```

04 最终结果如图 4-74 所示。

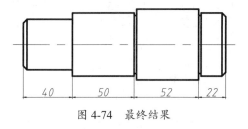

图 4-74 最终结果

4.2.9 基线标注

基线标注是以已有线性尺寸界线为基准的一系列尺寸标注，即以某一个线性标注尺寸界限为其他标注的第一条尺寸界线，依次创建多个尺寸标注。基线标注前，必须创建一个线性尺寸标注作为其他标注的基线，确定基线后，根据第二条尺寸线生成尺寸标注。基线标注的具体操作步骤如下。

01 打开"4.2.9 基线标注 .dwg"素材文件，如图 4-75 所示。

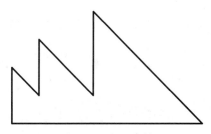

图 4-75 打开素材

02 标注第一个水平尺寸。单击"注释"区域的"线性"按钮，创建标注如图 4-76 所示。

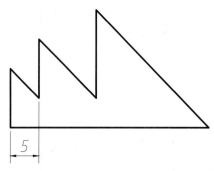

图 4-76 创建第一个水平标注

03 切换至"注释"选项卡，单击"标注"区域的"基线"按钮，系统自动以上一步创建的标注为基准，接着依次选择图上的右侧端点，用作定位尺寸，最终效果如图 4-77 所示。

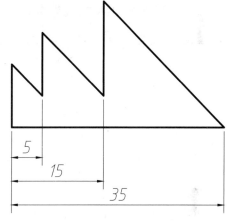

图 4-77 最终效果

4.2.10 形位公差

在通常情况下，形位公差的标注主要由公差框格和指引线组成，而公差框格又主要包括公差代号、公差值、基准代号。实际加工出的零件不仅有尺寸误差，而且还有形状上的误差和位置上的误差，绘制图纸时，就需要利用形位公差表示出来。下面简单介绍形位公差的标注方法。

01 打开"4.2.10 形位公差 .dwg"素材文件，如图 4-78 所示。

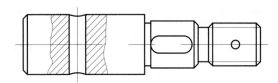

图 4-78　打开素材

02 单击"绘图"区域的"圆形""直线"按钮，绘制基准符号，并添加文字，如图 4-79 所示。

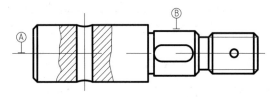

图 4-79　绘制基准符号

03 选择"标注"|"公差"命令，弹出"形位公差"对话框，设置参数，如图 4-80 所示。

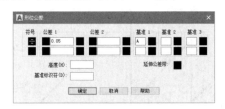

图 4-80　设置公差参数

04 单击"确定"按钮，在要标注的位置附近单击，放置形位公差，如图 4-81 所示。

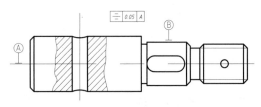

图 4-81　放置形位公差

05 在命令行输入 PL 执行"多段线"命令，绘制箭头指向公差，如图 4-82 所示。

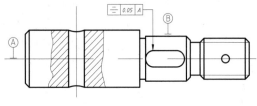

图 4-82　绘制箭头

06 使用"快速引线"命令快速绘制形位公差。在命令行中输入 LE 并按 Enter 键，利用快速引线标注形位公差，命令行操作如下。

```
命令：LE ✓
                // 调用"快速引线"命令
QLEADER
指定第一个引线点或 [设置(S)] <设置>：
// 选择"设置"选项，弹出"引线设置"对话框，
设置类型为"公差"，如图 4-83 所示，单击"确定"
按钮，继续执行以下命令行操作
指定第一个引线点或 [设置(S)] <设置>：
// 在要标注公差的位置单击，指定引线箭头位置
指定下一点：        // 指定引线转折点
指定下一点：        // 指定引线端点
```

图 4-83　"引线设置"对话框

07 在需要标注形位公差的位置定义引线，如图 4-84 所示。定义之后，弹出"形位公差"对话框，设置公差参数，如图 4-85 所示。

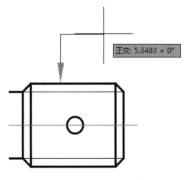

图 4-84　定义引线

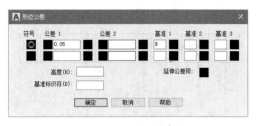

图 4-85　设置公差参数

08 单击"确定"按钮，创建的形位公差标注如图 4-86 所示。

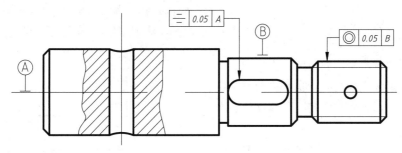

图 4-86　创建形位公差标注

4.3　编辑标注

编辑标注的操作包括打断尺寸线、倾斜尺寸界线以及自定义标注文字位置，本节介绍具体的操作方法。

4.3.1　打断标注

为了使图形尺寸结构清晰，在标注线交叉的位置时可以打断标注。在默认情况下，该命令用于在标注相交位置自动生成打断，打断的距离不可控制。若需要控制打断距离，则可以选择"手动"方法，可以指定两点，将两点之间的标注线打断。具体操作步骤如下。

01 打开"4.3.1 打断标注 .dwg"素材文件，如图 4-87 所示。

02 选择"标注"|"打断标注"命令 ，在引线标注和尺寸之间创建打断，如图 4-88 所示。

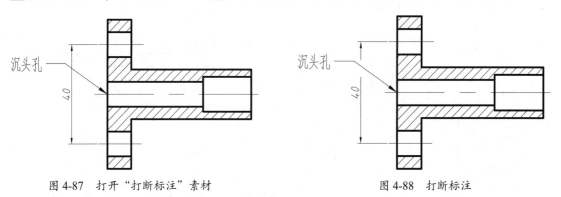

图 4-87　打开"打断标注"素材　　　　　图 4-88　打断标注

操作技巧：

命令行中"自动"为默认选项，用于在标注相交位置自动生成打断，打断的距离不可控制；"手动"为选择项，需要指定两个打断点，将两点之间的标注线打断；"删除"的作用是可以删除已创建的打断。

4.3.2 倾斜标注

线性标注中的尺寸界线默认为水平或垂直的。通过执行"倾斜"命令，可以使尺寸界线沿着延伸线方向倾斜一定的角度。当尺寸标注与其他图形元素发生冲突时，执行"倾斜"命令可以使图形显示得更加清楚。具体操作步骤如下。

01 打开"4.3.2 倾斜标注 .dwg"文件，如图4-89所示。

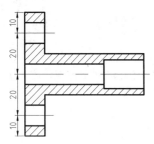

图 4-89　打开素材

02 在"注释"选项卡的"标注"区域单击"倾斜"按钮，如图4-90所示。

图 4-90　单击"倾斜"按钮

03 命令行提示如下。

```
命令：_dimedit
输入标注编辑类型 [默认(H)/新建(N)/
旋转(R)/倾斜(O)] <默认>：O
选择对象：指定对角点：找到 4 个
输入倾斜角度（按 ENTER 表示无）：30
// 输入角度值，按 Enter 键，结果如图
4-91 所示。
```

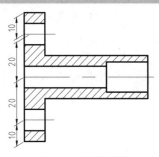

图 4-91　倾斜效果

操作技巧：

在提示"输入倾斜角度"时输入负值，如-30，可以调整倾斜方向，如图4-92所示。

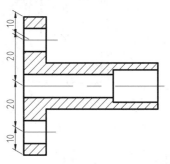

图 4-92　调整倾斜方向

4.3.3 旋转标注文字

线性标注中的标注文字位于尺寸线的上方，并与之相隔一定的距离。设置文字的旋转角度，系统会自动打断尺寸线放置旋转后的文字。旋转标注文字的具体操作步骤如下。

01 打开"4.3.3 旋转标注文字 .dwg"文件，如图4-93所示。

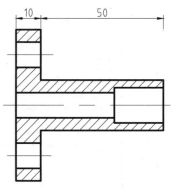

图 4-93　打开素材

02 单击"注释"选项卡中"标注"区域的"文字角度"按钮，如图4-94所示。

图 4-94　单击"文字角度"按钮

03 命令行提示如下。

```
命令：_dimtedit
选择标注：
  为标注文字指定新位置或 ［左对齐（L）/ 右
对齐（R）/ 居中（C）/ 默认（H）/ 角度（A）］：_a
  指定标注文字的角度：30
```

04 根据命令行的提示输入角度，旋转文字的结果如图 4-95 所示。

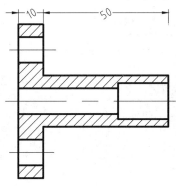

图 4-95 旋转文字

05 输入旋转角度为负值，如 −30，可以更改旋转方向，如图 4-96 所示。

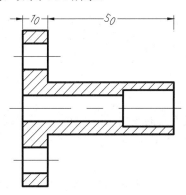

图 4-96 更改旋转方向

4.3.4 对齐标注文字

　　标注文字居中置于尺寸线的上方，为了绘图需要，可以自定义标注文字的位置。对齐标注文字的具体操作步骤如下。

01 打开"4.3.4 对齐标注文字.dwg"文件，如图 4-97 所示。

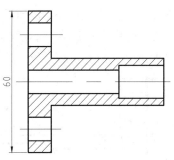

图 4-97 打开素材

02 单击"注释"选项卡中"标注"区域的"左对正" ⊢⊶⊣、"居中对正" ⊢⊶⊣、"右对正" ⊢⊶⊣ 按钮，如图 4-98 所示，可以调整文字的位置。

图 4-98 单击按钮

03 左对正文字的效果，如图 4-99 所示。

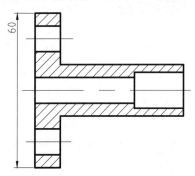

图 4-99 左对正文字

04 右对正文字的效果，如图 4-100 所示。

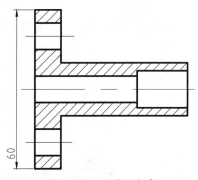

图 4-100 右对正文字

05 选择标注，将光标置于标注文字的夹点上，在右下角的快捷菜单中选择"仅移动文字"选项，如图 4-101 所示。

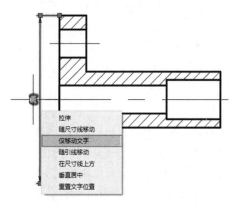

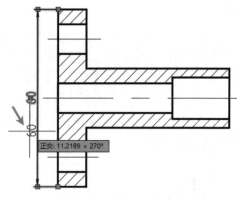

图 4-102　随意放置文字

图 4-101　选择"仅移动文字"选项

06 此时移动光标，可以随意放置文字，如图 4-102 所示。

操作提示：

在快捷菜单中选择其他选项，如选择"重置文字位置"选项，可以恢复文字到默认位置。其他选项的操作结果可自行尝试，限于篇幅，不再赘述。

4.4　引线标注

引线标注由箭头、引线以及标注文字组成，可以将标注对象与标注内容连接。为了规范化图集中的引线标注，可以创建引线样式、修改样式参数，批量调整使用该样式的引线标注。

4.4.1　创建多重引线样式

为了更好地管理引线标注，可以创建引线样式。引线样式的参数包括引线的颜色、线型、线宽等，可以自定义箭头样式，并选择合适的文字格式。修改其中的一项，如箭头样式，可以在引线标注中观察效果。创建多重引线样式的具体操作步骤如下。

01 新建空白文件。执行"格式"｜"多重引线样式"命令，如图 4-103 所示，打开"多重引线样式管理器"对话框。

02 单击"新建"按钮，在打开的对话框中设置样式名称，如图 4-104 所示。

图 4-103　执行"多重引线样式"命令　　　　图 4-104　设置样式名称

操作提示：

选择"注释"选项卡，在"引线"区域单击右下角的斜箭头，如图4-105所示，也可以打开"多重引线样式管理器"对话框。

图 4-105 单击按钮

03 选择"引线格式"选项卡，选择"实心闭合"符号，设置"大小"为5，如图4-106所示，其他参数保持默认值。

图 4-106 选择"实心闭合"符号

04 选择"内容"选项卡，单击"文字样式"选项右侧的矩形按钮，打开"文字样式"对话框。新建"机械设计文字样式"，并选择字体，如图4-107所示。

图 4-107 设置文字样式参数

05 在"文字高度"下拉列表中设置参数，如图4-108所示，其他参数保持默认值。

图 4-108 设置文字高度

06 单击"确定"按钮关闭对话框。在"多重引线样式管理器"对话框中选择新创建的样式，单击"置为当前"按钮，如图4-109所示。

图 4-109 单击"置为当前"按钮

07 单击"关闭"按钮，结束操作。

4.4.2 多重引线标注

引线标注对象是两端分别带有箭头和注释内容的一段或多段引线，引线可以是直线或样条曲线，使用一般多重引线命令引出文字注释、倒角标注、标注零件号和引出公差等，便于对图形进行解释。具体操作步骤如下。

01 打开"4.4.2 多重引线标注 .dwg"素材文件，如图4-110所示。

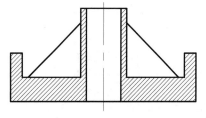

图 4-110 打开素材

02 单击"修改"区域的"引线"按钮 ，在斜线上单击确定箭头位置，然后在合适的位置单击，输入"加强筋"文字，如图 4-111 所示。

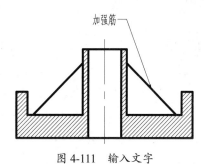

图 4-111　输入文字

03 单击"添加引线"按钮 ，添加一条引线，最终效果如图 4-112 所示。

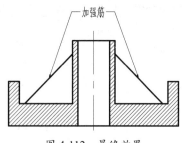

图 4-112　最终效果

4.4.3　添加多重引线

通过"添加引线"命令可以将引线添加至现有的多重引线对象上，从而创建一对多的引线效果。具体操作步骤如下。

01 打开素材文件"4.4.3 添加多重引线 .dwg"，如图 4-113 所示，其中已经创建好了若干多重引线标注。

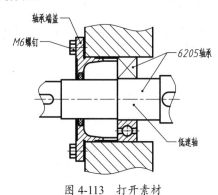

图 4-113　打开素材

02 在"默认"选项卡中，单击"注释"区域的"添加引线"按钮 ，如图 4-114 所示，执行"添加引线"命令。

图 4-114　单击"添加引线"按钮

03 执行命令后，直接选择要添加引线的多重引线 M6 螺钉，然后再选择下方的一个螺钉图形，作为新引线的箭头放置点，如图 4-115 所示，命令行操作如下。

```
选择多重引线：
// 选择要添加引线的多重引线
找到 1 个
指定引线箭头位置或 [ 删除引线 (R)]：↙
// 在下方螺钉图形中指定新引线箭头位置，
按 Enter 键完成操作
```

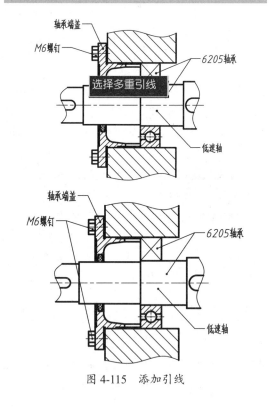

图 4-115　添加引线

4.4.4 删除多重引线

"删除引线"命令可以将引线从现有的多重引线对象中删除，即将"添加引线"命令创建的引线删除。具体操作步骤如下。

01 打开素材文件"4.4.4 添加多重引线 .dwg"。可见图中右侧的"6205 轴承"标注有一根多余的引线，如图 4-116 所示。

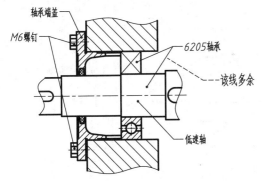

图 4-116　观察要删除的多余引线

02 在"默认"选项卡中，单击"注释"区域的"删除引线"按钮 ✗₀，执行"删除引线"命令，如图 4-117 所示。

图 4-117　单击"删除引线"按钮

03 执行命令后，直接选择要删除的引线，按 Enter 键即可删除，如图 4-118 所示，命令行操作如下。

```
命令：AIMLEADEREDITREMOVE
        // 执行"删除引线"命令
选择多重引线：
        // 选择"6205 轴承"多重引线
找到 1 个
指定要删除的引线或 [ 添加引线 (A)]：
        // 选择下方多余的一条多重引线
指定要删除的引线或 [ 添加引线 (A)]：↙
        // 按 Enter 键结束命令
```

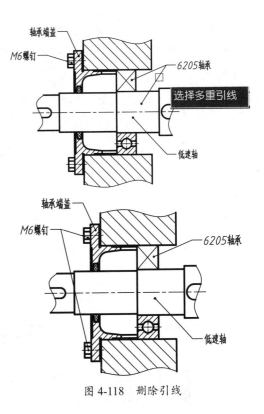

图 4-118　删除引线

4.4.5 对齐多重引线

"对齐引线"命令可以将选定的多重引线对齐，并按一定的间距进行排列，因此，非常适合用来调整装配图中的零件序号。对齐多重引线的具体操作步骤如下。

01 打开素材文件"4.4.5 对齐多重引线 .dwg"，如图 4-119 所示，已经对各零件创建好了多重引线标注，但没有整齐排列。

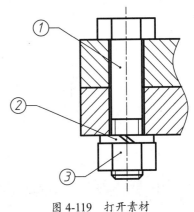

图 4-119　打开素材

02 在"默认"选项卡中，单击"注释"区域的"对齐"按钮 ⊘，如图 4-120 所示，执行"对齐引线"命令。

图 4-120　单击"对齐"按钮

03 执行命令后，选择所有要进行对齐的多重引线，然后按 Enter 键确认，接着根据提示指定基准多重引线，则其余多重引线均对齐至该多重引线，如图 4-121 所示，命令行操作如下。

```
命令：_mleaderalign
        // 执行"对齐引线"命令
选择多重引线：指定对角点：找到 6 个
        // 选择所有要进行对齐的多重引线
选择多重引线：↵
        // 按 Enter 键完成选择
当前模式：使用当前间距
        // 显示当前的对齐设置
选择要对齐到的多重引线或 [选项(O)]：
        // 选择作为对齐基准的多重引线
指定方向：
        // 移动光标指定对齐方向，单击结束命令
```

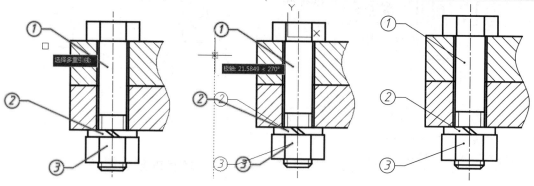

图 4-121　"对齐引线"操作过程

4.4.6　合并多重引线

"合并引线"命令可以将包含"块"的多重引线组织成一行或一列，并使用单引线显示结果，多见于机械行业中的装配图。

在装配图中，有时会遇到若干个零部件成组出现的情况，如一个螺栓，就可能配有两个弹性垫圈和一个螺母。如果都一一对应一条多重引线来表示，那图形会非常凌乱，因此一组紧固件以及装配关系清楚的零件组，可采用公共指引线，如图 4-122 所示。合并多重引线的具体操作步骤如下。

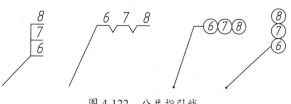

图 4-122　公共指引线

01 在上一节操作结果的基础上开始本节的介绍，或者打开素材文件"4.4.5 对齐多重引线 .dwg"。

02 在"默认"选项卡中，单击"注释"区域的"合并"按钮 [8]，如图 4-123 所示，执行"合并引线"命令。

03 执行命令后，选择所有要合并的多重引线，然后按 Enter 键确认，接着根据提示选择多重引线的排列方式，或者直接单击放置多重引线，如图 4-124 所示，命令行操作如下。

图 4-123　单击"合并"按钮

```
命令：_mleadercollect
        //执行"合并引线"命令
选择多重引线：指定对角点：找到 3 个
        //选择所有要进行对齐的多重引线
选择多重引线：1
        //按 Enter 键完成选择
指定收集的多重引线位置或 [垂直(V)/水平
(H)/缠绕(W)] <水平>：        //选择引线排
列方式，或单击结束命令
```

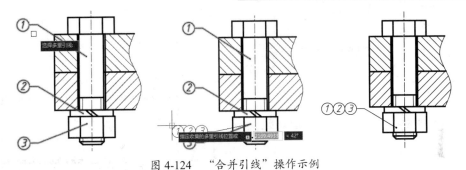

图 4-124　"合并引线"操作示例

操作技巧：

执行"合并"命令的多重引线，其注释的内容必须是"块"，如果是多行文字，则无法操作。最终的引线序号应按顺序依次排列，不能出现数字颠倒、错位的情况。错位现象的出现是由于在操作时没有按顺序选择多重引线所致，因此，无论是单独点选，还是一次性框选，都需要考虑各引线的选择先后顺序，如图 4-125 所示。

合并前　　　　　正确排列（选择顺序 1、2、3）　　　错误排列（选择顺序 2、1、3）

图 4-125　选择顺序对"合并引线"的影响

4.5　综合实例

本章介绍创建标注样式、为图形添加标注以及编辑标注的方法。在本节中，提供两个实例以供练习。第一个实例是为建筑平面图添加尺寸标注，第二个实例是利用引线标注标明倒角尺寸。只有多加练习，才能真正掌握技术。

4.5.1　为建筑平面图标注尺寸

平面图绘制完毕，添加尺寸标注，标明墙宽、开间、进深的大小。为了更好地确定尺寸界线原点的位置，可以绘制辅助线，待标注完毕后删除即可。为建筑平面图标注尺寸的具体操作步骤如下。

01 打开 "4.5.1 为建筑平面图标注尺寸 .dwg" 文件，如图 4-126 所示。

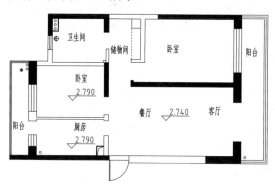

图 4-126　打开素材

02 在命令行输入 XL 执行 "构造线" 命令，绘制辅助线，如图 4-127 所示。

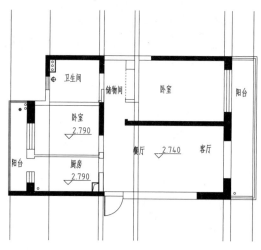

图 4-127　绘制辅助线

03 在命令行输入 DLI 执行 "线性标注" 命令，指定尺寸界线原点绘制标注，如图 4-128 所示。

04 重复操作，在平面图的下方继续绘制尺寸标注，最后将辅助线删除，如图 4-129 所示。

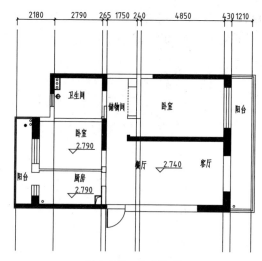

图 4-128　绘制标注

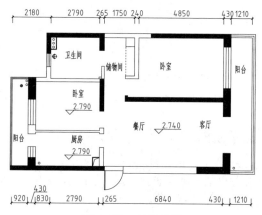

图 4-129　标注结果

05 继续调用 "线性标注" 命令，标注进深尺寸，如图 4-130 所示。

图 4-130　标注进深尺寸

06 最后标注外包尺寸，结果如图 4-131 所示。

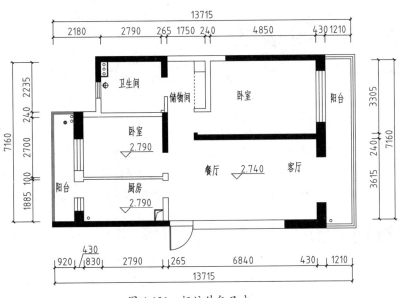

图 4-131　标注外包尺寸

4.5.2　快速引线标注倒角

"快线引线"命令是 AutoCAD 中常用的引线标注命令，相较于"多重引线"，"快线引线"是一种形式较为自由的引线标注，其转折次数可控，注释内容也可设置为其他类型。因此，"快线引线"非常适用于标注机械图上的倒角部分，否则，只能使用"直线"和"多行文字"命令来手动添加标注，这无疑要麻烦得多。快速引线标注倒角的具体操作步骤如下。

01 在命令行输入 REC 执行"矩形"命令，再输入 C 设置倒角距离均为 5，绘制长 50，宽 40 的矩形，如图 4-132 所示。

02 在命令行输入 LE 执行"引线"命令，接着输入 S，弹出"引线设置"对话框，设置箭头为"无"，如图 4-133 所示。

03 继续上一步的操作，单击倒角，拉出引线，输入文字为 5×45°，最终效果如图 4-134 所示。

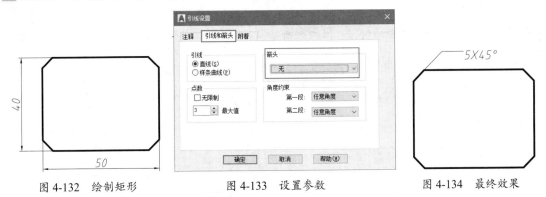

图 4-132　绘制矩形　　　　图 4-133　设置参数　　　　图 4-134　最终效果

第 5 章　文字和表格

项目导读

本章介绍文字和表格的知识。为了更好地管理文字和表格，可以创建与之对应的样式。通过修改样式参数，调整文字和表格的显示效果。另外，AutoCAD 提供编辑文字和表格的专用工具，灵活地运用这些工具，可以快速地更改参数，使文字和表格符合使用需要。

5.1　文字标注

文字标注的类型有单行文字和多行文字。在绘制图名标注、房间名称等信息时，可以使用单行文字表示。绘制施工说明、注意事项时则经常选择多行文字。但是二者并没有严格的使用区分，可以按照自己的习惯去选用这两种文字。

5.1.1　创建文字样式

文字样式是同一类文字的格式设置的集合，包括字体、字高、显示效果等。文字样式要根据国家制图标准要求和实际情况来设置。创建文字样式的具体操作步骤如下。

01 单击"快速访问"工具栏中的"新建"按钮 □，新建图形文件。

02 在"默认"选项卡中，单击"注释"区域的"文字样式"按钮 A，系统弹出"文字样式"对话框，如图 5-1 所示。

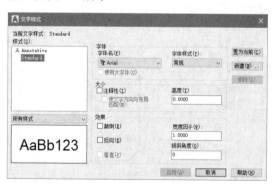

图 5-1　"文件样式"对话框

03 单击"新建"按钮，弹出"新建文字样式"对话框，在"样式名"文本框中输入"国标文

字"，如图 5-2 所示。

图 5-2　"新建文字样式"对话框

04 单击"确定"按钮，在"样式"列表中新增了"国标文字"文字样式，如图 5-3 所示。

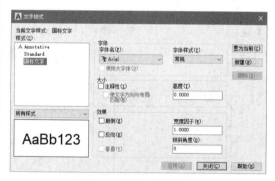

图 5-3　新建文字样式

05 在"字体"选项组的"字体名"下拉列表中选择 gbenor.shx 字体，选中"使用大字体"复选框，在"大字体"下拉列表中选择 gbcbig.shx 字体，其他选项保持默认，如图 5-4 所示。

图 5-4　选择样式

06 单击"应用"按钮，再单击"置为当前"按钮，将"国标文字"置为当前样式。

07 单击"关闭"按钮，完成"国标文字"文字样式的创建。创建完成的样式可用于"多行文字""单行文字"等文字创建命令，也可以用于标注、动态块中的文字。

5.1.2　应用文字样式

在创建的多种文字样式中，只能有一种文字样式作为当前的文字样式，系统默认创建的文字均按照当前文字样式。因此，要应用文字样式，首先应将其设置为当前文字样式。应用文字样式的具体操作步骤如下。

01 打开"5.1.2 应用文字样式 .dwg"素材文件，如图 5-5 所示，文件中已预先创建好了多种文字样式。

计算机辅助设计

图 5-5　打开素材

02 默认情况下，Standard 文字样式是当前文字样式，可以根据需要更换为其他的文字样式。

03 选择需要更改样式的文字，然后在"注释"面板的"文字样式控制"下拉列表中选择要置为当前的文字样式即可，如图 5-6 所示。

04 素材中的文字对象即时更改为"标注"样式的效果，如图 5-7 所示。

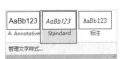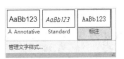

图 5-6　切换文字样式为"标注"

计算机辅助设计

图 5-7　更改样式后的文字

5.1.3　绘制多行文字注释图形

"多行文字"又称为段落文字，是一种更易于管理的文字对象，可以由两行以上的文字组成，而且各行文字都作为一个整体处理。在制图中经常使用多行文字功能创建较为复杂的文字说明，如图样的工程说明或技术要求等。绘制多行文字注释图形的具体操作步骤如下。

01 打开"5.1.3 绘制多行文字注释图形 .dwg"素材文件，如图 5-8 所示。

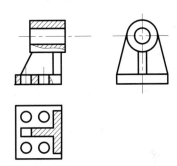

图 5-8　打开素材

02 在命令行输入 T 执行"创建多行文字"命令，单击一点，然后向右下拖动，确定多行文字的范围，如图 5-9 所示。

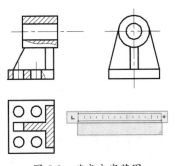

图 5-9　确定文字范围

03 在文本框内输入文字，每输入完一行文字按 Enter 键输入下一行，输入结果如图 5-10 所示。

图 5-10 输入文字

04 选中文字，在"样式"区域修改文字高度为6，如图 5-11 所示。

图 5-11 修改文字高度

05 按 Enter 键执行修改，修改文字高度后的效果如图 5-12 所示。

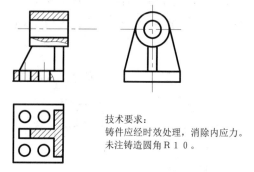

图 5-12 修改效果

06 双击已经创建好的多行文字，选中"技术要求"下面的两行说明文字，如图 5-13 所示。

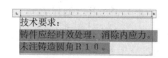

图 5-13 选中文字

07 单击"段落"区域的"项目符号和编号"按钮，在下拉列表中选择编号方式为"以数字标记"，如图 5-14 所示。

图 5-14 选择编号方式

08 在文本框中可以预览到编号效果，如图 5-15 所示。

图 5-15 编号效果

09 调整文字的对齐标尺，减少文字的缩进量，如图 5-16 所示。

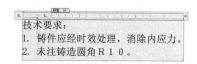

图 5-16 减少文字的缩进量

10 按组合键 Ctrl+Enter 完成多行文字编号的创建，最终效果如图 5-17 所示。

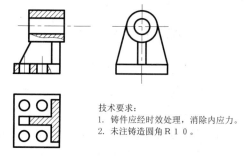

图 5-17 最终效果

5.1.4 绘制单行文字注释图形

"单行文字"是将输入的文字以"行"为单位作为一个对象来处理。"单行文字"输入完成后，可以不退出命令，直接在另一个要输入文字的位置单击，同样会出现文字输入框。因此，在需要创建内容比较简短的文字标注时，如图形标签、名称、时间等，使用"单行文字"标注的方法，可以大幅节省时间。绘制单行文字注释图形的具体操作步骤如下。

01 打开"5.1.4 绘制单行文字注释图形 .dwg"素材文件，如图 5-18 所示。

02 在命令行输入 L 执行"直线"命令，绘制文字注释的指示线，如图 5-19 所示。

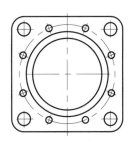

图 5-18 打开素材

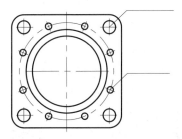

图 5-19 绘制指示线

03 在命令行输入 DT 执行"单行文字"命令，设置文字高度为 8，输入单行文字，如图 5-20 所示。

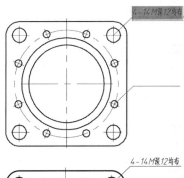

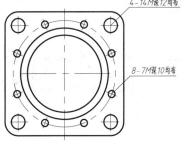

图 5-20 输入单行文字

04 在命令行输入 DIMR 执行"半径标注"命令，标注圆，然后双击半径数，改为"R45±0.05"，最终效果如图 5-21 所示。

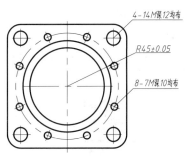

图 5-21 最终效果

5.1.5 为文字添加编号

"多行文字"的编辑功能十分强大，能完成许多 Word 软件才能完成的专业文档编辑工作，如本例中为各段落添加编号，具体操作步骤如下。

01 启动 AutoCAD，打开"5.1.5 为文字添加编号 .dwg"素材文件。

02 双击已经创建好的多行文字，进入编辑模式，打开"文字编辑器"选项卡，然后选中"技术要求"下面的 3 行说明文字，如图 5-22 所示。

图 5-22 选中文字

03 在"文字编辑器"选项卡中单击"段落"区域的"项目符号和编号"按钮，在下拉列表中选择编号方式为"以数字标记"，如图 5-23 所示。

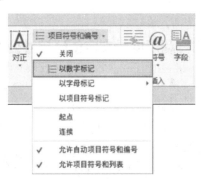

图 5-23 选择"以数字标记"选项

04 在文本框中可以预览编号的基本效果，如图 5-24 所示。

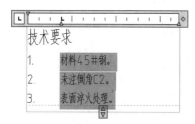

图 5-24　预览编号的基本效果

05 调整文字的对齐标尺，减少文字的缩进量，如图 5-25 所示。

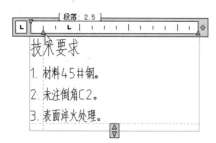

图 5-25　减少文字的缩进量

06 单击"关闭"区域的"关闭文字编辑器"按钮，或按组合键 Ctrl+Enter 完成多行文字编号的创建，最终效果如图 5-26 所示。

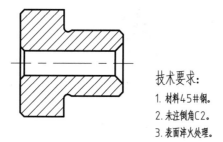

图 5-26　最终效果

5.1.6　利用堆叠文字创建尺寸公差

通过输入分隔符号，可以创建堆叠文字。堆叠文字在机械绘图中应用较多，可以用来创建尺寸公差、分数等。利用堆叠文字创建尺寸公差的操作步骤如下。

01 打开素材文件"5.1.6 利用堆叠文字创建尺寸公差 .dwg"，如图 5-27 所示，其中已经标注好了所需的尺寸。

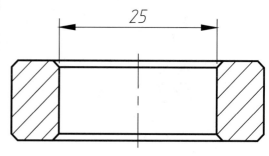

图 5-27　打开素材

02 添加直径符号。双击尺寸 25，打开"文字编辑器"选项卡，并将鼠标移至 25 之前，输入 %%C，为其添加直径符号，如图 5-28 所示。

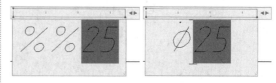

图 5-28　添加直径符号

03 输入公差文字。将鼠标移至 25 的后方，依次输入 K7 +0.006^-0.015，如图 5-29 所示。

图 5-29　输入公差文字

04 创建尺寸公差。按住鼠标左键，向后拖移，选中 +0.006^-0.015 文字，然后单击"文字编辑器"选项卡中"格式"区域的"堆叠"按钮，即可创建尺寸公差，如图 5-30 所示。

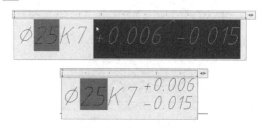

图 5-30　堆叠公差文字

05 在"文字编辑器"选项卡中单击"关闭"按钮，退出编辑环境，创建公差文字的效果如图 5-31 所示。

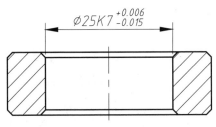

图 5-31　创建公差文字的效果

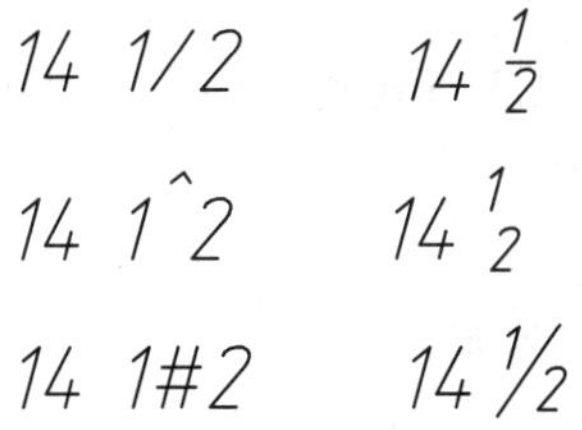

图 5-32　分隔效果

5.1.7　添加文字背景

为了使文字清晰地显示在复杂的图形中，可以为文字添加不透明的背景。添加文字背景的具体操作步骤如下。

01 打开"5.1.7 添加文字背景 .dwg"素材文件，如图 5-33 所示。

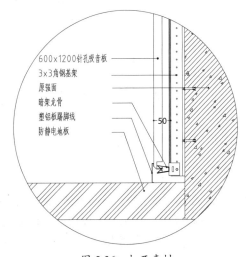

图 5-33　打开素材

02 双击文字，系统弹出"文字编辑器"选项卡，单击"样式"区域的"遮罩"按钮，系统弹出"背景遮罩"对话框，设置参数如图 5-34 所示。

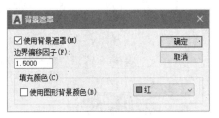

图 5-34　设置参数

03 单击"确定"按钮关闭对话框，添加文字背景的效果如图 5-35 所示。

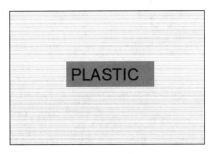

图 5-35　添加文字背景的效果

5.1.8　对齐多行文字

除了为多行文字添加编号、背景，还可以通过对齐工具来设置多行文字的对齐方式，操作方法与 Word 软件的操作类似。对齐多行文字的具体操作步骤如下。

01 打开"5.1.8 对齐多行文字 .dwg"素材文件，如图 5-36 所示。

600×1200针孔吸音板
3×3角钢基架
原墙面
暗架龙骨
塑铝板踢脚线
防静电地板

50

图 5-36　打开素材

02 选中多行文字，在命令行输入 ED 并按 Enter 键，系统弹出"文字编辑器"选项卡，进入文字编辑模式。

03 选中各行文字，单击"段落"区域的"右对齐"按钮▤，文字调整为右对齐，如图 5-37 所示。

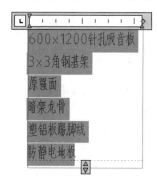
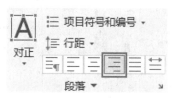

图 5-37　右对齐多行文字

04 在第二行文字前单击，将光标移至此位置，然后单击"插入"区域的"符号"按钮，在选项列表中选择"角度"选项，添加角度符号。

05 单击"文字编辑器"选项卡上的"关闭文字编辑器"按钮，完成文字的编辑。最终效果如图 5-38 所示。

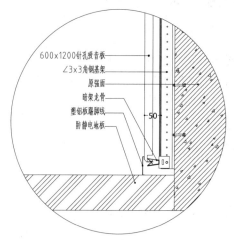

图 5-38　最终效果

5.1.9　查找和替换文字

　　"查找和替换"工具在检索、修正整段文字时尤其适用。特别是长篇的设计说明或者施工注意事项，利用该工具，可以快速修订错误。查找和替换文字的具体操作步骤如下。

01 打开"5.1.9 查找和替换文字 .dwg"文件，如图 5-39 所示。

技术要求：

1.未注倒角为11。

2.未注圆角半径为R3。

3.正火处理160-220HBS。

图 5-39　打开素材

02 将光标置于文字之上，双击进入在位编辑模式，如图 5-40 所示。

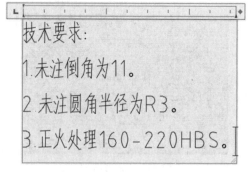

图 5-40　进入在位编辑模式

03 进入"文字编辑器"区域，单击"查找和替换"按钮，如图 5-41 所示。

图 5-41 单击"查找和替换"按钮

04 在打开的对话框中设置"查找"和"替换为"内容，如图 5-42 所示。

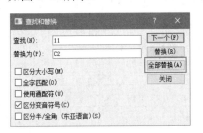

图 5-42 设置内容

05 单击"全部替换"按钮，打开提示对话框，如图 5-43 所示，提示已经替换 1 处。

图 5-43 提示对话框

06 单击"确定"按钮关闭对话框，发现编号为 1 的技术要求已经被修订，修订结果如图 5-44 所示。

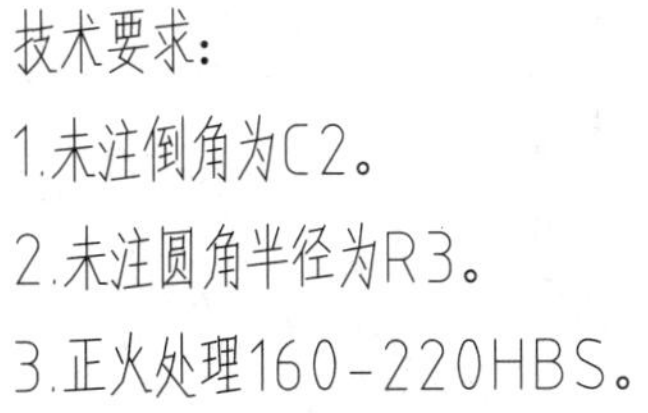

技术要求:

1.未注倒角为C2。

2.未注圆角半径为R3。

3.正火处理160-220HBS。

图 5-44 修订结果

5.2 创建表格

在绘制图纸集时，经常用表格表达信息。通过在表格中输入文字，可以清晰地传达项目信息，如门窗表、材料表等。本节介绍绘制与编辑表格的方法，包括创建表格、编辑行列等。

5.2.1 创建表格样式

与文字和标注类似，AutoCAD 中的表格也有一定样式，包括表格文字的字体、颜色、高度，以及表格的行高、行距等。绘图中表格主要用于创建标题栏、参数表、明细表等内容。在插入表格之前，应先创建所需的表格样式。创建表格样式的具体操作步骤如下。

01 单击"注释"区域的"表格样式"按钮，弹出"表格样式"对话框，如图 5-45 所示。

02 单击"新建"按钮，弹出"创建新的表格样式"对话框，设置样式名为"表格"，如图 5-46 所示。

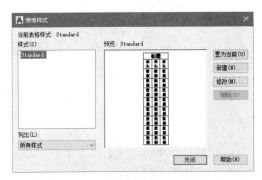

图 5-45 "表格样式"对话框

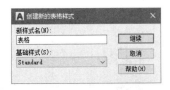

图 5-46 新建表格样式

03 弹出"新建表格样式：表格"对话框，在该对话框的"单元样式"选项组的"文字"选项卡中，设置字高为10，在"边框"选项卡中设置边框颜色为"蓝"，并单击"所有边框"按钮⊞，如图 5-47 所示。

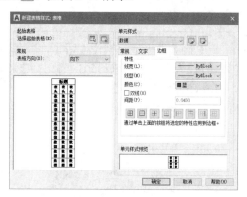

图 5-47　设置参数

04 单击"确定"按钮，弹出"表格样式"对话框，单击"置为当前"按钮，如图 5-48 所示。

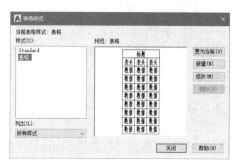

图 5-48　创建表格样式的结果

05 单击"注释"区域的"表格"按钮⊞，弹出"插入表格"对话框，设置"列数"为4，"列宽"为100，"数据行数"为2，"行高"为2，如图 5-49 所示。

图 5-49　设置参数

06 确定表格位置，在表格中输入文字，如图 5-50 所示。

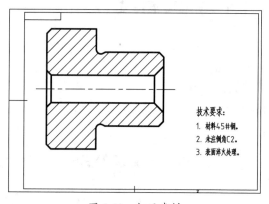

图 5-50　输入文字

07 按 Enter 键，完成表格对象的创建，最终效果如图 5-51 所示。

零件明细表			
序号	名称	数量	备注
1	螺钉	5	
2	钢板	1	

图 5-51　最终效果

5.2.2　创建表格

在 AutoCAD 中可以使用"表格"工具创建表格，也可以直接使用直线进行绘制。如要使用"表格"工具创建，则必须先创建它的表格样式。创建表格的具体操作步骤如下。

01 打开素材文件"5.2.2 创建表格 .dwg"，如图 5-52 所示，其中已经绘制好了零件图。

技术要求：
1. 材料45#钢。
2. 未注倒角C2。
3. 表面淬火处理。

图 5-52　打开素材

02 在"默认"选项卡中，单击"注释"区域的"表格样式"按钮，弹出"表格样式"对话框，单击"新建"按钮，弹出"创建新的表格样式"对话框，在"新样式名"文本框中输入"标题栏"，如图 5-53 所示。

图 5-53 输入表格样式名

03 设置表格样式。单击"继续"按钮，系统弹出"新建表格样式：标题栏"对话框，在"表格方向"下拉列表中选择"向上"，并在"常规"选项卡中设置"对齐"方式为"正中"，如图 5-54 所示。

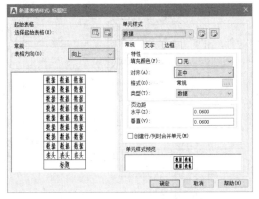

图 5-54 设置表格方向和对齐方式

04 切换至选择"文字"选项卡，设置"文字高度"为4。单击"文字样式"右侧的 ... 按钮，在弹出的"文字样式"对话框中修改文字样式，如图 5-55 所示。"边框"选项卡保持默认设置。

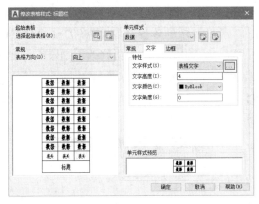

图 5-55 设置文字高度与样式

05 单击"确定"按钮，返回"表格样式"对话框，选择新创建的"标题栏"样式，然后单击"置为当前"按钮，如图 5-56 所示。单击"关闭"按钮，完成表格样式的创建。

06 返回绘图区，单击"注释"区域的"表格"按钮 ，如图 5-57 所示，执行"创建表格"命令。

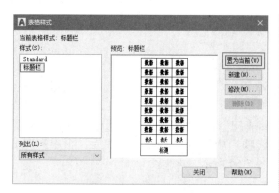

图 5-56 创建表格样式

图 5-57 单击"表格"按钮

07 弹出"插入表格"对话框，选择插入方式为"指定窗口"，设置"列数"为 7，"数据行数"为 2，设置所有行的单元样式均为"数据"，如图 5-58 所示。

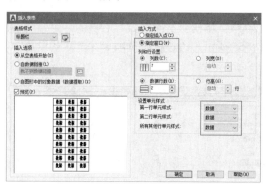

图 5-58 设置参数

08 单击"插入表格"对话框上的"确定"按钮，在绘图区域单击，确定表格左下角点，向上拖动光标，在合适的位置单击，确定表格右下角点，创建的表格，如图 5-59 所示。

操作技巧：

在设置行数时需要看清楚对话框中输入的是"数据行数"，这里的数据行数应该减去标题与表头的数值，即最终行数=输入行数+2。

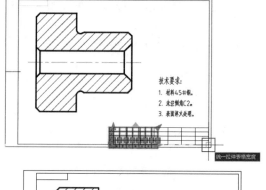

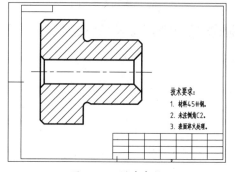

图 5-59 创建表格

5.2.3 通过 Excel 创建表格

在整理数据烦杂的表格时，可以先在 Excel 软件中输入并编辑信息，再将内容载入 AutoCAD，创建 CAD 格式的表格。使用该方法创建的表格，具备 CAD 表格的属性，可以利用表格编辑工具进行再修改。通过 Excel 创建表格的具体操作步骤如下。

01 打开"5.2.3 门窗表 .xlsx"文件，选择如图 5-60 所示的内容。

图 5-60 选择内容

02 在 AutoCAD 中新建空白文件，执行“编辑”|“选择性粘贴”命令，如图 5-61 所示。

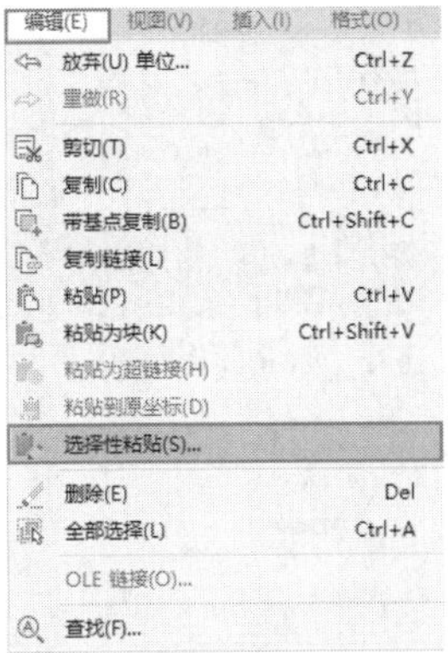

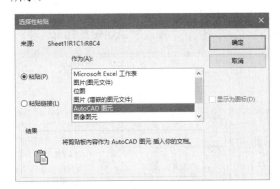

图 5-61　选择“选择性粘贴”命令

03 打开“选择性粘贴”对话框，在“作为”列表中选择“AutoCAD 图元”选项，如图 5-62 所示。

图 5-62　选择“AutoCAD 图元”选项

04 单击“确定”按钮，在绘图区域中指定插入点，创建表格如图 5-63 所示。

	A	B	C	D
1	编号	类型	尺寸	数量
2	M-1	双扇门	1800×2000	5
3	M-2	防火门	1500×2000	4
4	M-3	单扇门	1000×2000	10
5	M-4	玻璃门	9000×2000	5
6	C-1	推拉窗	1800×1500	6
7	C-2	平开窗	1200×1500	7
8	C-3	固定窗	1000×900	4

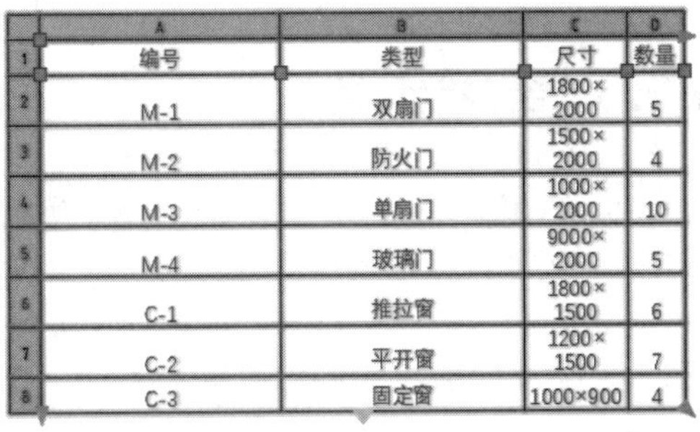

图 5-63　创建表格

05 激活表格夹点，调整列宽，并设置说明文字的对齐方式为“正中”，编辑效果如图 5-64 所示。

编号	类型	尺寸	数量
M-1	双扇门	1800×2000	5
M-2	防火门	1500×2000	4
M-3	单扇门	1000×2000	10
M-4	玻璃门	9000×2000	5
C-1	推拉窗	1800×1500	6
C-2	平开窗	1200×1500	7
C-3	固定窗	1000×900	4

图 5-64　编辑效果

5.2.4　调整表格行高

在 AutoCAD 中创建表格后，可以随时根据需要调整表格的高度，以达到设计的要求。调整表格行高的具体操作步骤如下。

01 延续 5.2.2 小节的文件进行操作，也可以打开“5.2.2 创建表格 -OK.dwg”素材文件。

02 由于在上例中的表格是手动创建的，因此，尺寸难免不精确，此时即可通过调整行高来进行调整。在表格的左上方单击，使表格呈现全选状态，如图 5-65 所示。

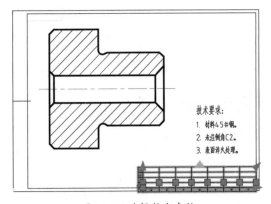

图 5-65　选择整个表格

03 在空白处右击，在弹出的快捷菜单中选择“特性”选项，如图 5-66 所示。

04 系统弹出该表格的特性面板，在“表格”栏的“表格高度”文本框中输入 32，即每行高度为 8，如图 5-67 所示。

图 5-66 选择"特性"选项　　图 5-67 输入高度

05 按 Enter 键确认，关闭特性面板，修改效果如图 5-68 所示。

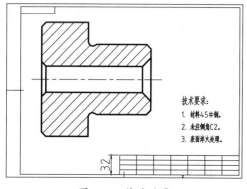

图 5-68 修改效果

5.2.5 调整表格列宽

在 AutoCAD 中除了可以调整行高，还可以随时调整列宽，方法与上例相似。因此，在创建表格时并不需要在一开始就很精确。调整表格列宽的具体操作步骤如下。

01 延续 5.2.4 小节的文件进行操作，也可以打开"5.2.4 调整表格行高 -OK.dwg"素材文件。

02 与调整行高一样，原始列宽也是手动拉伸所得的，因此，可以通过相同方法来进行调整。在表格的左上方单击，使表格呈现全选状态，接着在空白处右击，在弹出的快捷菜单中选择

"特性"选项。

03 系统弹出该表格的特性面板，在"表格"栏的"表格宽度"文本框中输入 175，即每列宽 25，如图 5-69 所示。

图 5-69 输入宽度

04 按 Enter 键确认，关闭特性面板，接着将表格移至原来位置，修改效果如图 5-70 所示。

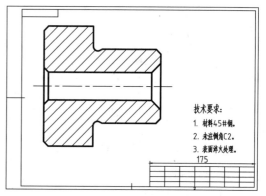

图 5-70 修改效果

5.2.6 合并单元格

AutoCAD 2020 中的表格操作与 Office 软件的操作类似，如需要进行合并操作，只需要选中单元格，并在"表格单元"选项卡中单击相关按钮即可，具体操作步骤如下。

01 延续 5.2.5 小节的文件进行操作，也可以打开"5.2.5 调整表格列宽 -OK.dwg"素材文件。

02 标题栏中的内容信息较多，因此，它的表格形式也比较复杂，本例参考如图 5-71 所示

的标题栏进行编辑。

图 5-71 典型的标题栏表格形式

03 在素材文件的表格中选择左上角的 6 个单元格（A-3、A-4、B-3、B-4、C-3、C-4），如图 5-72 所示。

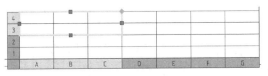

图 5-72 选择单元格

04 选择单元格后，功能区中自动弹出"表格单元"选项卡，在"合并"区域单击"合并单元"按钮，然后在下拉列表中选择"合并全部"选项，如图 5-73 所示。

图 5-73 选择"合并全部"

05 执行上述操作后，按 Esc 键退出，完成合并单元格的操作，效果如图 5-74 所示。

图 5-74 左上角单元格合并效果

06 采用相同方法，对右下角的 8 个单元格（D-1、D-2、E-1、E-2、F-1、F-2、G-1、G-2）进行合并，效果如图 5-75 所示。

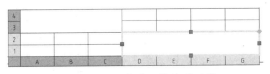

图 5-75 右下角单元格合并效果

5.2.7 在表格中输入文字

表格创建完毕之后，即可输入文字，输入方法与 Office 软件类似，输入时要注意根据表格信息调整文字大小。表格中输入文字的具体操作步骤如下。

01 延续 5.2.6 小节的文件进行操作，也可以打开"5.2.6 合并单元格 -OK.dwg"素材文件。

02 典型标题栏的文本内容如图 5-76 所示，本例便按此进行输入。

图 5-76 典型标题栏的文本内容

03 在左上角大单元格内双击，功能区中自动弹出"文字编辑器"选项卡，且单元格呈现可编辑状态，然后输入文字"气塞盖"，如图 5-77 所示。可以在"文字编辑器"选项卡的"样式"区域输入字高为 8，如图 5-78 所示。

图 5-77 输入文字

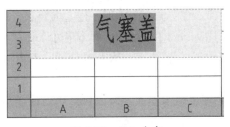

图 5-78 输入字高

04 按方向键→，自动移至右侧要输入文本的单元格（D-4），然后在其中输入"比例"，字高默认为 4，如图 5-79 所示。

图 5-79 输入 D-4 单元格中的文字

05 采用相同方法，输入其他单元格内的文字，最后单击"文字编辑器"选项卡中的"关闭"按钮，完成文字的输入，最终效果如图 5-80 所示。

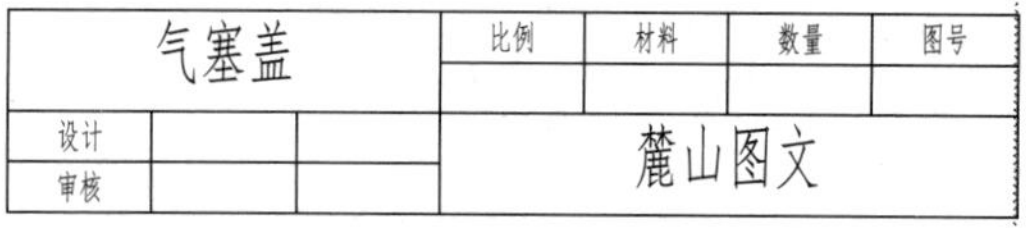

气塞盖		比例	材料	数量	图号
设计			麓山图文		
审核					

图 5-80 最终效果

5.2.8 插入行

在 AutoCAD 2020 中，使用"表格单元"选项卡中的相关按钮，可以根据需要添加表格的行数。插入行的具体操作步骤如下。

01 打开素材文件"5.2.8 插入行 .dwg"，如图 5-81 所示，其中已经创建好了一个表格。

工程名称				图号
子项名称				比例
设计单位	监理单位			设计
建设单位	制图			负责人
施工单位	审核			日期

图 5-81 打开素材

02 表格的第一行应该为表头，因此，可以通过"插入行"命令来添加一行。选择表格的最上一行，功能区中弹出"表格单元"选项卡，在"行"区域单击"从上方插入"按钮，如图 5-82 所示。

03 执行上述操作后，即可在所选行上方新添加一行，样式与所选行一致。按 Esc 键退出"表格单元"选项卡，完成行的添加，效果如图 5-83 所示。

图 5-82 单击"从上方插入"按钮

工程名称				图号
子项名称				比例
设计单位	监理单位			设计
建设单位	制图			负责人
施工单位	审核			日期

图 5-83 新添加的行

04 选中新插入的行，并在"表格单元"选项卡的"合并"区域选择"合并全部"，合并该行，效果如图 5-84 所示。

工程名称				图号
子项名称				比例
设计单位	监理单位			设计
建设单位	制图			负责人
施工单位	审核			日期

图 5-84 合并单元格

05 双击合并后的行，进入编辑状态后输入"XX 工程项目部"，字高为 20，即创建表头，最终效果如图 5-85 所示。

XX工程项目部				
工程名称				图号
子项名称				比例
设计单位	监理单位			设计
建设单位	制图			负责人
施工单位	审核			日期

图 5-85 最终效果

5.2.9 删除行

在 AutoCAD 2020 中，使用"表格单元"选项卡中的相关按钮，可以根据需要删除表格中的行。删除行的具体操作步骤如下。

01 延续 5.2.8 小节文件进行操作，也可以打开"5.2.8 插入行 -OK.dwg"素材文件。

02 可见表格中的最后一行无用，因此，可以选中该行，在功能区中弹出"表格单元"选项卡，在"行"区域单击"删除行"按钮，如图 5-86 所示。

图 5-86 删除行

03 执行上述操作后，所选的行即被删除，接着按 Esc 键退出"表格单元"选项卡，完成操作，效果如图 5-87 所示。

XX工程项目部					
工程名称					图号
子项名称					比例
设计单位		监理单位			设计
建设单位		制图			负责人
施工单位		审核			日期

图 5-87 删除行的效果

5.2.10 插入列

在 AutoCAD 2020 中，使用"表格单元"选项卡中的相关按钮，可以根据需要增加表格中的列。插入列的具体操作步骤如下。

01 延续 5.2.9 小节的文件进行操作，也可以打开"5.2.9 删除行 -OK.dwg"素材文件。

02 可见表格中的最右侧缺少一列，因此，可以选中当前表格中的最右列（列 F），功能区中弹出"表格单元"选项卡，在其中的"列"区域单击"从右侧插入"按钮，如图 5-88 所示。

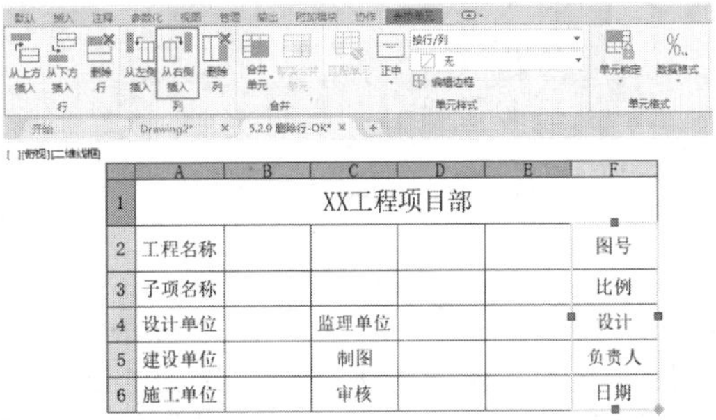

图 5-88 单击"从右侧插入"按钮

03 执行上述操作后，即可在所选列右侧添加一列，样式与所选列一致。执行上述操作后，按 Esc 键退出"表格单元"选项卡，完成列的添加，效果如图 5-89 所示。

XX工程项目部					
工程名称					图号
子项名称					比例
设计单位		监理单位			设计
建设单位		制图			负责人
施工单位		审核			日期

图 5-89 新添加的列

5.2.11 删除列

在 AutoCAD 2020 中，使用"表格单元"选项卡中的相关按钮，可以根据需要删除表格中的列。删除列的具体操作步骤如下。

01 延续 5.2.10 小节的文件进行操作，也可以打开"5.2.10 插入列 -OK.dwg"素材文件。

02 可见表格中间多出了一列（列 D 或列 E），因此可以选中该列，并在"表格单元"选项卡的"列"区域单击"删除列"按钮，如图 5-90 所示。

03 执行上述操作后，所选的列即被删除，接着按 Esc 键退出"表格单元"选项卡，完成操作，效果如图 5-91 所示。

图 5-90　选中列进行删除

XX工程项目部				
工程名称			图号	
子项名称			比例	
设计单位		监理单位	设计	
建设单位		制图	负责人	
施工单位		审核	日期	

图 5-91　删除列之后的效果

5.2.12　在表格中插入图块

在 AutoCAD 2020 中，除了可以在表格中输入文字，还可以在其中插入图块，用来创建图例表格。在表格中插入图块的具体操作步骤如下。

01 打开素材文件"5.2.12 在表格中插入图块 .dwg"，如图 5-92 所示，其中已经创建好了一个表格。如果直接使用"移动"命令将图块放置在表格上，效果并不理想。因此，将直接使用表格中的插入块命令来操作。

迎春花	
玫瑰	
银杏	
垂柳	

图 5-92　打开素材

02 选中要插入块的单元格。单击"迎春花"右侧的空白单元格（B1），选中该单元格之后，系统将弹出"表格单元"选项卡，单击"插入"

区域的"块"按钮，如图 5-93 所示。

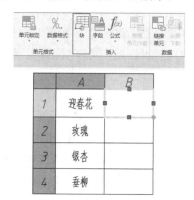

图 5-93　选中要插入块的单元格

03 系统自动弹出"在表格单元中插入块"对话框，然后在该对话框的"名称"下拉列表中选择要插入的块文件"迎春花"，在"全局单元对齐"下拉列表中选择对齐方式为"正中"，如图 5-94 所示。

图 5-94　选择要插入的块和对齐效果

04 在对话框的右下角可以预览到块的图形，选择块名单击"确定"按钮，即可退出对话框完成插入，如图 5-95 所示。

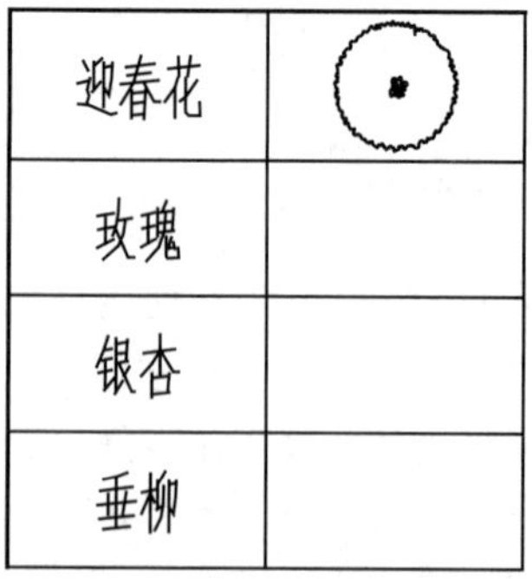

迎春花	⊙
玫瑰	
银杏	
垂柳	

图 5-95　在单元格中插入块

05 采用相同方法，将其余的块插入表格，最终效果如图 5-96 所示。

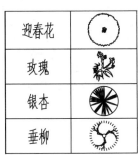

迎春花	
玫瑰	
银杏	
垂柳	

图 5-96 最终效果

> **操作技巧：**
>
> 在单元格中插入块时，块可以自动适应单元格的大小，也可以调整单元格以适应块的大小，并且可以将多个块插入同一个单元格中。

5.2.13　在表格中插入公式

在 AutoCAD 2020 中如果遇到了复杂的计算，可以使用表格中自带的公式功能进行计算，效果与 Excel 软件类似。表格中插入公式的具体操作步骤如下。

01 打开素材文件“5.2.13 在表格中插入公式 .dwg”，如图 5-97 所示，其中已经创建好了材料明细表。

材料明细表					
序号	名称	材料	数量	单重（kg）	总重（kg）
1	活塞杆	40Cr	1	7.6	
2	缸头	QT-400	1	2.3	
3	活塞	6020	2	1.7	
4	底端法兰	45	2	2.5	
5	缸筒	45	1	4.9	

图 5-97　打开素材

02 可见“总重（kg）”一栏仍为空白，而“总重 = 单重 × 数量”，因此，可以通过在表格中创建公式来进行计算，一次性得出该栏的值。

03 选中“总重”下方的第一个单元格（F3），在弹出的“表格单元”选项卡中单击“插入”区域的“公式”按钮，在下拉列表中选择“方程式”选项，如图 5-98 所示。

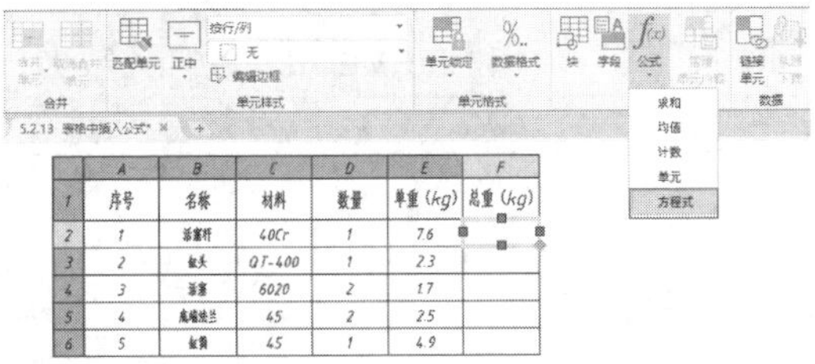

图 5-98　选择要插入公式的单元格

04 选择“方程式”选项后，将激活该单元格，进入文字编辑模式，并自动添加一个 = 符号。输入与单元格标号相关的运算公式（=D3×E3），如图 5-99 所示。

	A	B	C	D	E	F
1	材料明细表					
2	序号	名称	材料	数量	单重（kg）	总重（kg）
3	1	活塞杆	40Cr	1	7.6	=D3×E3
4	2	缸头	QT-400	1	2.3	
5	3	活塞	6020	2	1.7	
6	4	底端法兰	45	2	2.5	
7	5	缸筒	45	1	4.9	

图 5-99　在单元格中输入公式

> **操作技巧：**
>
> 注意乘号使用数字键盘上的*键。

05 按 Enter 键，得到方程式的运算结果，如图 5-100 所示。

材料明细表					
序号	名称	材料	数量	单重（kg）	总重（kg）
1	活塞杆	40Cr	1	7.6	7.6
2	缸头	QT-400	1	2.3	
3	活塞	6020	2	1.7	
4	底端法兰	45	2	2.5	
5	缸筒	45	1	4.9	

图 5-100　得到运算结果

06 采用相同方法，在其他单元格中插入公式，得到最终的计算结果如图 5-101 所示。

材料明细表					
序号	名称	材料	数量	单重 (kg)	总重 (kg)
1	活塞杆	40Cr	1	7.6	7.6
2	缸头	QT-400	1	2.3	2.3
3	活塞	6020	2	1.7	3.4
4	底端法兰	45	2	2.5	5.0
5	缸筒	45	1	4.9	4.9

图 5-101　最终的计算结果

材料明细表					
序号	名称	材料	数量	单重 (kg)	总重 (kg)
1	活塞杆	40Cr	1	7.6	7.6
2	缸头	QT-400	1	2.3	2.3
3	活塞	6020	2	1.7	3.4
4	底端法兰	45	2	2.5	5.0
5	缸筒	45	1	4.9	4.9

图 5-104　覆盖效果

01 选中已经输入了公式的单元格，并单击右下角的自动填充按钮，如图 5-102 所示。

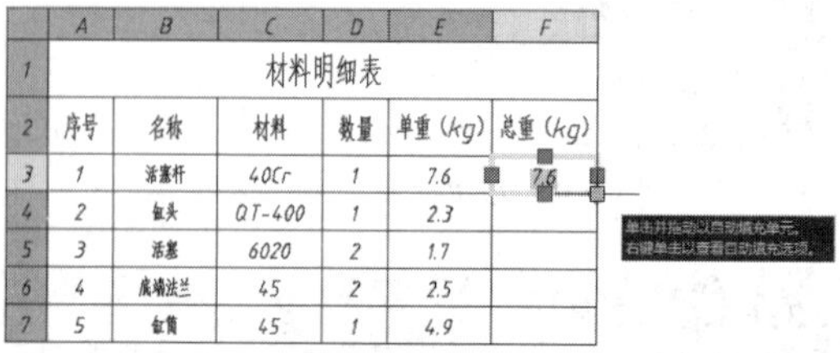

图 5-102　单击自动填充按钮

02 将其向下拖动，将结果覆盖至其他的单元格，如图 5-103 所示。

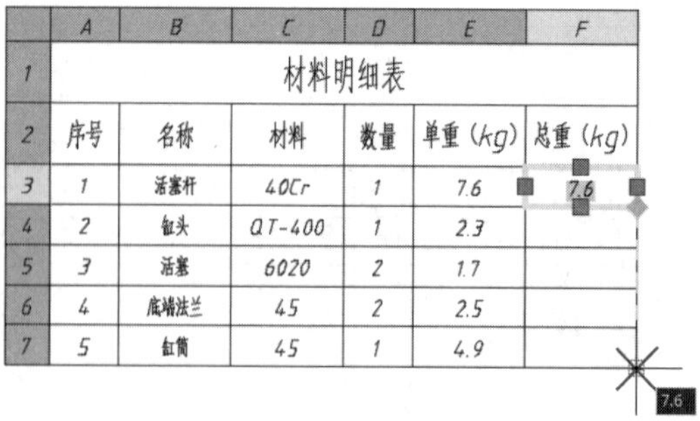

图 5-103　覆盖其他单元格

03 单击确定覆盖，即可将 F3 单元格的公式按规律覆盖至 F4~F7 单元格，效果如图 5-104 所示。

5.2.14　修改表格底纹

表格创建完成后，可以随时对表格的底纹进行编辑，用于创建特殊的填色。修改表格底纹的具体操作步骤如下。

01 延续 5.2.13 小节的文件进行操作，也可以打开"5.2.13 在表格中插入公式 -OK.dwg"素材文件。

02 选择第一行"材料明细表"为要添加底纹的单元格，使该行呈现选中状态，如图 5-105 所示。

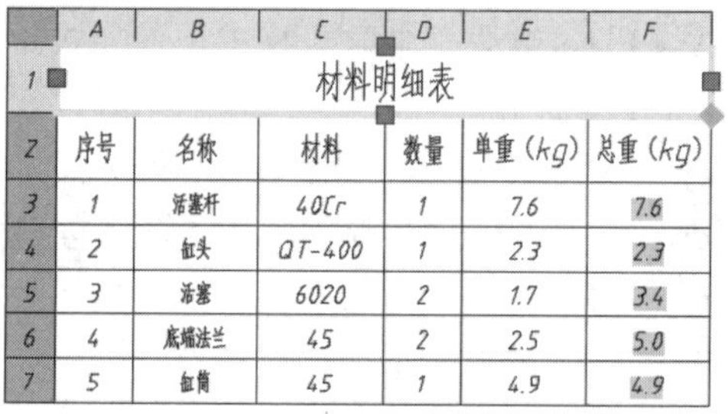

图 5-105　选择要添加底纹的单元格

03 功能区中自动弹出"表格单元"选项卡，然后在"单元样式"区域的"表格单元背景色"下拉列表中选择颜色为"黄"，如图 5-106 所示。

图 5-106　选择底纹颜色

04 按 Esc 键退出"表格单元"选项卡,即可设置表格底纹,效果如图 5-107 所示。

材料明细表					
序号	名称	材料	数量	单重 (kg)	总重 (kg)
1	活塞杆	40Cr	1	7.6	7.6
2	缸头	QT-400	1	2.3	2.3
3	活塞	6020	2	1.7	3.4
4	底端法兰	45	2	2.5	5.0
5	缸筒	45	1	4.9	4.9

图 5-107 将所选单元格底纹设置为黄色

05 采用相同方法,将"序号"和"名称"所在的行设置为绿色,效果如图 5-108 所示。

材料明细表					
序号	名称	材料	数量	单重 (kg)	总重 (kg)
1	活塞杆	40Cr	1	7.6	7.6
2	缸头	QT-400	1	2.3	2.3
3	活塞	6020	2	1.7	3.4
4	底端法兰	45	2	2.5	5.0
5	缸筒	45	1	4.9	4.9

图 5-108 创建的底纹效果

5.2.15 修改表格的对齐方式

在 AutoCAD 2020 中,可以根据设计需要对表格中的内容调整对齐方式。修改表格对齐方式的操作步骤如下。

01 延续 5.2.14 小节的文件进行操作,也可以打开"5.2.14 修改表格底纹 -OK.dwg"素材文件。

02 "名称"和"材料"两列的对齐方式应设置为"左对正",因此可以在表格中进行修改。

03 选择"名称"和"材料"两列中的 10 个内容单元格(B3~B7、C3~C7),使之呈现选中状态,如图 5-109 所示。

04 功能区中自动弹出"表格单元"选项卡,然后在"表格单元"区域单击"正中"按钮,展开对齐方式的下拉列表,选择其中的"左中"选项(即左对齐),如图 5-110 所示。

	A	B	C	D	E	F
1			材料明细表			
2	序号	名称	材料	数量	单重 (kg)	总重 (kg)
3	1	活塞杆	40Cr	1	7.6	7.6
4	2	缸头	QT-400	1	2.3	2.3
5	3	活塞	6020	2	1.7	3.4
6	4	底端法兰	45	2	2.5	5.0
7	5	缸筒	45	1	4.9	4.9

图 5-109 选择要修改对齐方式的单元格

图 5-110 选择"左中"对齐方式

05 执行上述操作后,即可将所选单元格的内容按新的对齐方式对齐,效果如图 5-111 所示。

材料明细表					
序号	名称	材料	数量	单重 (kg)	总重 (kg)
1	活塞杆	40Cr	1	7.6	7.6
2	缸头	QT-400	1	2.3	2.3
3	活塞	6020	2	1.7	3.4
4	底端法兰	45	2	2.5	5.0
5	缸筒	45	1	4.9	4.9

图 5-111 修改对齐方式后的表格

5.2.16 修改表格的单位精度

在 AutoCAD 2020 中的表格功能十分强大,除了常规的操作,还可以设置不同的显示内容和显示精度。修改表格单位精度的操作步骤如下。

01 延续 5.2.15 小节的文件进行操作,也可以打开"5.2.15 修改表格对齐方式 -OK.dwg"素材文件。

02 可见表格中"单重(kg)"和"总重(kg)"列显示的精度为一位小数,但工程设计中需要保留至少两位小数,因此,需要对其进行修改。

03 选择"单重（kg）"列中的 5 个内容单元格（E3~E7），使之呈现选中状态，如图 5-112 所示。

图 5-112　选择单元格

04 功能区中自动弹出"表格单元"选项卡，在"单元格式"区域单击"数据格式"按钮，展开其下拉列表，选择最后的"自定义表格单元格式"选项，如图 5-113 所示。

图 5-113　选择"自定义表格单元格式"选项

05 系统弹出"表格单元格式"对话框，然后在"精度"下拉列表中选择"0.00"选项，即表示保留两位小数，如图 5-114 所示。

06 单击"确定"按钮，返回绘图区，可见"单重（kg）"列中的内容已得到更新，如图 5-115 所示。

07 采用相同方法，选择"总重（kg）"列中的 5 个内容单元格（F3~F7），将其显示精度修改为两位小数，效果如图 5-116 所示。

图 5-114　"表格单元格式"对话框

材料明细表					
序号	名称	材料	数量	单重 (kg)	总重 (kg)
1	活塞杆	40Cr	1	7.60	7.6
2	缸头	QT-400	1	2.30	2.3
3	活塞	6020	2	1.70	3.4
4	底端法兰	45	2	2.50	5.0
5	缸筒	45	1	4.90	4.9

图 5-115　修改列的精度

材料明细表					
序号	名称	材料	数量	单重 (kg)	总重 (kg)
1	活塞杆	40Cr	1	7.60	7.60
2	缸头	QT-400	1	2.30	2.30
3	活塞	6020	2	1.70	3.40
4	底端法兰	45	2	2.50	5.00
5	缸筒	45	1	4.90	4.90

图 5-116　修改效果

操作技巧：

在本例中，不可以直接选取10个单元格，因为"总重（kg）"列中的单元格内容是函数的运算结果，与"单重（kg）"列中的文本性质不同，因此，AutoCAD无法将它们混在一起识别。

5.3　综合实例

　　学习文字与表格的知识后，本节提供 3 个实例供读者练习。通过对平面图创建文字标注、重定义文字样式参数以及绘制信息表格 3 个实例的学习，可以巩固基础知识，熟练掌握绘图技巧。

5.3.1 为建筑平面图创建文字标注

在建筑平面图中表达多种功能分区时，如客厅、卧室、卫生间等，为了明确区分功能区的类型，需要借助文字标注。本节介绍绘制文字标注标明功能区名称的方法，为建筑平面图创建文字标注的具体操作步骤如下。

01 打开"5.3.1 为建筑平面图创建文字标注.dwg"素材文件，如图5-117所示。

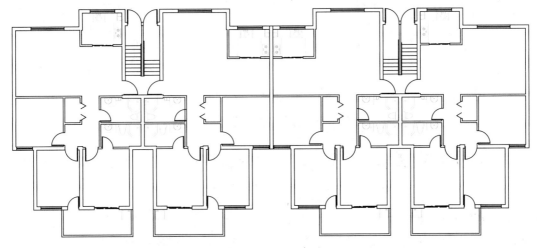

图 5-117 打开素材

02 在命令行输入MT执行"多行文字"命令，在"样式"区域选择文字样式并设置高度。在绘图区域指定对角点绘制矩形边框，进入编辑模式并输入文字，如图5-118所示。

03 在空白区域单击，退出编辑，绘制标注文字如图5-119所示。

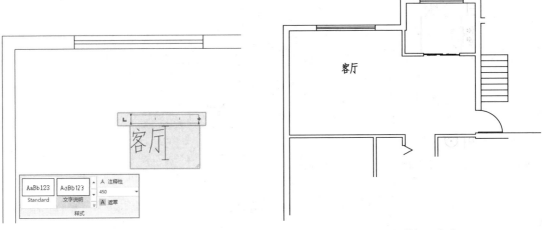

图 5-118 输入文字　　　　　　图 5-119 绘制标注文字

04 重复执行上述操作，继续绘制标注文字，最终结果如图5-120所示。

操作技巧：

执行"单行文字"命令同样可以为平面图绘制标注文字，可以根据绘图习惯选用命令。

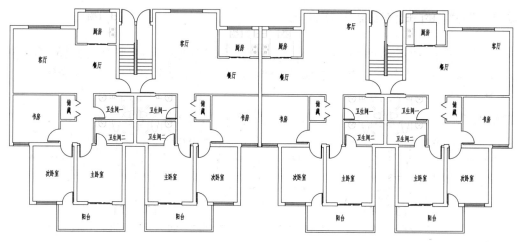

图 5-120　最终结果

5.3.2　重定义当前文字样式

通过修改文字样式的参数，可以影响使用该样式的文字的显示效果。此外，还可以在参数面板中修改参数，指定部分文字的显示效果。重定义当前文字样式的操作步骤如下。

01 打开"5.3.2 重定义当前文字样式 .dwg"素材文件，如图 5-121 所示。

注意事项：
1.本图绘图单位为mm。
2.外墙的窗户统一为推拉窗。
3.内部单扇门尺寸统一为900mm×2000mm。
4.各楼层楼梯踏步宽度均为280mm，并做防滑处理。

图 5-121　打开素材

02 在命令行输入 ST 执行"文字样式"命令，在"文字样式"对话框中选择"标注文字"样式，取消选中"使用大字体"复选框，选择"仿宋"字体，如图 5-122 所示。

图 5-122　选择"仿宋"字体

03 单击"确定"按钮，观察更改文字的效果，如图 5-123 所示。

注意事项：
1.本图绘图单位为mm。
2.外墙的窗户统一为推拉窗。
3.内部单扇门尺寸统一为900mm×2000mm。
4.各楼层楼梯踏步宽度均为280mm，并做防滑处理。

图 5-123　更改文字的效果

04 双击文字，进入编辑模式。选择"注意事项"文字，在"格式"区域单击"粗体""斜体""下画线"按钮，修改文字的显示效果，如图 5-124 所示。

注意事项：
1.本图绘图单位为mm。
2.外墙的窗户统一为推拉窗。
3.内部单扇门尺寸统一为900mm×2000mm。
4.各楼层楼梯踏步宽度均为280mm，并做防滑处理。

图 5-124　修改文字的显示效果

05 选择单位与尺寸文字，单击"粗体"按钮，将其加粗显示，结果如图 5-125 所示。

注意事项：
1.本图绘图单位为**mm**。
2.外墙的窗户统一为推拉窗。
3.内部单扇门尺寸统一为**900mm×2000mm**。
4.各楼层楼梯踏步宽度均为**280mm**，并做防滑处理。

图 5-125　加粗显示文字

5.3.3 绘制表格标注零件图信息

零件图的详细信息使用表格来标注最合适不过。在输入表格信息的过程中，可以调整行高、列宽、合并单元格、添加/删除行列等。绘制表格标注零件图信息的具体操作步骤如下。

01 执行"格式"｜"表格样式"命令，打开"表格样式"对话框。选择 Standard 样式，单击"修改"按钮，在稍后打开的对话框中选择"常规"选项卡，设置"对齐"方式为"正中"，如图 5-126 所示。

图 5-126 设置对齐方式

02 选择"文字"选项卡，设置"文字高度"为6，如图 5-127 所示。

图 5-127 设置字高

03 选择"注释"选项卡，单击"表格"按钮，如图 5-128 所示。

图 5-128 单击"表格"按钮

04 打开"插入表格"对话框，选择"指定窗口"插入方式，设置单元样式统一为"数据"，如图 5-129 所示。

图 5-129 设置参数

05 在绘图区域中指定对角点，绘制表格如图 5-130 所示。

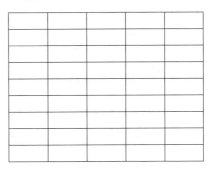

图 5-130 绘制表格

06 双击单元格，进入编辑模式，输入文字，如图 5-131 所示。

模数	
齿数	
压力角	
齿顶高系数	
顶隙系数	
精度等级	
全齿高	
中心距极其偏差	
配对齿轮	

图 5-131 输入文字

操作技巧：

在绘制表格时，可先不考虑行数与列数。在输入信息的过程中，根据需要增减行列数目。

07 重复上述操作，在其他列中输入文字，如图 5-132 所示。

模数	m	2
齿数	Z	24
压力角	α	20°
齿顶高系数	ha$^{\times}$	1
顶隙系数	c$^{\times}$	0.2500
精度等级	8-8-7 HK	
全齿高	h	4.5000
中心距极其偏差	120±0. 027	
配对齿轮	齿数	96

图 5-132　继续输入文字

08 选择两个单元格，进入编辑模式，如图 5-133 所示。

齿顶高系数	ha$^{\times}$	1
顶隙系数	c$^{\times}$	0.2500
精度等级	8-8-7 HK	
全齿高	h	4.5000

图 5-133　选择单元格

09 单击"合并单元"按钮，在列表中选择"合并全部"选项。合并单元格的效果如图 5-134 所示。

模数	m	2
齿数	Z	24
压力角	α	20°
齿顶高系数	ha$^{\times}$	1
顶隙系数	c$^{\times}$	0.2500
精度等级	8-8-7HK	
全齿高	h	4.5000
中心距极其偏差	120±0.027	
配对齿轮	齿数	96

图 5-134　合并单元格

10 选择最后一行，单击"从下方插入"按钮，如图 5-135 所示。

	A	B	C	D	E
1	模数	m	2		
2	齿数	Z	24		
3	压力角	α	20°		
4	齿顶高系数	ha$^{\times}$	1		
5	顶隙系数	c$^{\times}$	0.2500		
6	精度等级	8-8-7HK			
7	全齿高	h	4.5000		
8	中心距极其偏差	120±0.027			↓
9	配对齿轮	齿数	96		

图 5-135　单击"从下方插入"按钮

11 连续单击多次"从下方插入"按钮，插入新行，如图 5-136 所示。

模数	m	2
齿数	Z	24
压力角	α	20°
齿顶高系数	ha$^{\times}$	1
顶隙系数	c$^{\times}$	0.2500
精度等级	8-8-7HK	
全齿高	h	4.5000
中心距极其偏差	120±0.027	
配对齿轮	齿数	96

图 5-136　插入新行

12 在其他单元格输入文字，并调整行高和列宽，最终结果如图 5-137 所示。

模数	m	2		
齿数	Z	24		
压力角	α	20°		
齿顶高系数	ha$^{\times}$	1		
顶隙系数	c$^{\times}$	0.2500		
精度等级	8-8-7HK			
全齿高	h	4.5000		
中心距极其偏差	120±0.027			
配对齿轮	齿数		96	
公差组	检验项目	代号	公差（极限偏差）	
I	齿圈径向跳动公差	Fr	0.0630	
	公法线长度变动公差	Fw	0.0500	
II	齿距极限偏差	fpt	±0.016	
	齿形公差	Ff	0.0140	
III	齿向公差	FB	0.0110	

图 5-137　最终结果

第6章 夹点编辑

项目导读

所谓"夹点"就是图形对象上的一些特征点，如端点、顶点、中点、圆心点等，图形的位置和形状通常是由夹点的位置决定的。在 AutoCAD 中，夹点是一种集成的编辑模式，利用夹点可以编辑图形的大小、位置、方向，以及对图形进行镜像复制等操作。

6.1 夹点操作的优点

夹点就像图形上可操作的手柄，无须选择任何命令，通过夹点即可执行一些操作，对图形进行相应的调整。动态块的夹点操作的图形、参数和动作都是可以在块编辑器（bedit）中进行自定义，为夹点赋予相应的功能，其操作相对比较复杂，会在后面的章节进行介绍。

6.2 夹点常规操作

在夹点模式下，图形对象以虚线显示，图形上的特征点（如端点、圆心、象限点等）将显示为蓝色的小框，通过对夹点的操作，可以对图形进行拉伸、平移、复制、缩放和镜像等操作，下面将通过实例进行讲解。

6.2.1 通过夹点拉伸对象

指定拉伸点后，AutoCAD 可以将对象拉伸或移至新的位置。内正五边形原本是一个无规则的五边形，通过拖动夹点，对图形进行简单的操作便能得到本图，下面详细讲解绘图过程。

01 打开"6.2.1 通过夹点拉伸对象 .dwg"素材文件，如图 6-1 所示。

图 6-1　打开素材

02 单击内五边形，激活夹点，如图 6-2 所示。

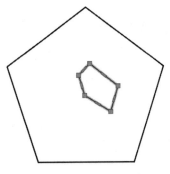

图 6-2　激活夹点

03 光标选择内五边形上端点，拖至右斜线的中点，移动夹点的效果如图 6-3 所示。

04 使用相同的方法，将内五边形的 5 个顶点连接到五边形的 5 个中点，最终效果如图 6-4 所示。

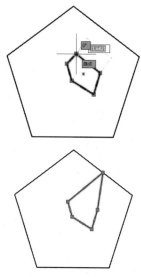

图 6-3 移动夹点

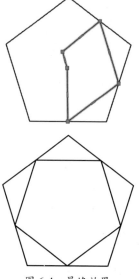

图 6-4 最终效果

操作技巧:

对于某些点，激活时只能移动对象而不能拉伸对象，如文字、块、直线中点、圆心、椭圆中心等。

6.2.2 通过夹点移动对象

移动对象仅是位置上的平移，对象的方向和大小并不会改变。要精确地移动对象，可使用坐标、夹点和对象捕捉模式。本例通过利用

夹点移动图形，下面介绍操作过程。

01 打开 "6.2.2 通过夹点移动对象 .dwg" 素材文件，如图 6-5 所示。

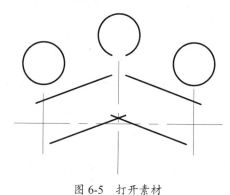

图 6-5 打开素材

02 单击选择最左侧的圆心，激活圆心夹点，按一次 Enter 键，即可执行移动命令，同时被选中的夹点被视作移动命令的基点。

03 将左侧圆移至左侧中心线的交点上，效果如图 6-6 所示。

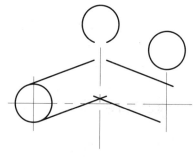

图 6-6 移动左侧的圆

04 使用相同的方法移动右侧的圆，如图 6-7 所示。

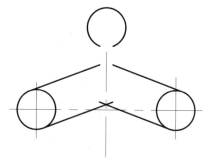

图 6-7 移动右侧的圆

05 继续上一步命令，移动连接到斜线的端点，

最终效果如图 6-8 所示。

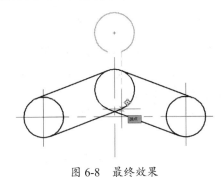

图 6-8 最终效果

6.2.3 通过夹点旋转对象

在夹点编辑模式下，确定夹点后，连按两次 Enter 键即可进入旋转模式。默认情况下，输入旋转的角度值或通过拖动方式确定旋转角度后，即可将对象绕夹点旋转指定的角度。本例通过利用夹点旋转图形，旋转指针，改变指针指向的时间，下面介绍操作过程。

01 打开"6.2.3 通过夹点旋转对象 .dwg"素材文件，如图 6-9 所示。

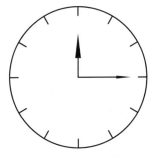

图 6-9 打开素材

02 单击选择长指针，激活夹点，连按两次 Enter 键或空格键，即可进入旋转模式，同时选中的夹点被视作旋转命令的基点，如图 6-10 所示。

03 继续上一步的操作。输入 –45，长指针旋转了 45°，如图 6-11 所示。

04 重复同样的操作编辑短指针，将短指针逆时针旋转 60°，最终效果如图 6-12 所示。

图 6-10 激活夹点

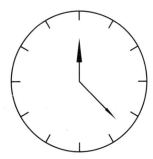

图 6-11 转动指针

图 6-12 最终效果

6.2.4 通过夹点缩放对象

在夹点编辑模式下确定夹点后，连按 3 次 Enter 键即可进入缩放模式，一般当确定了缩放的比例因子后，AutoCAD 将相对于基点进行缩放操作，放大缩小图形，下面结合实例介绍此功能。

01 打开"6.2.4 通过夹点缩放对象 .dwg"素材文件，如图 6-13 所示。

02 选择图形，激活夹点，单击左端夹点，连按 3 次 Enter 键，即可进入缩放模式，同时选中的夹点被视作缩放命令的基点，如图 6-14 所示。

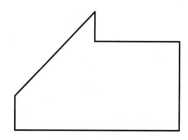

图 6-13　打开素材

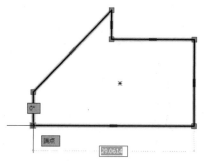

图 6-14　激活夹点

03 继续上一步操作。输入 C，选择"复制"子选项，然后输入 1.5，将图形放大 1.5 倍，如图 6-15 所示。

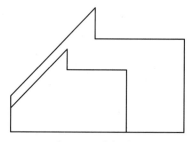

图 6-15　放大图形

04 使用相同的方法，将图形放大 2 倍，最终效果如图 6-16 所示。

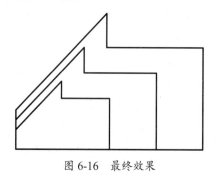

图 6-16　最终效果

6.2.5　通过夹点镜像对象

通过夹点执行"镜像"命令，将图形激活呈夹点状态后，连按 4 次 Enter 键即可进入镜像模式。指定镜像线上的第二点后，AutoCAD 将以基点作为镜像线上的第一点，新指定的点为镜像线上的第二点，将对象镜像。通过夹点镜像对象的具体操作步骤如下。

01 打开"6.2.5 通过夹点镜像对象 .dwg"素材文件，如图 6-17 所示。

图 6-17　打开素材

02 选择图形，激活夹点，单击左下角的夹点，然后连按 4 次 Enter 键（或在命令行输入 MI），即可进入镜像模式，同时选中的夹点被视作镜像中心线的起点，如图 6-18 所示。

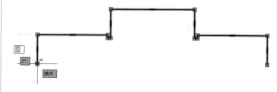

图 6-18　激活夹点

03 将光标向下拖动，指定镜像线的第二点，图形沿水平线镜像，如图 6-19 所示。

图 6-19　镜像图形

04 选择图形，选择图形左下角的夹点，连按 4 次 Enter 键进入镜像模式，如图 6-20 所示。

05 将光标向上拖动，图形沿垂直线镜像，最终效果如图 6-21 所示。

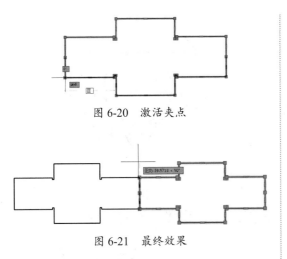

图 6-20　激活夹点

图 6-21　最终效果

6.2.6　添加顶点

　　"添加顶点"即在图形中添加一个角，同时也增加一条边。在绘图过程中，直接对图形进行修改，增加顶点提高改图的效率。本例通过对一个不规则的三角形进行添加顶点操作，配合夹点的移动，最终修改成了一个正六边形，下面介绍操作过程。

01 打开"6.2.6 添加顶点 .dwg"素材文件，如图 6-22 所示。

图 6-22　打开素材

02 单击图中的三角形显示夹点，激活并拖动夹点连接到六角形的顶点，如图 6-23 所示。

图 6-23　拖动夹点

03 使用相同的方法将三角形的各个夹点连接到六角形的顶点，如图 6-24 所示。

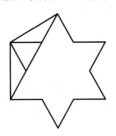

图 6-24　拖动夹点

04 选择三角形呈夹点状态，然后将光标移至直线中点的夹点处，弹出快捷菜单，选择"添加顶点"选项，如图 6-25 所示。

图 6-25　选择"添加顶点"选项

05 三角形多出一个顶点变成四边形，将新添加的顶点也连接到六角形的顶点上，如图 6-26 所示。

06 采用相同的操作方法添加顶点、连接顶点，最终效果如图 6-27 所示。

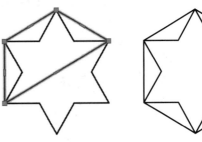

图 6-26　拖动顶点 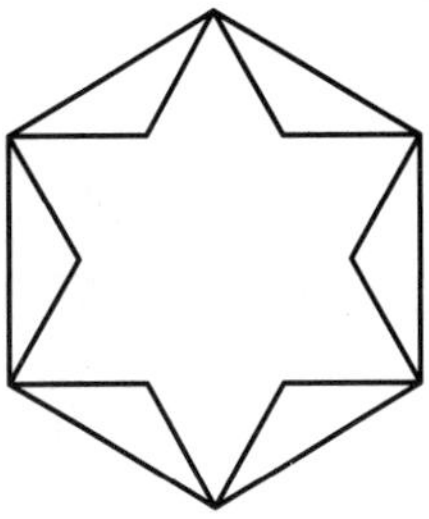　　　　图 6-27　最终效果

6.2.7　删除顶点

　　"删除顶点"就是将不需要的顶点删除，

同时也减少一条边，删除顶点后的对应边变成一条直线。注意，在绘制时，三角形是不能删除顶点的。删除顶点的具体操作如下。

01 打开"6.2.7 删除顶点 .dwg"素材文件，如图 6-28 所示。

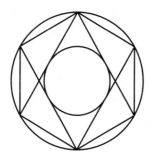

图 6-28　打开素材

02 单击图中的一个四角形使其呈夹点状态，将光标移至顶部的夹点处，弹出快捷菜单，如图 6-29 所示。

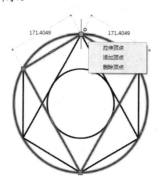

图 6-29　弹出快捷菜单

03 选择"删除顶点"命令，图形效果如图 6-30 所示。

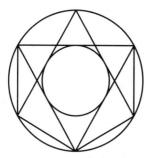

图 6-30　删除顶点的效果

04 使用相同的方法删除另一个四边形的顶点，最终效果如图 6-31 所示。

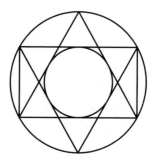

图 6-31　最终效果

6.2.8　将直线转换成圆弧

可以通过对夹点的操作直接将整体图形中的直线转化为圆弧，并且可以设置圆弧的大小，但圆弧的端点与直线的端点相同。本例通过"转换为圆弧"命令将一个由半圆和正五边形组成的图形变成为一个梅花图形。

01 打开"6.2.8 将直线转换成圆弧 .dwg"素材文件，如图 6-32 所示。

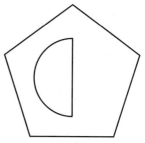

图 6-32　打开素材

02 单击图中的半圆使其呈夹点状态，将光标移至直线中点的夹点处，弹出快捷菜单如图 6-33 所示。

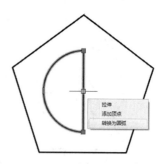

图 6-33　弹出快捷菜单

03 选择"转换为圆弧"命令，按 F8 键开启正交模式，光标往下移动，直线变为圆弧，如图 6-34 所示。

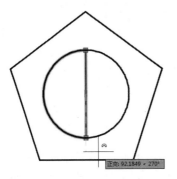

图 6-34 转换成圆弧

04 单击图中的五边形使其呈夹点状态，将光标移至其中一条直线中点的夹点上，弹出快捷菜单如图 6-35 所示。

图 6-35 弹出快捷菜单

05 选择"转换为圆弧"选项，设置圆弧顶点到直线的距离为 70，如图 6-36 所示。

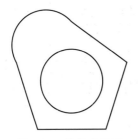

图 6-36 转换成圆弧

06 使用相同的方法操作余下的直线，最终效果如图 6-37 所示。

图 6-37 最终效果

6.2.9 将圆弧转换成直线

同上例，可以通过对夹点的操作直接将整体图形中的圆弧转化为直线，转化成的直线长度为圆弧两端的距离。本例通过"转换成直线"命令将图形中的圆弧和圆角转化为直线，具体操作步骤如下。

01 打开"6.2.9 将圆弧转换成直线 .dwg"素材文件，如图 6-38 所示。

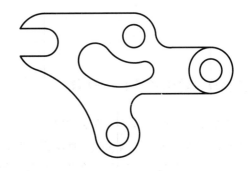

图 6-38 打开素材

02 单击图形的轮廓线使其呈夹点状态，将光标移至左侧斜线中点的夹点处，弹出快捷菜单如图 6-39 所示。

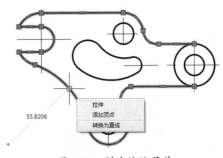

图 6-39 弹出快捷菜单

03 选择"转换成直线"选项，转换效果如图 6-40 所示。

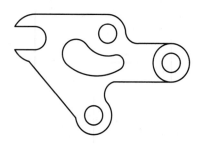

图 6-40　转换效果

04 使用相同的方法改变余下的圆弧，最终效果如图 6-41 所示。

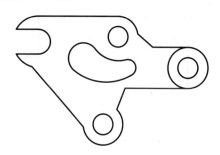

图 6-41　最终效果

6.2.10　激活夹点阵列对象

　　当采用夹点操作修改阵列对象时，可以通过夹点的操作增加阵列对象。在拖动夹点时，需要注意拖动的距离需要大于阵列的间距，否则不会出现新的阵列对象。本例通过移动夹点增加原有的小树阵列图形，具体操作步骤如下。

01 打开"6.2.10 激活夹点阵列对象 .dwg"素材文件，如图 6-42 所示。

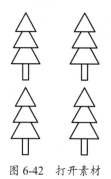

图 6-42　打开素材

02 单击图形使其呈夹点状，如图 6-43 所示。

图 6-43　单击图形

03 单击上端的一个夹点，拖动光标向上移动，超过阵列图形的行间距时多出一排树图形，如图 6-44 所示。

图 6-44　拖动夹点

04 使用相同方法单击右侧的一个夹点，拖动光标向右移动，超过阵列图形的两倍列间距时多出两列树图形，最终效果如图 6-45 所示。

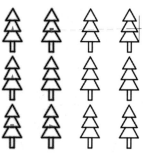

图 6-45　最终效果

6.2.11　激活夹点填充区域

　　填充区域的夹点操作与多边形夹点操作类似，填充区域呈夹点状态时，可以随着四周的线条变化而变化。本例中图形的轮廓与填充区域本来是分开的，但通过激活填充区域的夹点操作，可以将区域的夹点移至对应轮廓图形的位置，使轮廓图和填充区域相结合，具体操作步骤如下。

01 打开"6.2.11 激活夹点填充区域 .dwg"素材文件，如图 6-46 所示。

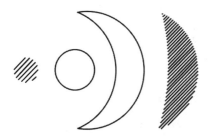

图 6-46　打开素材

02 单击左侧的填充图形使其呈夹点状态，单击圆心向右拖至右侧圆的圆心，如图 6-47 所示。

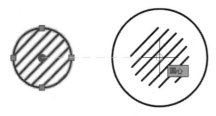

图 6-47　拖动夹点

03 单击填充区域的上夹点，将其拖至与圆相交，如图 6-48 所示。

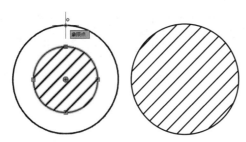

图 6-48　拖动夹点

04 单击右侧的填充区域使其呈夹点状态，单击上端夹点拖至月牙图形的上顶点，如图 6-49 所示。

05 采用同样的方法，使填充区域下端点对准月牙图形的下顶点，如图 6-50 所示。

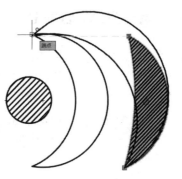

图 6-49　拖动夹点

图 6-50　拖动效果

06 单击填充区域的圆弧中点，拖动光标对准月牙图形中圆弧的中点，效果如图 6-51 所示。

图 6-51　最终效果

6.2.12　激活夹点编辑表格

通过夹点操作可以对已经绘制好的表格进行修改，针对不同的情况，可以改变表格大小。本例首先对表格的最后一列增长 20mm，之后对表格横向和竖向再整体增加 20mm。当表格整体增加时，每格增长量都是相同的。激活夹点编辑表格的具体操作步骤如下。

01 打开 "6.2.12 激活夹点编辑表格 .dwg" 素材文件，如图 6-52 所示。

02 单击图形使其呈夹点状态，如图 6-53 所示。

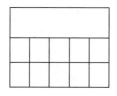

图 6-52　打开素材

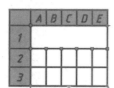

图 6-53　显示图形夹点

03 单击右侧的矩形夹点，向右拖动输入距离为 20，最后一列表格长度增长了 20，如图 6-54 所示。

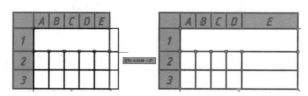

图 6-54　向右拉伸表格

04 单击右下的三角形夹点，向下拖动输入距离为 20，表格整体沿垂直方向增长 20，如图 6-55 所示。

05 单击右上的三角形夹点，水平向右拖动输入距离为 20，表格沿整体水平方向增长 20，如图 6-56 所示。

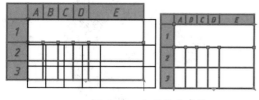

图 6-55　向下拉伸表格

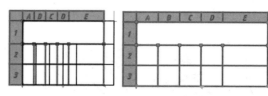

图 6-56　最终效果

6.3　综合练习

系统学习夹点的使用方法后，本节提供 3 个实例以供练习。除了单纯地利用夹点编辑图形，还可以结合命令按钮、命令快捷键执行编辑操作。

6.3.1　激活夹点修改图形

通过夹点操作对图形进行修改，往往能简化修改操作，减少绘图时间。下面结合本章所学知识，综合运用夹点操作对图形进行修改。本例运用了夹点命令将图形中的圆缩小、圆弧变直线、直线变圆弧、圆弧延长以及图形镜像，具体操作步骤如下。

01 打开"6.3.1 激活夹点修改图形 .dwg"素材文件，如图 6-57 所示。

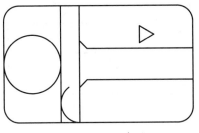

图 6-57 打开素材

02 单击图形的圆使其呈夹点状态，单击左侧的夹点，并输入圆的大小为 10，如图 6-58 所示。

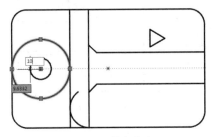

图 6-58 单击夹点

03 单击图形的轮廓线使其呈夹点状态，将光标移至左上圆弧中点的夹点处，弹出快捷菜单如图 6-59 所示。

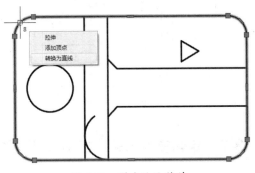

图 6-59 弹出快捷菜单

04 选择"转换为直线"选项，转换效果如图 6-60 所示。

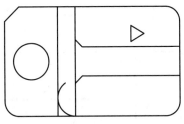

图 6-60 转换成直线的效果

05 使用相同的方法将矩形四边的圆弧均改为直线，转换效果如图 6-61 所示。

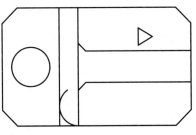

图 6-61 转换效果

06 单击图形的大圆弧使其呈夹点状态，然后将光标移至上端夹点处，弹出快捷菜单如图 6-62 所示。

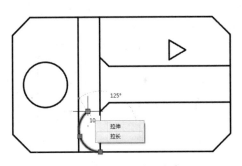

图 6-62 弹出快捷菜单

07 选择"拉长"选项，将圆弧拉长到垂直线上，如图 6-63 所示。

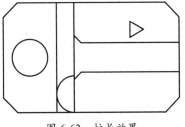

图 6-63 拉长效果

08 单击图形的左侧线段使其呈夹点状态，然后将光标移至斜线中点的夹点处，弹出快捷菜单如图 6-64 所示。

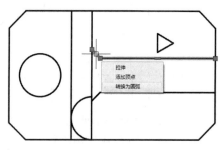

图 6-64　弹出快捷菜单

09 选择"转换为圆弧"选项，设置距离为 1.5，如图 6-65 所示。

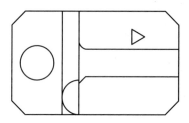

图 6-65　转换为圆弧

10 使用相同的方法将下面斜线改为圆弧，转换效果如图 6-66 所示。

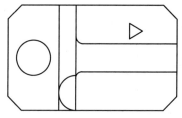

图 6-66　转换效果

11 单击图形的三角形使其呈夹点状态，接着单击三角形下端夹点并右击，弹出快捷菜单，如图 6-67 所示。

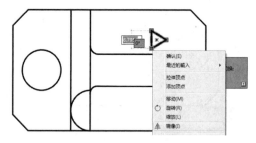

图 6-67　快捷菜单

12 选择"镜像"选项，在命令行输入 C 保留原始图像，然后单击三角形的上端点，效果如图 6-68 所示。

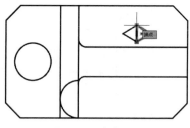

图 6-68　镜像图形

13 选择圆弧和三角形使其呈夹点状态，如图 6-69 所示。

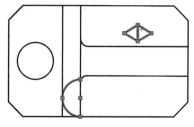

图 6-69　选择图形

14 在命令行输入 MI 执行"镜像"命令，选择镜像线为两端垂直线段中点的连线，如图 6-70 所示。

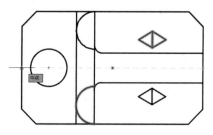

图 6-70　镜像图形

6.3.2　结合夹点与命令按钮编辑图形

夹点操作在绘图过程中是一项重要的辅助工具，所以夹点操作的优势只有结合在绘图过程中才能展现。本例在已有的图形上先进行夹点操作修改图形，然后利用按钮操作进一步修改图形，综合运用夹点操作和按钮绘图，提高绘图的效率，具体操作步骤如下。

01 打开"6.3.2 结合夹点与按钮编辑图形 .dwg"素材文件，如图 6-71 所示。

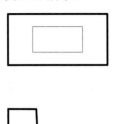

图 6-71　打开素材

02 单击细实线矩形两侧的垂直线，使其呈现夹点状态，将直线向下垂直拉伸，如图 6-72 所示。

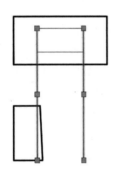

图 6-72　拉伸直线

03 单击左下角不规则的四边形，光标拖动四边形的右上端点到细实线与矩形的交点，如图 6-73 所示。

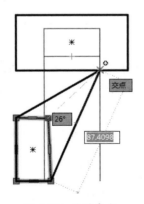

图 6-73　拖动夹点

04 使用相同的方法拖动不规则四边形的左上端点，效果如图 6-74 所示。

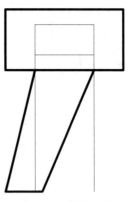

图 6-74　拖动效果

05 按 F8 键开启正交模式，选择不规则四边形，水平拖动其下端点连接到垂直细实线，效果如图 6-75 所示。

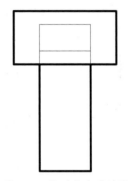

图 6-75　拖动夹点的效果

06 单击细实线矩形两侧的垂直线，显示夹点如图 6-76 所示。

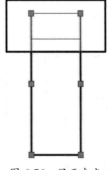

图 6-76　显示夹点

07 分别拖动垂直细线，使其缩短到原来的位置，如图 6-77 所示。

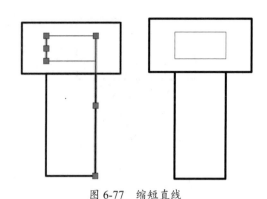

图 6-77　缩短直线

08 单击"绘图"区域的"镜像"按钮◬，以上水平线为镜像线，镜像整个图形，如图 6-78 所示。

09 单击"绘图"区域的"移动"按钮✥，选择镜像得到的图形，基点为左侧垂直线段的中点，如图 6-79 所示。

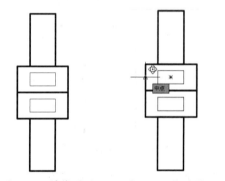

图 6-78　镜像图形　　图 6-79　拖动图形

10 拖动基点到原图形下矩形右侧垂直线的中点，如图 6-80 所示。

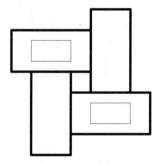

图 6-80　最终定位

11 单击"修改"区域的"矩形阵列"按钮▦，选择阵列对象为整个图形，设置阵列参数如图 6-81 所示。

图 6-81　阵列参数

12 最终效果如图 6-82 所示。

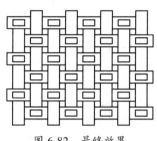

图 6-82　最终效果

6.3.3　结合夹点与快捷键编辑图形

与夹点操作和按钮绘图综合运用类似，夹点操作和快捷键绘图同样可以结合二者优点提高绘图效率，并且在某些图形中，运用快捷键绘图往往比按钮绘图更节省制图时间。结合夹点与快捷键编辑图形的具体操作步骤如下。

01 打开"6.3.3 结合夹点与快捷键编辑图形 .dwg"素材文件，如图 6-83 所示。

图 6-83　打开素材

02 单击图形的三角形使其呈夹点状态，单击左端点向左水平拖动，输入直线长为80，如图 6-84 所示。

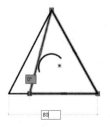

图 6-84　拉伸夹点

03 单击图形的圆弧使其呈夹点状态，然后将光标移至右侧夹点处，弹出快捷菜单如图 6-85 所示。

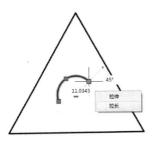

图 6-85 弹出快捷菜单

04 选择"拉长"选项，拖动光标拉长圆弧，如图 6-86 所示。

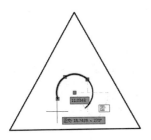

图 6-86 拉长圆弧

05 在命令行输入 L 执行"直线"命令，以圆弧右端点为起始点，绘制一条水平的直线，端点连接到圆弧，如图 6-87 所示。

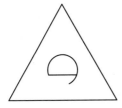

图 6-87 绘制直线

06 在命令行输入 TR 执行"修剪"命令，删除多余的线条，如图 6-88 所示。

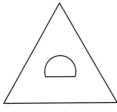

图 6-88 修剪图形

07 在命令行输入 O 执行"偏移"命令，将三角形依次向内偏移 3 和 5，如图 6-89 所示。

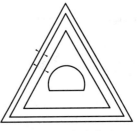

图 6-89 偏移图形

08 在命令行输入 L 执行"直线"命令，连接大三角形各边的中点，如图 6-90 所示。

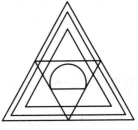

图 6-90 连接中点

09 在命令行输入 O 执行"偏移"命令，将上一步绘制的直线依次向外偏移 5，如图 6-91 所示。

图 6-91 偏移直线

10 利用"修剪"和"删除"命令删除多余的线条，最终效果如图 6-92 所示。

图 6-92 最终效果

第 7 章 图形规范

项目导读

用 AutoCAD 绘制零件图时要注意将各种线条分层，这样便于管理和更改，尤其是图形比较复杂时。首先要建立几个常用的图层，每个图层上的线条类型不同，或者宽度不同。

7.1 合理设置图层

图层是 AutoCAD 中查看和管理图形的强有力工具。利用图层的特性，如颜色、线宽、线性等，可以非常方便地区分不同的对象。此外，AutoCAD 还提供了大量的图层管理工具，如打开 / 关闭、冻结 / 解冻、锁定 / 解锁等，这些功能在管理对象时非常有用。

7.2 设置图层特性

图层特性是属于该图层的图形对象所共有的外观特性，包括颜色、线型、线宽等。用户对图形的这些特性进行设置后，该图层上的所有图形对象特性将随之发生改变。

7.2.1 新建图层

在 AutoCAD 绘图前，首先需要创建图层，并对图层进行命名。AutoCAD 的图层创建与设置均在"图层特性管理器"中进行，下面通过实例介绍新建图层的过程。

01 在新建文件中，单击"图层"区域的"图层特性"按钮，如图 7-1 所示。

图 7-1　单击"图层特性"按钮

02 弹出"图层特性管理器"，如图 7-2 所示。

03 单击"新建图层"按钮，创建出一个新的图层，如图 7-3 所示。

图 7-2　图层特性管理器

图 7-3　新建图层

04 右击"图层1"，在弹出的快捷菜单中选择
"重命名图层"选项，如图7-4所示。

图7-4 选择"重命名图层"选项

05 设置新图层的名称为"新图层"，如图7-5
所示。

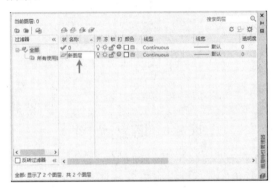

图7-5 重命名图层

操作技巧：

在创建多个图层时，要注意图层名称必须是唯一
的，不能与其他图层重名。另外，图层中不允许
包含特殊字符。

7.2.2 设置图层线型

线型是指图形基本元素中线条的组成和显
示方式，如实线、中心线、点画线、虚线等。
通过线型的区别，可以直观判断图形对象的类
别，AutoCAD中默认的线性是实线。下面通
过实例介绍修改图层线型的方法。

01 打开"7.2.2 设置图层线型.dwg"素材文件，
如图7-6所示。

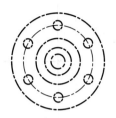

图7-6 打开素材

02 单击"图层"区域的"图层特性"按钮，
如图7-7所示。

图7-7 单击"图层特性"按钮

03 弹出"图层特性管理器"，选择"中心线"
图层，单击"线型"按钮，如图7-8所示。

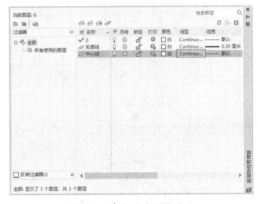

图7-8 单击"线型"按钮

04 弹出"选择线型"对话框，选择CENTER
线型，如图7-9所示。

图7-9 选择线型

05 将中心线的线型更改为 CENTER，效果如图 7-10 所示。

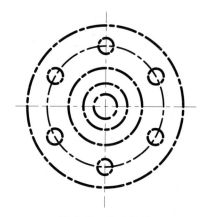

图 7-10　更改线型

06 将"轮廓线"的线型设置为 Continous，如图 7-11 所示。

图 7-11　选择轮廓线线型

07 最终效果如图 7-12 所示。

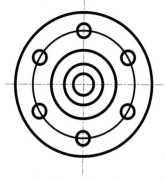

图 7-12　最终效果

7.2.3　设置图层颜色

在实际绘图中，为了区分不同的图层，可

将不同图层设置为不同的颜色。设置图层颜色后，该图层上的所有对象均显示为该颜色（除修改了对象特性的图形外）。下面通过实例介绍设置图层颜色的方法。

01 打开"7.2.3 设置图层颜色 .dwg"素材文件，单击"图层"区域的"图层特性"按钮，如图 7-13 所示。

图 7-13　单击"图层特性"按钮

02 弹出"图层特性管理器"，如图 7-14 所示。

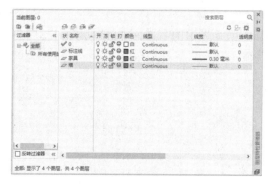

图 7-14　图层特性管理器

03 单击"家具"图层的"颜色"按钮，弹出"选择颜色"对话框，如图 7-15 所示。

图 7-15　"选择颜色"对话框

04 选择蓝色，单击"确定"按钮，修改图层颜色的效果如图 7-16 所示。

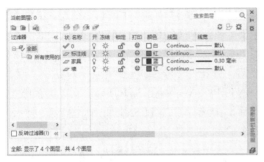

图 7-16　修改图层颜色的效果

05 使用相同的方法，将"墙"图层的颜色改为黑色；"标注线"图层的颜色改为绿色，最终效果如图 7-17 所示。

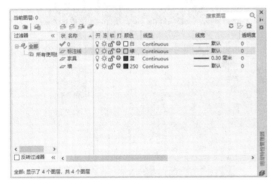

图 7-17　最终效果

7.2.4　设置图层线宽

线宽即线条显示的宽度。使用不同宽度的线条表现对象的不同部分，可以提高图形的表达能力和可读性。

01 打开"7.2.4 设置图层线宽 .dwg"素材文件，如图 7-18 所示。

图 7-18　打开素材

02 单击"图层"区域的"图层特性"按钮，

弹出"图层特性管理器"，如图 7-19 所示。

图 7-19　图层特性管理器

03 单击"轮廓线"图层的"线宽"按钮，弹出"线宽"对话框，选择 0.30mm 选项，如图 7-20 所示。

图 7-20　选择线宽

04 全选图形，并将图形的图层改为"轮廓线"图层，最终效果如图 7-21 所示。

图 7-21　最终效果

7.2.5　创建图层样式

结合以上所学知识，综合运用图层特性，创建轮廓线、中心线、剖面线、虚线、标注线和细实线的图层样式。创建好的图层样式可以保存，待下次绘图时直接引用，从而提高工作效率。创建图层样式的具体操作步骤如下。

01 启动 AutoCAD，新建名为"创建图层 .dwg"的文件，在"图层"区域中单击"图层特性"按钮，弹出"图层特性管理器"对话框，单击"新建图层"按钮 ⨪，如图 7-22 所示。

图 7-22　图层特性管理器

02 输入新图层名称为"细实线"，按 Enter 键确认，如图 7-23 所示。

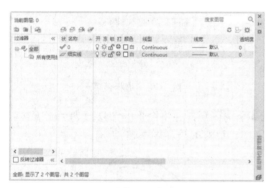

图 7-23　创建"细实线"图层

03 采用相同方法创建"轮廓线"图层，单击"线宽"按钮，在"线宽"对话框中选择 0.30mm 选项，如图 7-24 所示。

图 7-24　选择线宽

04 采用相同方法创建"中心线"图层，单击"颜色"按钮，选择红色，如图 7-25 所示。单击"线型"按钮，弹出"选择线型"对话框，单击"加载"按钮，弹出"加载或重载线型"对话框，选择 CENTER 线型，如图 7-26 所示。在"选择线型"对话框中选择 CENTER 线型，如图 7-27 所示，单击"确定"按钮。

图 7-25　选择颜色

图 7-26　加载线型

图 7-27　选择线型

05 参考表 7-1，采用相同方法创建"剖面线""虚线""标注线"等图层。

表 7-1

序号	图层名	描述内容	线宽	线型	颜色	打印属性
1	轮廓线	绘制图形轮廓	0.3mm	实线 (CONTINUOUS)	白色	打印
2	细实线	绘制辅助线或断面线	默认	实线 (CONTINUOUS)	白色	打印
3	中心线	绘制中心线或辅助线	默认	点画线 (CENTER)	红色	打印
4	标注线	绘制标注、文字等内容	默认	实线 (CONTINUOUS)	绿色	打印
5	虚线	绘制隐藏对象或运动轮廓	默认	虚线 (DASHED)	紫色	打印
6	剖面线	绘制剖面线	默认	实线 (CONTINUOUS)	蓝色	打印

06 最终效果如图 7-28 所示。

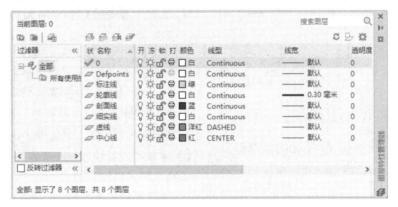

图 7-28　最终效果

7.3　设置图层

图层的设置、删除、状态控制等操作通常在"图层特性管理器"或图层工具栏中进行。

7.3.1　打开与关闭图层

关闭某个图层后，该图层中的对象将不再显示，被关闭的图层中的图形对象将不可见，并且不能被选择、编辑、修改及打印，针对复杂的图形，适当关闭图层有利于将图形简单化。打开与关闭图层的具体操作步骤如下。

01 打开"7.3.1 打开与关闭图层 .dwg"素材文件，如图 7-29 所示。

02 在图层列表中单击"标注线"图层的"开 / 关"按钮💡，如图 7-30 所示。

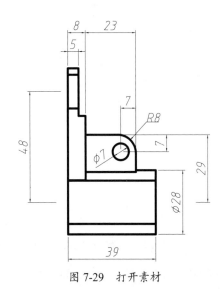

图 7-29　打开素材

图 7-30　单击"开/关"按钮

03 弹出"图层—关闭当前图层"对话框,单击"关闭当前图层"按钮,如图 7-31 所示。

图 7-31　关闭当前图层

04 图形中的标注被全部关闭,如图 7-32 所示。

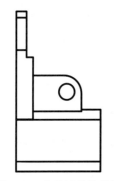

图 7-32　关闭图层的效果

05 单击图层列表中"中心线"图层"开/关图层"按钮,如图 7-33 所示。

图 7-33　打开中心线图层

06 图形中显示中心线,如图 7-34 所示。

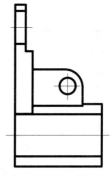

图 7-34　显示中心线

7.3.2　快速打开所有关闭的图层

当关闭的图层需要全部打开时,针对图层较多的情况,逐一打开比较麻烦,此时可以一次性全部打开。在"图层特性管理器"中设置"所有使用的图层"的"可见性"为"开",从而提高效率和准确度,具体操作步骤如下。

01 打开 "7.3.2 快速打开所有关闭的图层 .dwg"素材文件,如图 7-35 所示。

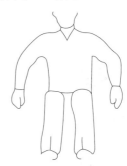

图 7-35　打开素材

02 在新建文件中,单击"图层"区域的"图层特性"按钮,弹出"图层特性管理器",如图 7-36 所示。

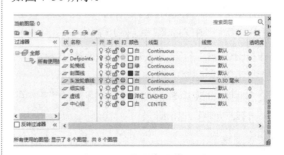

图 7-36　图层特性管理器

03 右击"所有使用的图层"选项，在弹出的菜单中选择"可见性"｜"开"选项，如图 7-37 所示。

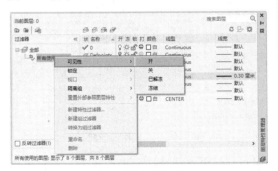

图 7-37 选择"开"选项

04 打开所有图层，最终效果如图 7-38 所示。

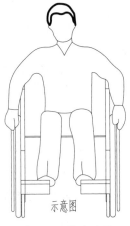

图 7-38 最终效果

操作技巧：

在绘图过程中可以将暂时不用的图层关闭，被关闭的图层中的图形对象将不可见，并且不能被选择、编辑、修改及打印。

7.3.3 冻结与解冻图层

将长期不需要显示的图层冻结，可以提高系统运行速度、缩短图形刷新的时间，因为这些图层不会被加载到内存中。被冻结图层上的对象不会显示、打印或重生成。冻结与解冻图层的具体操作步骤如下。

01 打开"7.3.3 冻结与解冻图层.dwg"素材文件，

如图 7-39 所示。

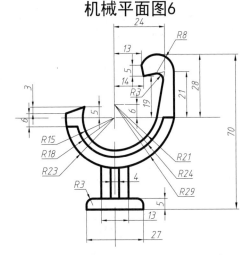

图 7-39 打开素材

02 单击"标注线"的"冻结/解冻"按钮☀，如图 7-40 所示。

图 7-40 单击"冻结/解冻"按钮

03 图形中的标注全部被冻结，效果如图 7-41 所示。

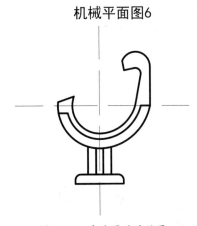

图 7-41 冻结图层的效果

04 使用相同的方法，冻结"中心线"图层和 Layer2 图层，如图 7-42 所示。

图 7-42　冻结图层

05 图中的文字和中心线全部被冻结，最终图形效果如图 7-43 所示。

图 7-43　最终效果

7.3.4　快速解冻所有的图层

当冻结的图层需要全部解冻时，针对图层较多的情况，逐一解冻比较麻烦，此时可以一次性解冻所有图层，在"图层特性管理器"中设置"所以使用的图层"的"可见性"为"解冻"，从而提高效率和准确度，具体操作步骤如下。

01 打开"7.3.4 快速解冻所有冻结的图层 .dwg"素材文件，如图 7-44 所示。

图 7-44　打开素材

02 在新建文件中，单击"图层"区域的"图层特性"按钮 ，弹出"图层特性管理器"，

如图 7-45 所示。

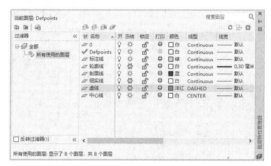

图 7-45　图层特性管理器

03 右击"所有使用的图层"选项，在弹出的快捷菜单中选择"可见性"｜"已解冻"选项，如图 7-46 所示。

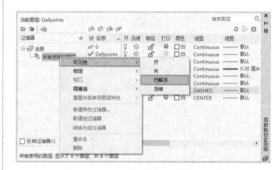

图 7-46　选择"已解冻"选项

04 解冻所有图层，最终效果如图 7-47 所示。

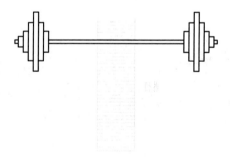

图 7-47　最终效果

7.3.5　锁定与解锁图层

如果某个图层上的对象只需要显示，不需要选择和编辑，那么，可以锁定该图层。被锁定图层上的对象不能被编辑、选择和删除，但该图层中的对象仍然可见，而且可以在该图层

上添加新的图形对象。锁定与解锁图层的具体操作步骤如下。

01 打开"7.3.5 锁定与解锁图层.dwg"素材文件，如图 7-48 所示。

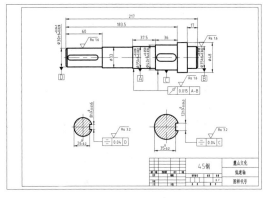

图 7-48 打开素材

02 打开图层列表，依次单击图层前面的"锁定 / 解锁"按钮 🔓，如图 7-49 所示。

图 7-49 锁定图层

03 锁定图层后，位于该图层上的图形显示为浅灰色。只能查看但不能编辑，最终图形效果如图 7-50 所示。

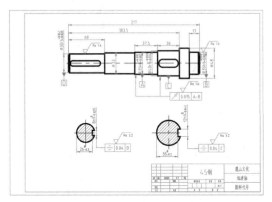

图 7-50 锁定图层的结果

04 单击图层名称前的 🔒 按钮，解锁图层，恢复图形的正常显示，此时可以编辑图形。

7.3.6 快速解锁所有图层

当锁定的图层需要全部解锁时，针对图层较多的情况，逐一解锁比较麻烦，此时可以一次性全部解锁，在"图层特性管理器"中设置"所以使用的图层"的"锁定"为"解锁"，从而提高效率和准确度，具体操作步骤如下。

01 打开"7.3.6 快速解锁所有图层.dwg"素材文件，图中存在多余的线条但无法操作，如图 7-51 所示。

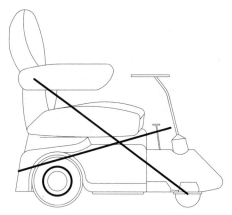

图 7-51 打开素材

02 单击"图层"区域的"图层特性"按钮 🗃，弹出"图层特性管理器"，如图 7-52 所示。

图 7-52 图层特性管理器

03 右击"所有使用的图层"选项，在弹出的快捷菜单中选择"锁定"|"解锁"选项，如图 7-53 所示。

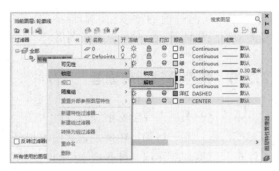

图 7-53　选择"解锁"选项

04 单击选中图形中多余的斜线,如图 7-54 所示。

图 7-54　选择线条

05 在命令行输入 E 执行"删除"命令,删除线条,最终效果如图 7-55 所示。

图 7-55　最终效果

7.3.7　图层匹配

在绘制过程中,往往需要将某一个绘制对象的图层特性移至另一个对象的图层中,此时就需要使用图层匹配功能。本例中的小车正面图两侧的图层不同,为保证图层的一致性即可

使用图层匹配功能。图层匹配的具体操作步骤如下。

01 打开"7.3.7 图层匹配"素材文件,如图 7-56 所示。

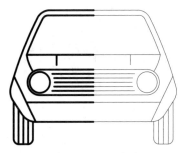

图 7-56　打开素材

02 单击"图层"区域的"匹配图层"按钮 🖘,选择图形左侧的细实线后右击,如图 7-57 所示。

图 7-57　选择细实线

03 单击左侧的轮廓线,右侧线条的图层改为"轮廓线"图层,最终效果如图 7-58 所示。

图 7-58　最终效果

7.3.8　将对象复制到新图层

在 AutoCAD 中,将一个或多个对象复制到其他图层。可以在指定的图层上创建选定对象的副本,还可以为复制的对象指定其他位置。

本例通过将对象复制到新图层，直接将图形中的细实线圆复制并移动，将其变成虚线圆和轮廓线圆，具体操作步骤如下。

01 打开"7.3.8 将对象复制到新图层 .dwg"素材文件，如图 7-59 所示。

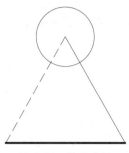

图 7-59　打开素材

02 单击"图层"区域的"将对象复制到新图层"按钮 ，选择要复制的对象为圆，目标图层为虚线，如图 7-60 所示。

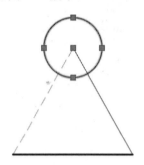

图 7-60　选择对象

03 继续上一步的操作。选择圆心为基点，移动复制圆到三角形的左端点，如图 7-61 所示。

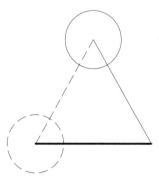

图 7-61　移动复制圆

04 使用相同的方法，将圆复制移至右端点，且图层与水平线相同，最终效果如图 7-62 所示。

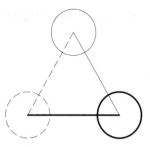

图 7-62　最终效果

7.3.9　删除多余图层

在创建图层的过程中，如果新建了多余的图层，此时可以利用删除图层命令将其删除，但有 4 类图层不能被删除：1. 图层 0 和图层 Defpoints；2. 当前图层；3. 包含对象的图层；4. 依赖外部参照的图层。删除多余图层的具体操作步骤如下。

01 打开"7.3.9 删除多余图层 .dwg"素材文件，单击"图层"区域的"图层特性"按钮 ，弹出"图层特性管理器"，如图 7-63 所示。

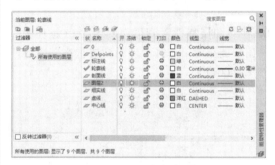

图 7-63　图层特性管理器

02 选择"图层 2"，单击"删除图层"按钮 ，删除图层如图 7-64 所示。

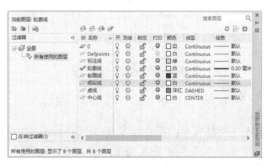

图 7-64　删除图层

7.3.10 保存并输出图层状态

AutoCAD 可以将图形的当前图层设置保存为命名图层状态，修改图层状态之后，可以随时恢复图层设置。不仅如此，还可以将已命名的图层状态输出为图形状态文件，可以供其他文件使用。保存并输出图层状态的具体操作步骤如下。

01 打开"7.3.10 保存并输出图层状态 .dwg"素材文件，单击"图层"区域的"图层特性"按钮，弹出"图层特性管理器"，如图 7-65 所示。

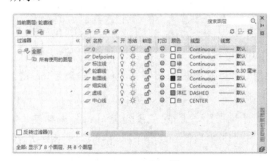

图 7-65　图层特性管理器

02 在"图层特性管理器"右侧空白处右击，弹出快捷菜单，选择"保存图层状态"选项，如图 7-66 所示。

图 7-66　选择"保存图层状态"选项

03 弹出"要保存的新图层状态"对话框，设置"新图层状态名"为"图层样式"，单击"确定"按钮，如图 7-67 所示。

图 7-67　设置图层状态名

04 若要恢复图层设置，在"要保存的新图层状态"对话框的空白处右击，弹出快捷菜单，选择"恢复图层状态"选项，如图 7-68 所示。

图 7-68　选择"恢复图层状态"选项

05 弹出"图层状态管理器"对话框，单击"恢复"按钮，恢复图层设置，如图 7-69 所示。

图 7-69　"图层状态管理器"对话框

06 保存图层状态文件。单击"图层状态管理器"对话框的"输出"按钮，弹出"输出图层状态"对话框。选择路径和文件名称，即可将该图层状态保存为外部文件，如图 7-70 所示。

图 7-70　"输出图层状态"对话框

7.3.11　调用图层设置

已保存的图层状态文件可以供任何图形文件使用。调用图层设置，可以将之前创建且保存的图层调出来直接使用，尤其针对图层较多的情况调用图层状态文件，减少了创建过程和绘图工作量。调用图层设置的具体操作步骤如下。

01 新建文件，单击"图层"区域的"图层特性"按钮，弹出"图层特性管理器"，如图 7-71所示。

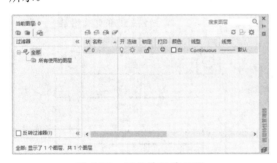

图 7-71　图层特性管理器

02 在"图层特性管理器"右侧空白处右击，弹出快捷菜单，选择"恢复图层状态"选项，如图 7-72 所示。

03 弹出"图层状态管理器"，单击"输入"按钮，如图 7-73 所示。

04 弹出"输入图层状态"对话框，选择本书素材中的"建筑图层"文件，单击"打开"按钮，如图 7-74 所示。

图 7-72　选择"恢复图层状态"选项

图 7-73　图层状态管理器

图 7-74　"输入图层状态"对话框

05 导入图层，最终效果如图 7-75 所示。

图 7-75　最终效果

7.4 综合实例

在系统学习了创建图层、编辑图层的知识后，本节提供 3 个实例以供练习。将对象归类至不同的图层上，通过管理图形属性影响对象的显示效果。

7.4.1 设置对象图层

利用已有的图层，针对图形线条对象的不同属性，分别对线条进行图层的改变，规范图形，让图形表达的信息更清楚。设置对象图层的具体操作步骤如下。

01 打开"7.4.1 设置对象图层 .dwg"素材文件，如图 7-76 所示。

图 7-78　更改图层

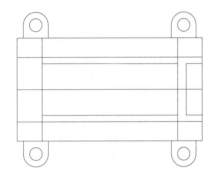

图 7-76　打开素材

02 选择图形中间的水平线，如图 7-77 所示。

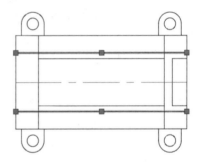

图 7-79　单击水平线并更改图层

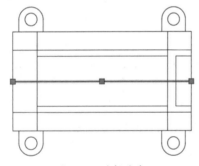

图 7-77　选择线条

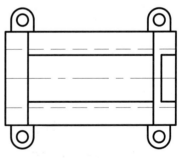

图 7-80　最终效果

03 将图层改为"中心线"图层，如图 7-78 所示。

04 单击两条较长的水平线，更改图层为"虚线"图层，如图 7-79 所示。

05 使用相同的方法，将余下线条的图层改为"轮廓线"图层，最终效果如图 7-80 所示。

7.4.2 应用图层管理零件图

图层是用来组织和规划复杂图形的有效工具。本例通过创建图层和控制图层状态对图形进行编辑，对原本图层混乱的图形进行规范，使图形表达的信息更为清楚，具体操作步骤如下。

01 打开"7.4.2 应用图层管理零件图 .dwg"素材文件，如图 7-81 所示。

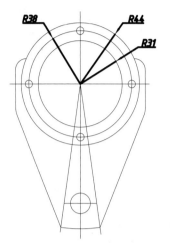

图 7-81 打开素材

02 单击"图层"区域的"图层特性"按钮⚏，弹出"图层特性管理器"，如图 7-82 所示。

图 7-82 图层特性管理器

03 单击"新建图层"按钮⚏，创建一个新的图层，如图 7-83 所示。

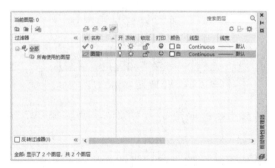

图 7-83 新建图层

04 在呈黑白显示的"图层 1"位置上输入新图层名称"轮廓线"，如图 7-84 所示。

图 7-84 命名新图层

05 采用相同的操作，创建"尺寸线"和"中心线"图层，如图 7-85 所示。

图 7-85 创建图层

06 单击"中心线"图层的"颜色"按钮，弹出"选择颜色"对话框，设置"中心线"图层的颜色为红色，如图 7-86 所示。

图 7-86 选择颜色

07 使用相同的方法，设置"尺寸线"图层的颜色为绿色，如图 7-87 所示。

08 单击"中心线"图层的"线型"按钮，弹出"选择线型"对话框，选择 CENTER 线型，如图 7-88 所示。

图 7-87　设置图层颜色

图 7-88　选择线型

09 返回"图层特性管理器"，修改效果如图 7-89 所示。

图 7-89　修改效果

10 单击"轮廓线"图层的"线宽"按钮，弹出"线宽"对话框，选择 0.30mm 选项，如图 7-90 所示。

图 7-90　选择线宽

11 图层创建的效果如图 7-91 所示。

图 7-91　图层创建效果

12 选择直线显示夹点，如图 7-92 所示。

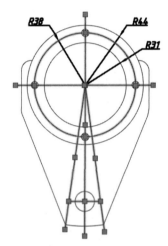

图 7-92　选择直线

13 将直线的图层设置为"中心线"图层，如图 7-93 所示。

图 7-93　设置为"中心线"图层

14 按 Esc 键取消显示对象的夹点，如图 7-94 所示。

15 使用相同的方法，将图中尺寸线的图层改为"尺寸线"图层，效果如图 7-95 所示。

16 在图层列表中分别单击"中心线"和"尺寸线"

图层左端的按钮💡，将两个图层暂时关闭，如图 7-96 所示。

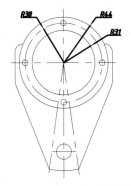

图 7-94　取消显示对象夹点

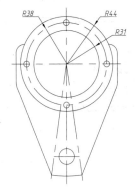

图 7-95　更改图层的效果

图 7-96　关闭图层

17 关闭图层后，图形的显示效果如图 7-97 所示。

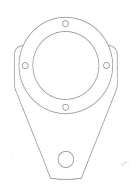

图 7-97　关闭图层的效果

18 全选图形，设置图层为"轮廓线"图层，如图 7-98 所示。

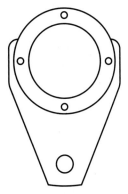

图 7-98　更改线条的图层

19 展开图层列表，显示被隐藏的图层，如图 7-99 所示。

图 7-99　打开所有图层

20 最终效果如图 7-100 所示。

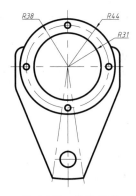

图 7-100　最终效果

7.4.3　图层操作综合实例

　　结合以上所学知识，首先创建所需图层，并使用不同的图层绘制不同的线条，最终绘制成螺杆零件图。本例介绍创建图层到绘制图形的整个过程。

01 新建 AutoCAD 文件。单击"图层"区域的"图层特性"按钮，新建"轮廓线""细实线""中心线""剖面" 4 个图层，如图 7-101 所示。

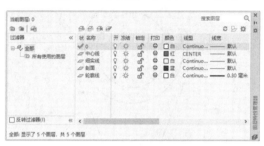

图 7-101　新建图层

02 将"轮廓线"设置为当前，如图 7-102 所示。

图 7-102　图层列表

03 单击"绘图"区域的"矩形"按钮，绘制一个矩形，如图 7-103 所示。

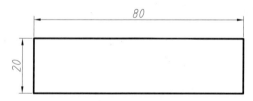

图 7-103　绘制矩形

04 单击"修改"区域的"分解"按钮，将矩形分解为 4 条直线。

05 单击"修改"区域的"偏移"按钮，将矩形上、下两条线段向内偏移 1.5，将矩形左侧边向右偏移 45，如图 7-104 所示。

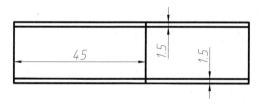

图 7-104　偏移直线

06 单击"修改"区域的"倒角"按钮，将矩

形左侧两个角倒角，倒角距离为 3，如图 7-105 所示。

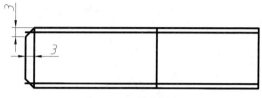

图 7-105　创建倒角

07 单击"绘图"区域的"样条曲线"按钮，绘制样条曲线，如图 7-106 所示。

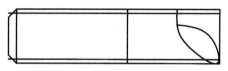

图 7-106　绘制样条曲线

08 单击"修改"区域的"修剪"按钮，修剪图形，如图 7-107 所示。

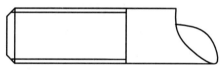

图 7-107　修剪图形

09 单击"绘图"区域的"图案填充"按钮，选择 ANSI31 图案，设置比例为 20，如图 7-108 所示。

图 7-108　设置填充参数

10 填充断面部分，如图 7-109 所示。

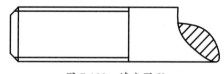

图 7-109　填充图形

11 选择螺杆的两条小径线，并在"图层"中选择"细实线"，将线条转换到细实线层。采用同样的方法将填充图案转换到"剖面"图层，如图 7-110 所示。

12 将"图层"改为"中心线"，单击"绘图"

区域的"直线"按钮 ∕，绘制一条水平中心线，最终效果如图 7-111 所示。

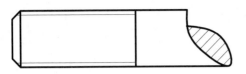

图 7-110 改变线条图层

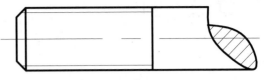

图 7-111 最终效果

第 *8* 章　图块

项目导读

　　图块是由多个绘制在不同图层上的不同特性对象组合的集合，且具有块名。块创建后，可以将其作为单一的对象插入零件图或装配图的图形中，图块是系统提供的重要绘图工具之一。

8.1　图块对于快速绘图的意义

　　在绘制图形时，如果图形中有大量相同或相似的内容，或者所绘制的图形与已有的图形文件相同，可以把重复绘制的图形创建成图块（也称为块），并根据需要为图块创建属性，再指定其名称、用途及设计者等信息，在需要时直接插入它们，从而提高绘图效率。

8.2　创建基础图块

　　本节讲解 AutoCAD 基础的图块命令，下面通过实例介绍创建图块的过程。

8.2.1　创建粗糙度属性块

　　在绘制图形时，如果图形中有大量相同或相似的内容，或者所绘制的图形与已有的图形相同，可以把要重复绘制的图形创建成图块（如粗糙度、基准符合、标高、风玫瑰等），并根据需要为图块定义属性，指定图块的名称、用途及设计者等信息。这样在需要时就可以直接插入它们，从而提高绘图效率。本例详细介绍创建粗糙度符号图块的过程。

01 在命令行输入 L 执行"直线"命令，绘制基础图形，如图 8-1 所示。

02 在命令行输入 L 执行"直线"命令，在其余的空白处绘制粗糙度符号图形，如图 8-2 所示。

03 在命令行输入 ATT，弹出"属性定义"对话框，设置"标记"为 Ra3.2，"提示"为"粗糙度值"，"默认"为 Ra6.3，单击"确认"按钮，如图 8-3 所示。

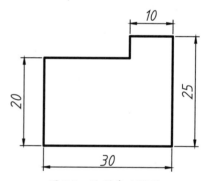

图 8-1　绘制基础图形

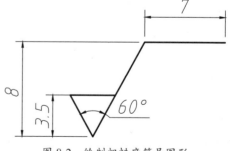

图 8-2　绘制粗糙度符号图形

图 8-3　设置属性参数

04 拖动光标，设置文字的范围在粗糙度图形的内部，如图 8-4 所示。

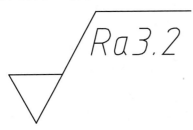

图 8-4　放置文字

05 在命令行输入 B 执行"创建图块"命令，弹出"块定义"对话框。单击"选择对象"按钮，选中粗糙度符号和文字后右击。单击"拾取点"按钮，选中粗糙度符号的下端点后右击，输入名称为"粗糙度"，如图 8-5 所示。

图 8-5　"块定义"对话框

06 单击"确定"按钮，弹出"编辑属性"对话框，保持默认值不变，如图 8-6 所示。

07 选中刚刚创建的块，移动块到基础图形上，如图 8-7 所示。

图 8-6　"编辑属性"对话框

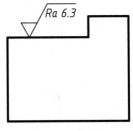

图 8-7　移动块

08 单击"插入"选项卡中"块"区域的"插入"按钮🔲，如图 8-8 所示。

图 8-8　单击"插入"按钮

09 选择"粗糙度"块，在"编辑属性"对话框中将"粗糙度值"设置为 Ra3.2，单击"确定"按钮，最终结果如图 8-9 所示。

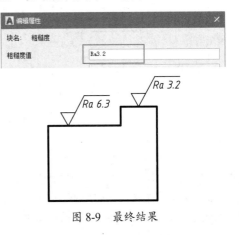

图 8-9　最终结果

8.2.2 创建基准符号图块

基准符号由圆圈、字母和直线组成，当基准符号对准的是面及面的延伸线或该面的尺寸界限时，表示以该面为基准。当基准符号对准的是尺寸线时，表示以该尺寸标注的实体中心线为基准。基准符号是工程绘图中常用的符号，借助图块的功能，可以把绘制好的符号保存，以便在绘图过程中重复使用，下面介绍创建基准符号图块的具体步骤。

01 打开"8.2.2 创建基准符号图块.dwg"素材文件，如图 8-10 所示。

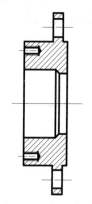

图 8-10 打开素材

02 在空白处绘制基准符号，如图 8-11 所示。

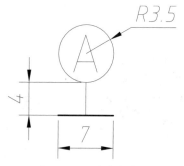

图 8-11 绘制基准符号

03 单击"块定义"区域的"创建块"按钮，弹出"块定义"对话框，设置"名称"为"基准符号"，如图 8-12 所示。

04 单击"选择对象"按钮，选择整个图形，单击"拾取点"按钮，选择图形点 1，然后单击"确定"按钮，如图 8-13 所示。

图 8-12 "块定义"对话框

图 8-13 拾取点

05 单击"块"区域的"插入"按钮，选择"基准符号"块，如图 8-14 所示。

图 8-14 选择"基准符号"块

06 将块添加到素材图形中，如图 8-15 所示。

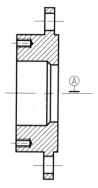

图 8-15 添加块

07 在命令行输入 LE 执行"快速引线"命令，输入 S，弹出"引线设置"对话框，如图 8-16 所示。

图 8-16　"引线设置"对话框

08 选择上中心线为起点，折弯直线，单击后弹出"形位公差"对话框，设置"符号"为平行符号，"公差 1"为 0.05，"公差 2"为 A，如图 8-17 所示。

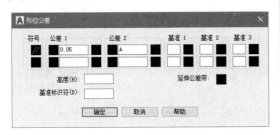

图 8-17　设置形位公差参数

09 单击"确定"按钮，最终效果如图 8-18 所示。

图 8-18　最终效果

8.2.3　创建粗糙度符号图块

表面粗糙度是指，零件的加工表面上具有

的较小间距和峰谷所形成的微观几何形状误差。粗糙度符号在机械绘图工作中是常用的符号，借助图块的功能，把绘制好的符号保存，以便在绘图过程中重复使用，下面介绍创建粗糙度符号图块的具体步骤。

01 打开"8.2.3 创建粗糙度符号图块 .dwg"素材文件，如图 8-19 所示。

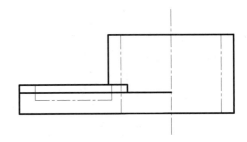

图 8-19　打开素材

02 利用"直线"命令，绘制粗糙度符号，效果如图 8-20 所示。

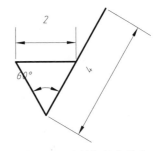

图 8-20　绘制粗糙度符号

03 单击"注释"区域的"多行文字"按钮A，在粗糙度符号上方添加文字 Ra3.2，设置字高为 0.7，如图 8-21 所示。

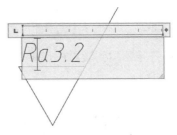

图 8-21　添加文字

04 单击"块定义"区域的"创建块"按钮，弹出"块定义"对话框，设置"名称"为"粗糙度符号"，如图 8-22 所示。

图 8-22　"块定义"对话框

05 单击"选择对象"按钮，选择整个图形。单击"拾取点"按钮，选择图形下端点，然后单击"确定"按钮，如图 8-23 所示。

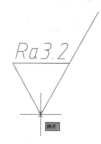

图 8-23　选择点

06 单击"块"区域的"插入"按钮，选择"粗糙度符号"块，如图 8-24 所示。

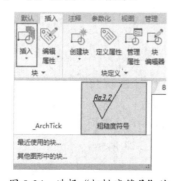

图 8-24　选择"粗糙度符号"块

07 将粗糙符号添加到素材图形中，最终效果如图 8-25 所示。

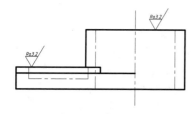

图 8-25　最终效果

8.2.4　创建标高符号图块

标高表示建筑物各部分的高度，是建筑物某一部位相对于基准面（标高的零点）的竖向高度，是竖向定位的依据。在施工图中经常有一个小的直角等腰三角形，表示三角形的尖端或向上或向下，这是标高的符号。标高符号在建筑行业中经常需要使用，绘制人员利用图块将图形保存，并重复使用，大幅提高了绘制效率。创建标高符号图块的具体操作步骤如下。

01 打开"8.2.4 创建标高符号图块 .dwg"素材文件，如图 8-26 所示。

图 8-26　打开素材

02 在空白处绘制标高符号，如图 8-27 所示。

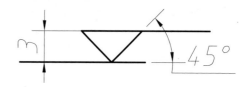

图 8-27　绘制标高符号

03 在命令行输入 ATT，弹出"属性定义"对话框，设置"标记"为"标高"，"提示"为"输入标高值"，"默认"为 ±0.000，如图 8-28 所示。

图 8-28　"属性定义"对话框

04 将属性块移至标高符号上方，如图 8-29 所示。

图 8-29　移动属性块

05 单击"块定义"区域的"创建块"按钮，弹出"块定义"对话框，设置"名称"为"标高"，如图 8-30 所示。

图 8-30　"块定义"对话框

06 单击"选择对象"按钮，选择整个图形，单击"拾取点"按钮，拾取图形的下端点，如图 8-31 所示。

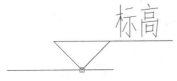

图 8-31　拾取点

07 单击"确定"按钮，弹出"编辑属性"对话框，保持默认值不变，单击"确定"按钮，如图 8-32 所示。

图 8-32　"编辑属性"对话框

08 单击"块"区域的"插入"按钮，选择"标高"块，如图 8-33 所示。

图 8-33　选择"标高"块

09 将标高符号移至适合的位置，单击后弹出"编辑属性"对话框，改变属性块的参数，如图 8-34 所示。

图 8-34　"编辑属性"对话框

10 继续添加标高符号，最终效果如图 8-35 所示。

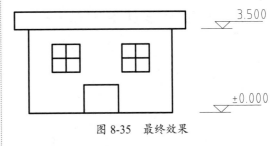

图 8-35　最终效果

8.2.5　创建属性图块

要创建带有属性的图块，一般可先绘制作

为图块元素的图形，然后创建作为块元素的属性，最后同时选中图形和属性，将其统一定义为图块并保存为块文件。图块的属性在插入过程中是可以修改的，所以针对不同的情况，可以对图块的属性做出更改，以提高工作效率。创建属性图块的具体操作步骤如下。

01 打开"8.2.5 创建属性图块 .dwg"素材文件，如图 8-36 所示。

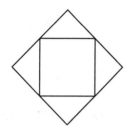

图 8-36　打开素材

02 在命令行输入 C 执行"圆"命令，在空白处绘制一个半径为 9 的圆，如图 8-37 所示。

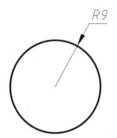

图 8-37　绘制圆

03 在命令行输入 ATT，弹出"属性定义"对话框，设置"标记"为"方向"，"提示"为"输入方向"，"默认"为"北"，如图 8-38 所示。

图 8-38　"属性定义"对话框

04 将文字属性移至圆的中心，如图 8-39 所示。

图 8-39　放置文字属性

05 单击"块"区域的"创建块"按钮，弹出"块定义"对话框，设置"名称"为"方向"，如图 8-40 所示。

图 8-40　"块定义"对话框

06 单击"选择对象"按钮，选择整个图形，单击"象限点"按钮，拾取图形的下端点，如图 8-41 所示。

图 8-41　拾取点

07 退回"块定义"对话框，单击"确定"按钮后会弹出"编辑属性"对话框，输入方向文字"北"，如图 8-42 所示。

08 单击"块"区域的"插入"按钮，选择"方向"图块，"输入方向"不变，插入块如图 8-43 所示。

图 8-42 "编辑属性"对话框

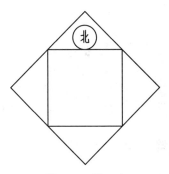

图 8-43 插入块

09 使用相同的方法添加"方向"块,改变属性块的内容,最终效果如图 8-44 所示。

图 8-44 最终效果

8.2.6 删除图块

在创建的众多图块中,也许有些已经不会使用,此时可以删除图块,减少内存占用并腾出位置。下面介绍删除图块的操作过程。

01 打开"8.2.6 删除图块 .dwg"素材文件,单

击"块"区域的"插入块"按钮，显示当前视图中已有的图块,如图 8-45 所示。

图 8-45 单击"插入块"按钮

02 选择"文件"|"图形实用程序"|"清理"命令,如图 8-46 所示。

图 8-46 选择"清理"命令

03 弹出"清理"对话框,单击"块"选项前面的加号,选择"创建动态图块"选项,如图 8-47 所示。

图 8-47 选择要清理的块

04 单击"全部清理"按钮,弹出"清理 - 确认清理"对话框,单击"清理此项目"按钮,如图 8-48 所示。

图 8-48 单击"清理此项目"按钮

05 单击"插入"按钮 ⬚，显示"创建动态图块"已经被删除，效果如图 8-49 所示。

图 8-49　删除图块的效果

8.2.7　重命名图块

当图块的名称重复，或者为了区分图块时，即可对图块执行"重命名"命令。本节介绍具体的操作方法。

01 打开"8.2.7 重命名图块 .dwg"文件。

02 在命令行输入 REN 执行"重命名"命令，在弹出的对话框的左侧选择"块"选项，在右侧的列表中选择"双人床组合"。在"重命名为"选项中修改名称，如图 8-50 所示。

图 8-50　输入名称

03 在命令行输入 I 执行"插入"命令，在列表中显示已经重命名的图块，如图 8-51 所示。

图 8-51　显示重命名的结果

04 选择图块，将其插入平面图，如图 8-52 所示。

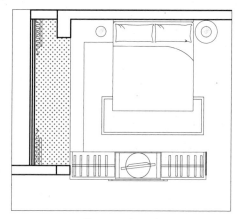

图 8-52　插入块

操作技巧：

在"插入"选项卡中单击"插入"按钮，向下弹出列表，显示当前视图中所有的图块，如图 8-53 所示，选择图块即可调用。

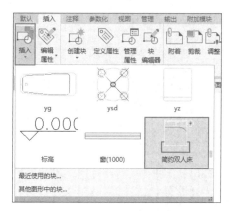

图 8-53　显示所有的图块

8.2.8　利用设计中心插入图块

在"设计中心"窗口中，以列表的形式展示图形文件的相关信息。选项信息条目，可以在右侧预览信息内容。因为这样的特点，所以利用"设计中心"来插入图块非常方便，具体操作步骤如下。

01 打开"8.2.8 利用设计中心插入图块 .dwg"文件，如图 8-54 所示。

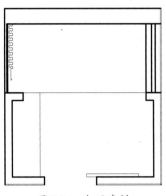

图 8-54　打开素材

02 按组合键 Ctrl+2，打开"设计中心"。展开图形文件列表，选择"块"选项，在窗口右侧预览图形中包含的所有图块，如图 8-55 所示。

图 8-55　设计中心

03 选择图块，如选择"洗手盆"图块，右击，在弹出的快捷菜单中选择"插入块"选项，如图 8-56 所示。

图 8-56　选择"插入块"选项

04 弹出"插入"对话框，如图 8-57 所示。不

修改任何参数，单击"确定"按钮。

图 8-57　"插入"对话框

05 在合适的位置单击指定基点，插入块的结果如图 8-58 所示。

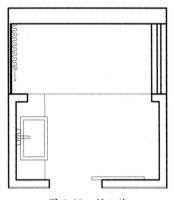

图 8-58　插入块

06 重复上述操作，继续插入块，最终效果如图 8-59 所示。

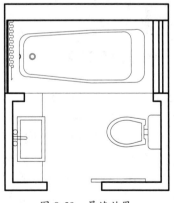

图 8-59　最终效果

8.2.9　多重插入图块

"多重插入图块"就是在图形中插入一个块的多个引用。在绘图过程中，针对有序分布

的同一个图形，可以插入该图块，然后一次性引用多个此图块且设置相应的分布规律。下面以实例来说明多重插入图块的操作过程。

01 打开"8.2.9 多重插入图块 .dwg"素材文件，如图 8-60 所示。

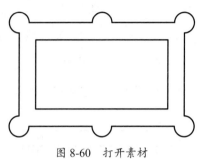

图 8-60 打开素材

02 在命令行输入 MINSERT 执行"多重插入块"命令，默认插入名称为"螺纹孔"的图块，将其移至左下角圆弧的圆心，如图 8-61 所示。

03 设置比例均为 1，角度为 0°，2 行 3 列，其行距为 30、列距为 25，最终效果如图 8-62 所示。

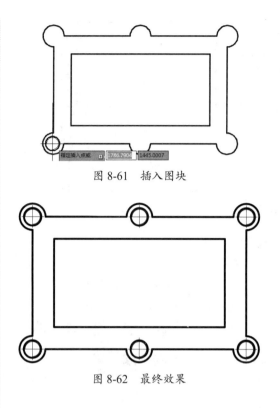

图 8-61 插入图块

图 8-62 最终效果

8.3 动态图块

通俗地讲，动态图块就是"会动"的图块。所谓"会动"，是指可以根据需要对图块的整体或局部进行动态调整。"会动"使动态图块不但像图块一样有整体操作的优势，而且拥有图块所没有的局部调整功能。

8.3.1 创建动态图块

在创建动态图块之前，应了解其外观以及在图形中的使用方式。确定当操作动态图块参照时，图块中的哪些对象会更改或移动，另外，还要确定这些对象将如何更改。下面通过实例说明创建动态图块的操作过程，本例将创建一个可旋转、可调整大小的动态图块。

01 单击"块定义"区域的"块编辑器"按钮，弹出"编辑块定义"对话框，在文本框中输入"动态图块"，如图 8-63 所示。

02 在命令行输入 L，执行"直线"命令，绘制基础图形，如图 8-64 所示。

图 8-63 创建新图块

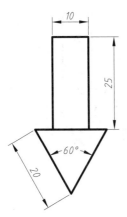

图 8-64 绘制基础图形

03 在"块编写"选项板的"参数"选项卡中单击"点"按钮，输入 L，设置标签为"基点"，选择基点为下端点，如图 8-65 所示。

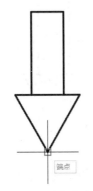

图 8-65 选择基点

04 指定选项卡位置，如图 8-66 所示。

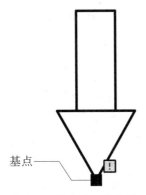

图 8-66 指定选项卡位置

05 在"块编写"选项板的"参数"选项卡中单击"线性"按钮，输入 L，设置标签为"拉伸"，选择基点为下端点，如图 8-67 所示。

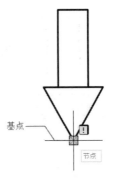

图 8-67 选择基点

06 指定选项卡位置，如图 8-68 所示。

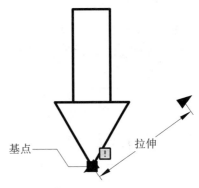

图 8-68 指定选项卡位置

07 在"块编写"选项板的"参数"选项卡中单击"角度"按钮，输入 L，设置标签为"旋转"，选择圆心为下端点，如图 8-69 所示。

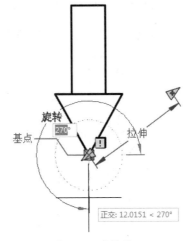

图 8-69 选择圆心

08 创建角度参数。设置半径为 10，角度为 270°，如图 8-70 所示。

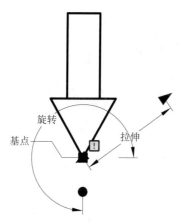

图 8-70　创建角度参数

09 在"块编写"选项板的"动作"选项卡中单击"缩放"按钮，选择参数为拉伸标签，如图 8-71 所示。

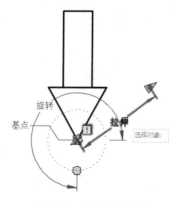

图 8-71　选择拉伸参数

10 对象选择为整个图形，如图 8-72 所示。

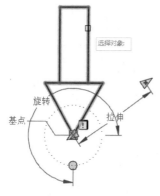

图 8-72　选择对象

11 右击结束操作，添加"缩放"动作的结果如图 8-73 所示。

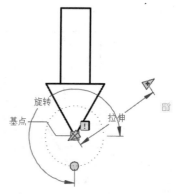

图 8-73　添加"缩放"动作

12 在"块编写"选项板的"动作"选项卡中单击"旋转"按钮，选择参数为旋转标签，如图 8-74 所示。

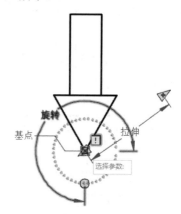

图 8-74　选择旋转参数

13 对象选择为整个图形，如图 8-75 所示。

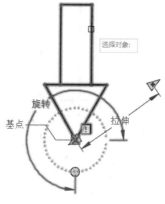

图 8-75　选择对象

14 右击结束操作，添加"旋转"动作的效果如图 8-76 所示。

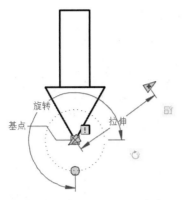

图 8-76 添加"旋转"动作

15 选择"块编辑器"|"保存"命令🖫，将定义的动态图块保存。

16 单击"块"区域的"插入"按钮🖫，在绘图区域中插入动态图块。单击图块并使用夹点缩放和旋转图块，如图 8-77 和图 8-78 所示。

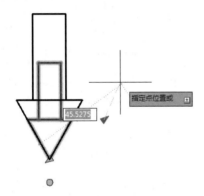

图 8-77 插入动态图块

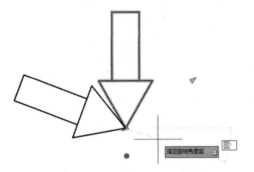

图 8-78 缩放和旋转图块

8.3.2 创建含有动作的螺钉图块

在"动作"选项卡中提供了添加动作的工

具。参照"参数"中指定的位置、角度和距离来定义图块的动作，在创建过程中设置好变化的参数，在使用时即可根据需求更改参数，变化图形，从而提高绘图效率。本例介绍创建含有动作的螺钉图块的操作过程。

01 打开"8.3.2 创建含有动作的螺钉图块 .dwg"素材文件，如图 8-79 所示。

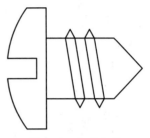

图 8-79 打开素材

02 单击"块定义"区域的"块编辑器"按钮🖫，弹出"编辑块定义"对话框，选择"当前图形"图块，单击"确定"按钮，如图 8-80 所示。

图 8-80 "编辑块定义"对话框

03 弹出"块编写"选项板，如图 8-81 所示。

图 8-81 "块编写"选项板

04 在"块编写"选项板的"参数"选项卡中单击"线性"按钮，指定"距离 1"的位置，创建参数如图 8-82 所示。

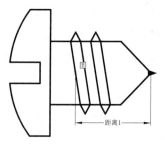

图 8-82　创建参数

05 在"块编写"选项板的"动作"选项卡中单击"拉伸"按钮，选择在上一步中创建的"距离 1"参数，设置"指定要与动作关联的参数点"为图形的右端点，如图 8-83 所示。

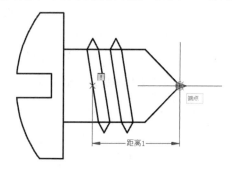

图 8-83　指定右端点

06 分别指定拉伸框架的第一角点和第二角点，绘制虚线方框，如图 8-84 所示。

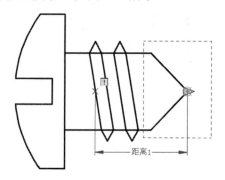

图 8-84　绘制虚线方框

07 选择拉伸对象，选择尖头部分，如图 8-85 所示。

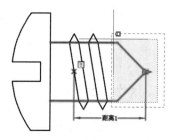

图 8-85　选择尖头部分

08 在"块编写"选项板的"动作"选项卡中单击"阵列"按钮，选择参数为"距离 1"，选择对象为左端螺纹图形，如图 8-86 所示。

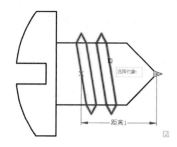

图 8-86　选择阵列对象

09 设置阵列距离为 10，右击确认，添加"阵列"动作的结果如图 8-87 所示。

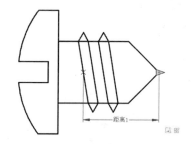

图 8-87　添加"阵列"动作

10 单击"打开 / 保存"区域的"测试块"按钮，选择图形，如图 8-88 所示。

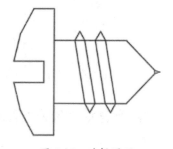

图 8-88　选择图形

11 单击左端夹点，向右拖动光标，测试图块是否设置成功，如图8-89所示。

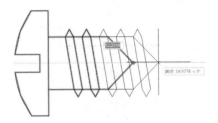

图8-89 测试效果

12 测试成功后，单击"打开/保存"区域的"将块另存为"按钮，在弹出的对话框中设置"块名"为"螺钉"，如图8-90所示。

图8-90 保存图块

8.3.3 创建含有动作的指北针图块

指北针图形是一种用于指示方向的符号，在使用过程中可能因需求的不同，指针方向发生变化，此时即可创建含有"旋转"动作的图块，旋转图形的角度，在引用图块的同时改变指针方向。创建含有动作的指北针图块的具体操作步骤如下。

01 在命令行输入C执行"圆"命令，绘制一个半径为30的圆，如图8-91所示。

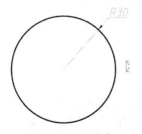

图8-91 绘制圆

02 在命令行输入L执行"直线"命令，以圆心为起点，垂直向上绘制一条线段，连接到圆，如图8-92所示。

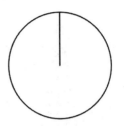

图8-92 绘制中线

03 继续使用直线命令，以直线上端点为起点，绘制一条斜线，连接到圆且与垂直线夹角为10°，如图8-93所示。

图8-93 绘制斜线

04 在命令行输入MI执行"镜像"命令，选择斜线为镜像对象，垂直线为镜像线，如图8-94所示。

图8-94 镜像对象

05 单击"绘图"区域的"图案填充"按钮，选择SOLID图案，填充箭头，如图8-95所示。

图8-95 填充图案

06 单击"注释"区域的"多行文字"按钮**A**，输入 N，调整文字高度，将其移至适当位置，如图 8-96 所示。

图 8-96　添加文字

07 单击"块定义"区域的"块编辑器"按钮，弹出"编辑块定义"对话框，选择"当前图形"，单击"确定"按钮，如图 8-97 所示。

图 8-97　编辑图形

08 在"块编写"选项板的"参数"选项卡中单击"角度"按钮，选择圆的圆心，输入半径为 30，设置角度为 360°，如图 8-98 所示。

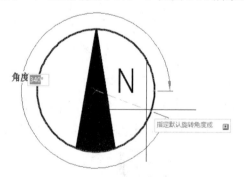

图 8-98　设置参数

09 在"块编写"选项板的"动作"选项卡中单击"旋转"按钮，选择在上一步中创建的"角度"参数，对象为圆内指针和文字，如图 8-99 所示。

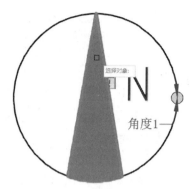

图 8-99　设置旋转动作

10 单击"打开／保存"区域的"测试块"，单击图形，测试图块如图 8-100 所示。

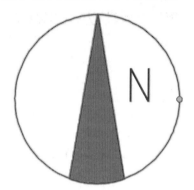

图 8-100　测试块

11 单击图块左端的夹点，拖动光标，测试图块是否设置成功，如图 8-101 所示。

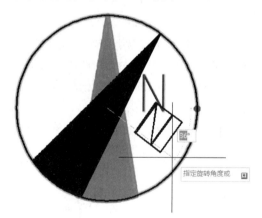

图 8-101　测试效果

12 测试成功后，单击"打开／保存"区域的"将块另存为"按钮，在弹出的对话框中设置"块名"为"指北针"，如图 8-102 所示。

图 8-102　保存图块

8.3.4　创建含有动作的阶梯轴图块

阶梯轴图形是机械制图中经常使用的图形，在绘制过程中往往需要绘制键槽，但键槽的图形位置可能不定，此时即可设置阶梯轴图块，为键槽添加"移动"动作，使创建的阶梯轴图块的键槽可以进行局部调整。创建含有动作的阶梯轴图块的具体操作步骤如下。

01 打开"8.3.4 创建含有动作的阶梯轴图块 .dwg"素材文件，如图 8-103 所示。

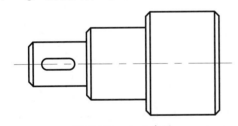

图 8-103　打开素材

02 单击"块定义"区域的"块编辑器"按钮，弹出"编辑块定义"对话框，选择"当前图块"，单击"确定"按钮，如图 8-104 所示。

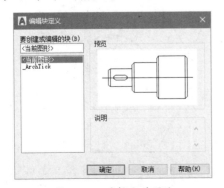

图 8-104　选择当前图块

03 弹出"块编写"选项板，如图 8-105 所示。

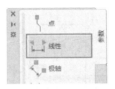

图 8-105　"块编写"选项板

04 右击"线性"按钮，在弹出的快捷菜单中选择"特性"选项，弹出"工具特性"对话框，设置夹点数为 1，如图 8-106 所示。

图 8-106　"工具特性"对话框

05 在"块编写"选项板的"参数"选项卡中，单击"线性"按钮，选择两圆弧中心点，创建"距离 1"参数，如图 8-107 所示。

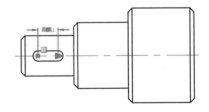

图 8-107　创建"距离 1"参数

06 在"块编写"选项板的"动作"选项卡中，单击"移动"按钮，选择参考对象为"距离 1"参数，选取关联参数点为右圆弧的圆心，如图 8-108 所示。

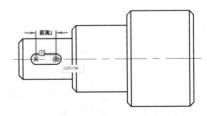

图 8-108　选取关联参数点

07 选择对象为键槽图形，如图 8-109 所示。

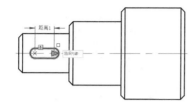

图 8-109　选择对象

08 单击"打开 / 保存"区域的"测试块"按钮 ，拖动图形，测试图块是否设置成功，如图 8-110 所示。

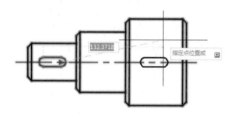

图 8-110　测试块

09 测试成功后，单击"打开 / 保存"区域的 "将块另存为"按钮 ，在"将块另存为"对话框中设置"块名"为"阶梯轴"并保存，如图 8-111 所示。

图 8-111　保存块

8.3.5　创建含有动作的螺母图块

螺母即螺帽，是与螺栓或螺杆拧在一起用来起紧固作用的零件。一般常用的螺母都有着特定的大小或型号，所以在创建螺母的动态图块时，可以利用"线性"参数的值集规定线性范围，再配合"缩放"动作，创建适应不同情

况的螺母图块。创建含有动作的螺母图块的具体操作步骤如下。

01 打开"8.3.5 创建含有动作的螺母图块 .dwg"素材文件，如图 8-112 所示。

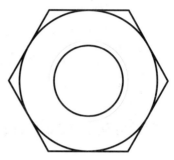

图 8-112　打开素材

02 单击"块定义"区域的"块编辑器"按钮 ，弹出"编辑块定义"对话框，选择"当前图形"，单击"确定"按钮，如图 8-113 所示。

图 8-113　选择当前图形

03 在"块编写"选项板的"参数"选项卡中单击"线性"按钮 ，创建"距离 1"参数，如图 8-114 所示。

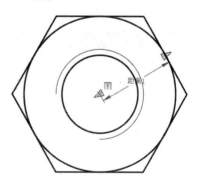

图 8-114　创建"距离 1"参数

04 选择"距离1"参数并右击，在弹出的快捷菜单中选择"特性"信息，弹出"特性"选项板，如图8-115所示。

图8-115 "特性"选项板

05 下拉滚动条，在"值集"选项组的"距离类型"下拉列表中选择"列表"选项，如图8-116所示。

图8-116 选择"列表"选项

06 单击"距离值列表"按钮 ▭，弹出"添加距离值"对话框，添加距离40、50、60，如图8-117所示。

图8-117 添加距离

07 在"块编写"选项板的"动作"选项卡中单击"缩放"按钮，选择"距离1"参数，并全选图形，如图8-118所示。

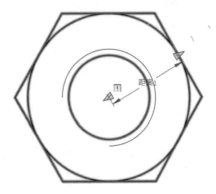

图8-118 全选图形

08 单击"打开/保存"区域的"测试块"按钮，测试图块，如图8-119所示。测试成功后，单击"打开/保存"区域的"将块另存为"按钮，弹出"将块另存为"对话框，设置"块名"为"螺母"。

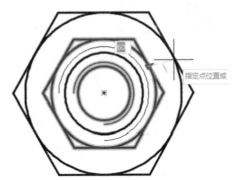

图8-119 测试块

8.3.6 编辑动态图块

已创建的动态图块中可能存在动作错误或多余动作的情况，为了避免影响正常绘图，就需要对动态图块进行编辑，将错误的动作删除，加入正确的动作。编辑动态图块的具体操作步骤如下。

01 打开"8.3.6 编辑动态图块 .dwg"素材文件。

02 单击"块定义"区域的"块编辑器"按钮，弹出"编辑块定义"对话框，如图8-120

所示。选择"当前图形",单击"确定"按钮。

图 8-120　选择"当前图形"

03 进入"块编辑器"模式,图形显示效果如图 8-121 所示。

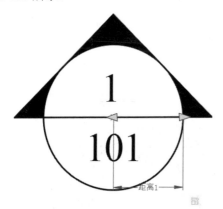

图 8-121　图形显示效果

04 右击右下角的"缩放"按钮 ,在弹出的快捷菜单中选择"删除"选项,如图 8-122 所示。

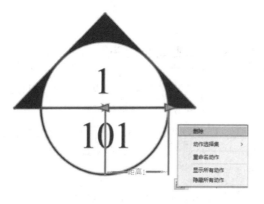

图 8-122　删除缩放

05 单击"距离 1"并右击,弹出快捷菜单,选择"删除"选项,将其删除,结果如图 8-123 所示。

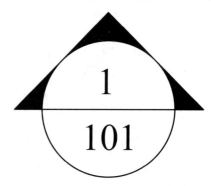

图 8-123　删除动作的效果

06 在"块编写"选项板的"参数"选项卡中单击"旋转"按钮 ,设置半径为 40、角度为 360°,添加"角度 1"参数,如图 8-124 所示。

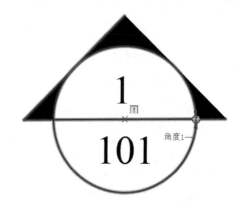

图 8-124　添加"角度 1"参数

07 单击激活"角度 1"并右击,弹出快捷菜单,选择"特性"选项,弹出"特性"选项板,如图 8-125 所示。

图 8-125　"特性"选项板

08 下拉滚动条，在"值集"的"角度类型"下拉列表中选择"列表"选项，如图8-126所示。

图8-126 选择"列表"选项

09 单击"角度值列表"按钮 □，弹出"添加角度值"对话框，添加角度为0、90、180、270，如图8-127所示。

图8-127 添加角度

10 在"块编写"选项板的"动作"选项卡中单击"旋转"按钮 ↻，选择"角度1"参数，并全选图形，如图8-128所示。

图8-128 全选图形

11 单击"打开/保存"区域的"测试块"按钮，单击图形，测试添加动作的效果，如图8-129所示。测试成功后，执行"块编辑器"|"保存"命令，将编辑好的动态图块保存。

图8-129 测试图块

8.4 综合练习

熟悉本章讲述的命令再进行综合练习，灵活运用各个命令绘图往往能起到事半功倍的效果。

8.4.1 绘制摇臂升降电动机电路图

此摇臂升降电动机要求可以正反向启动，及过载保护，回路串联正反基点器主触点和熔断器。电路图中有很多相同或类似的图形，如开关、电阻、电动机等，借助图块命令事先创建并保存相应的图形，在绘制电路过程中直接引用，往往能减少绘图工作量并提高绘图准确性。绘制摇臂升降电动机电路图的具体操作步骤如下。

01 以本书附赠的"机械样板 .dwt"作为基础样板，新建空白文件。

02 绘制电动机图块。在命令行输入 C 执行"圆"命令，绘制半径为 30 的圆；单击"注释"区域的"多行文字"按钮**A**，输入文字 3～，设置字高为 10，如图 8-130 所示。

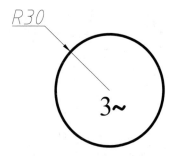

图 8-130　绘制电动机图块

03 在命令行输入 ATT，弹出"属性定义"对话框，设置"标记"为"电动机"，"提示"为"型号"，"默认"为"M1"以及其他参数，如图 8-131 所示。

图 8-131　设置参数

04 单击"确定"按钮，将属性文字移至适当的位置，如图 8-132 所示。

图 8-132　属性文字位置

05 单击"块定义"中的"创建块"按钮，弹出"块定义"对话框，设置"名称"为"电动机"，如图 8-133 所示。

图 8-133　"块定义"对话框

06 选择对象为整个图形，拾取点为圆心，如图 8-134 所示。

图 8-134　选择对象

07 单击"确定"按钮，弹出"编辑属性"对话框，保持默认值不变，单击"确定"按钮，如图 8-135 所示。

图 8-135　"编辑属性"对话框

08 绘制熔断器。单击"绘图"区域的"矩形"按钮 ▱，在空白处绘制矩形，如图 8-136 所示。

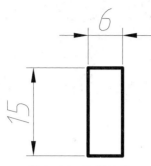

图 8-136 绘制矩形

09 绘制热继电器。单击"绘图"区域的"矩形"按钮 ▱，在空白处绘制长 60、宽 25 的矩形，如图 8-137 所示。

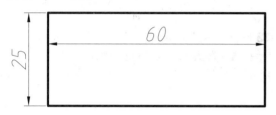

图 8-137 绘制矩形

10 在命令行输入 L 执行"直线"命令，绘制直线，如图 8-138 所示。

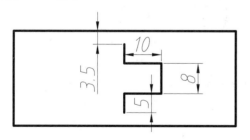

图 8-138 绘制直线

11 绘制主触点控制开关。在命令行输入 L 执行"直线"命令，绘制一条斜线，如图 8-139 所示。

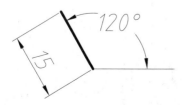

图 8-139 绘制斜线

12 利用"直线""圆"和"修剪"命令绘制触点图形，如图 8-140 所示。

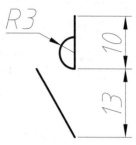

图 8-140 绘制触点图形

13 在命令行输入 CO 执行"复制"命令，将图形向右平移 20 和 40 并复制，如图 8-141 所示。

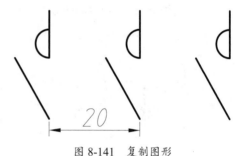

图 8-141 复制图形

14 绘制手动开关。利用"直线"和"复制"命令，绘制 3 条斜线，如图 8-142 所示。

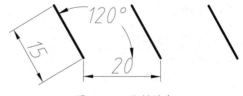

图 8-142 绘制斜线

15 在命令行输入 L 执行"直线"命令，绘制直线完善按钮图形，如图 8-143 所示。

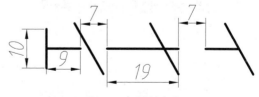

图 8-143 绘制直线

16 图形绘制完毕，开始创建图块。单击"块定义"中的"创建块"按钮 ▱，弹出"块定义"对话框，设置"名称"为"熔断器"，如图 8-144 所示。

图 8-144　设置名称

17 单击"选择对象"按钮，选择熔断器图形；
单击"拾取点"按钮，选择图形的水平线中点，
单击"确定"按钮，创建图块如图 8-145 所示。

图 8-145　创建图块

18 继续定义图块。从左至右，图块名称分别
为热继电器、主触点控制开关和手动控制开关，
如图 8-146 所示。

图 8-146　创建图块

19 单击"块"区域的"插入块"按钮，选
择电动机图块，弹出"编辑属性"对话框，设
置型号，如图 8-147 所示。

图 8-147　设置型号

20 插入 3 个电动机图块，如图 8-148 所示。

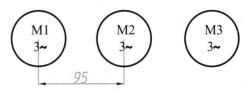

图 8-148　插入 3 个电动机图块

21 利用"直线"和"偏移"命令绘制线路，
如图 8-149 所示。

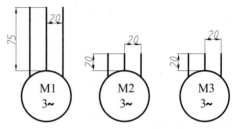

图 8-149　绘制线路

22 单击"块"区域的"插入块"按钮，插
入手动控制开关和热继电器图块，如图 8-150
所示。

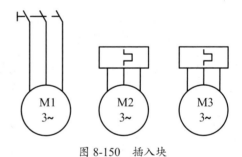

图 8-150　插入块

23 继续利用"直线"和"偏移"命令绘制线路，
如图 8-151 所示。

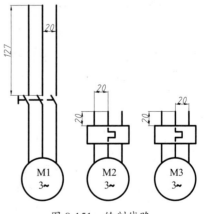

图 8-151　绘制线路

24 单击"块"区域的"插入块"按钮，插入熔断器和主触点控制开关图块，如图 8-152 所示。

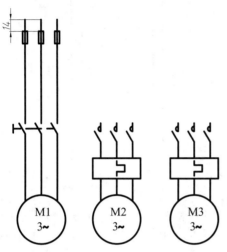

图 8-152 插入块

25 继续利用"直线"和"偏移"命令绘制线路，如图 8-153 所示。

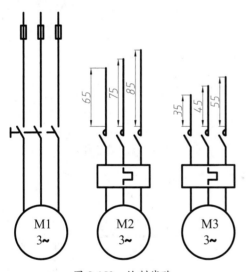

图 8-153 绘制线路

26 单击"块"区域的"插入块"按钮，插入熔断器图块，如图 8-154 所示。

27 单击"块"区域的"插入块"按钮，插入熔断器图块；利用"直线"命令，绘制线路，如图 8-155 所示。

28 单击"注释"区域的"多行文字"按钮A，标记各个线路和零件代号，如图 8-156 所示。

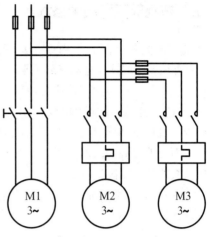

图 8-154 插入熔断器图块

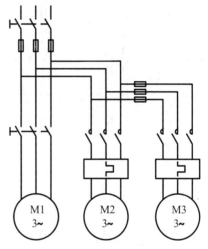

图 8-155 插入块并绘制线路

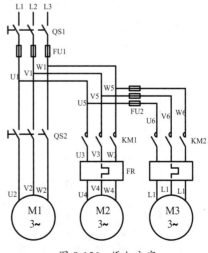

图 8-156 添加文字

8.4.2　在建筑平面图中插入块

建筑平面图是展现建筑内部布局的效果图，图中有很多相同或类似的家具图形，如床、椅子、清洗盆等，逐一绘制往往会耗费大量的精力，合理利用图块命令创建好相应的家具图块，在绘图过程中加以引用，不仅能减少绘图工作量，而且能提高绘图准确度。在建筑平面图中插入块的具体操作步骤如下。

01 打开"8.4.2 在建筑平面图中插入块 .dwg"素材文件，如图 8-157 所示。

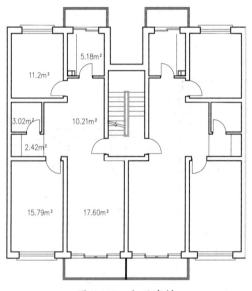

图 8-157　打开素材

02 绘制清洗盆。单击"绘图"区域的"矩形"按钮▢，在空白处绘制矩形，如图 8-158 所示。

图 8-158　绘制矩形

03 使用"矩形"命令，绘制一个小矩形，如图 8-159 所示。

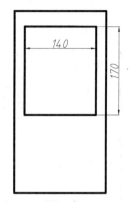

图 8-159　绘制小矩形

04 单击"修改"区域的"倒角"按钮◢，设置倒角距离为 10，小矩形四角倒角，如图 8-160 所示。

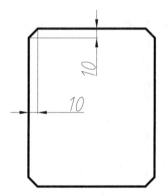

图 8-160　创建倒角

05 在命令行输入 L 执行"直线"命令，绘制一个等腰梯形，如图 8-161 所示。

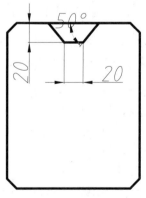

图 8-161　绘制等腰梯形

06 在命令行输入C执行"圆"命令，绘制半径为15的圆，如图8-162所示。

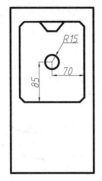

图 8-162　绘制圆

07 绘制大便器。单击"绘图"区域的"矩形"按钮□，绘制矩形。在命令行输入F执行"圆角"命令，设置半径值为6，为矩形创建圆角，如图8-163所示。

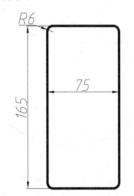

图 8-163　绘制矩形并创建圆角

08 在命令行输入L执行"直线"命令，绘制一条长82.5的直线。利用"偏移"命令，指定距离为52.5，向上、下分别偏移直线，如图8-164所示。

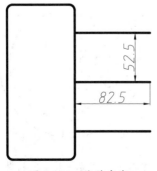

图 8-164　偏移直线

09 单击"绘图"区域的"椭圆"按钮⊕，以直线右端为圆心，绘制椭圆，如图8-165所示。

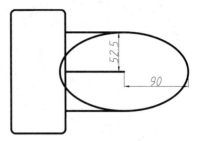

图 8-165　绘制椭圆

10 在命令行输入L执行"直线"命令，绘制一条垂直线，如图8-166所示。

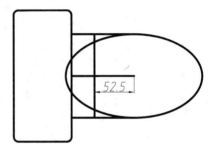

图 8-166　绘制垂直线

11 利用"修剪"和"删除"命令删除多余的线条，如图8-167所示。

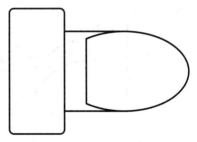

图 8-167　删除多余的线条

12 绘制洗脸盆。在命令行输入L执行"直线"命令，绘制两条中心线；在命令行输入C执行"圆"命令，绘制半径为75和105的圆，如图8-168所示。

13 在命令行输入M执行"移动"命令，选择小圆，向右移动15，如图8-169所示。

14 在命令行输入O执行"偏移"命令，设置距离为37.5，向左偏移垂直中心线，如图8-170所示。

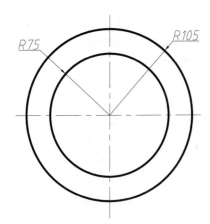

图 8-168　绘制中心线和圆

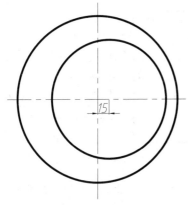

图 8-169　移动小圆

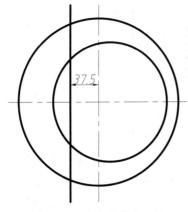

图 8-170　向左偏移中心线

15 利用"修剪"和"删除"命令删除多余的
线条，如图 8-171 所示。

16 在命令行输入 L 执行"直线"命令，绘制
一个矩形，如图 8-172 所示。

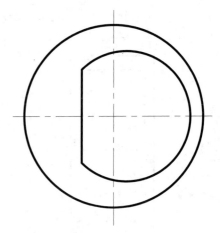

图 8-171　删除多余的线条

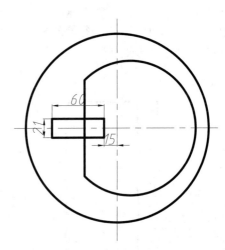

图 8-172　绘制矩形

17 在命令行输入 C 执行"圆"命令，绘制半
径为 10.5 的圆；在命令行输入 MI 执行"镜像"
命令，选择镜像对象为小圆，镜像线为水平中
心线，镜像复制圆形如图 8-173 所示。

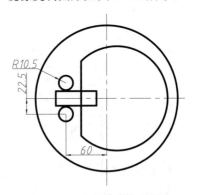

图 8-173　绘制并镜像复制圆

18 利用"修剪"和"删除"命令，删除多余的线条，如图 8-174 所示。

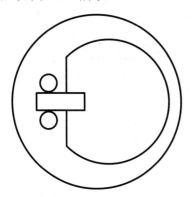

图 8-174 删除多余的线条

19 绘制炉灶。单击"绘图"区域的"矩形"按钮□，在空白处绘制矩形，如图 8-175 所示。

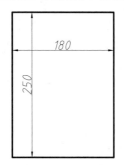

图 8-175 绘制矩形

20 在命令行输入 L 执行"直线"命令，绘制矩形，如图 8-176 所示。

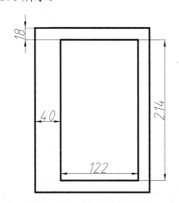

图 8-176 继续绘制矩形

21 继续利用"直线"命令，绘制水平中心线；利用"圆"命令，绘制半径为 11 和 30 的圆，如图 8-177 所示。

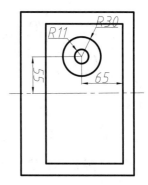

图 8-177 绘制中心线和圆

22 利用"镜像"命令，以水平线为镜像线，向下镜像复制圆形，如图 8-178 所示。

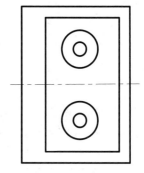

图 8-178 镜像复制圆形

23 在命令行输入 L 执行"直线"命令，绘制竖直线，如图 8-179 所示。

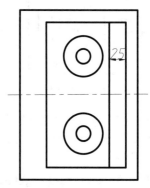

图 8-179 绘制竖直线

24 单击"绘图"区域的"椭圆"按钮 ⊕，绘制椭圆；在命令行输入 L 执行"直线"命令，以椭圆上、下端点为起点，绘制两条长度为 3 的直线；在命令行输入 CO 执行"复制"命令，复制椭圆并向右移动 3，然后修剪图形，绘制结果如图 8-180 所示。

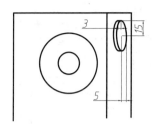

图 8-180　绘制结果

25 在命令行输入 L 执行"直线"命令，绘制矩形，如图 8-181 所示。

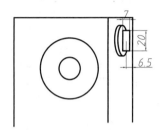

图 8-181　绘制矩形

26 在命令行输入 MI 执行"镜像"命令，将在前几步绘制的图形以水平线为镜像线，向下镜像复制，然后修剪图形，结果如图 8-182 所示。

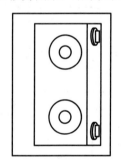

图 8-182　复制并修剪图形

27 单击"块定义"区域的"创建块"按钮，弹出"块定义"对话框，设置"名称"为"清洗盆"，如图 8-183 所示。

图 8-183　"块定义"对话框

28 单击"选择对象"按钮，选择全部图形；单击"拾取点"按钮，选择图形的左上端点，如图 8-184 所示。单击"确定"按钮，结束创建图块的操作。

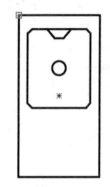

图 8-184　选择对象

29 继续相同的操作定义图块。从左至右，块名称分别为"大便器""洗脸盆"和"炉灶"，如图 8-185 所示。

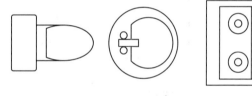

图 8-185　创建块

30 单击"块"区域的"插入"按钮，选择图块并插入素材图形，如图 8-186 所示。

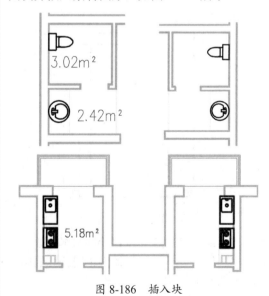

图 8-186　插入块

31 最终效果如图 8-187 所示。

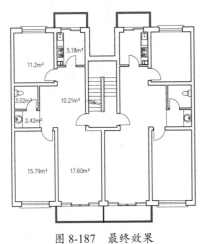

图 8-187　最终效果

8.4.3　创建吊钩动态块

工具选项板是一个比设计中心更加强大的组件，它能够将图块、几何图形（如直线、圆、多段线）、填充、外部参照、光栅图像以及命令都组织到工具选项板中并创建成工具，以便将这些工具应用于当前正在设计的图纸中。事先将绘制好的动态图块导入工具选项板，准备好需要的零件图块甚至零件图块库，待使用时选出，能够大幅提高绘图效率。创建吊钩动态图块的具体操作步骤如下。

01 以本书附赠的"机械样板 .dwt"作为基础样板，新建空白文件。

02 选择"中心线"图层。在命令行输入 L 执行"直线"命令，绘制 5 条中心线，如图 8-188 所示。

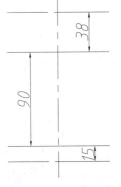

图 8-188　绘制中心线

03 选择"轮廓线"图层。在命令行输入 REC 执行"矩形"命令，绘制长 23、宽 38 的矩形，如图 8-189 所示。

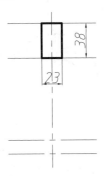

图 8-189　绘制矩形

04 在命令行输入 O 执行"偏移"命令，将垂直中心线向右偏移 9，如图 8-190 所示。

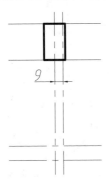

图 8-190　偏移中心线

05 在命令行输入 C 执行"圆"命令，捕捉中心线交点为圆心，绘制半径为 20 和 48 的圆，如图 8-191 所示。

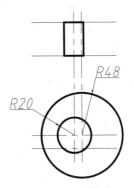

图 8-191　绘制圆

06 在命令行输入 O 执行"偏移"命令，将垂直中心线向左、右分别偏移 15，如图 8-192 所示。

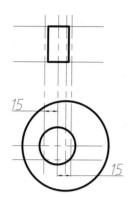

图 8-192　偏移中心线

07 单击"修改"区域的"圆角"按钮□，输入 R，设置半径为 40，选择最右侧的垂直中心线和半径为 48 的圆，创建圆角如图 8-193 所示。

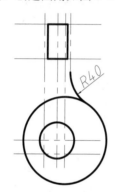

图 8-193　创建圆角

08 继续执行"圆角"命令，选择最左侧的垂直中心线和半径为 20 的圆，创建圆角的效果如图 8-194 所示。

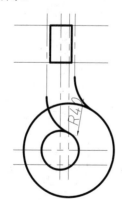

图 8-194　创建圆角的效果

09 在命令行输入 O 执行"偏移"命令，将半径为 20 的圆向外偏移 40，如图 8-195 所示。

图 8-195　偏移圆形

10 在命令行输入 C 执行"圆"命令，以上一步偏移的圆与水平中心线的交点为圆心，绘制半径为 40 的圆，如图 8-196 所示。

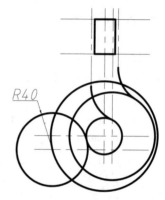

图 8-196　绘制圆

11 在命令行输入 E 执行"删除"命令，删除多余的线条，如图 8-197 所示。

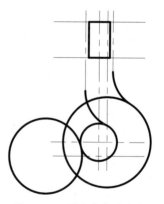

图 8-197　删除多余的线条

12 在命令行输入 O 执行"偏移"命令，将半径为 48 的圆向外偏移 23，如图 8-198 所示。

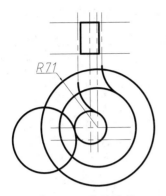

图 8-198 偏移圆形

13 在命令行输入 C 执行"圆"命令，以上一步偏移的圆与水平中心线的交点为圆心，绘制半径为 23 的圆，如图 8-199 所示。

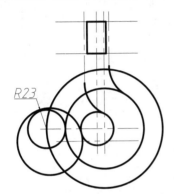

图 8-199 绘制圆

14 在命令行输入 E 执行"删除"命令，删除多余的线条，效果如图 8-200 所示。

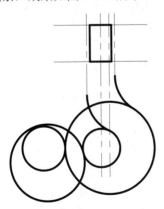

图 8-200 删除多余的线条

15 单击"绘图"区域的"相切、相切、相切"按钮，绘制相切圆，效果如图 8-201 所示。

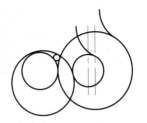

图 8-201 绘制相切圆

16 利用"删除"和"修剪"命令，删除多余的线条，效果如图 8-202 所示。

图 8-202 删除多余的线条

17 全选图形，将图层改为"轮廓线"图层，如图 8-203 所示。

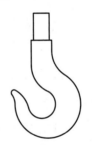

图 8-203 修改图层

18 单击"块定义"区域的"创建块"按钮，弹出"块定义"对话框，设置"名称"为"吊钩"，如图 8-204 所示。

图 8-204 "块定义"对话框

19 单击"选择对象"按钮,选择绘制的整个图形,如图 8-205 所示;单击"拾取点"按钮,拾取图形的上端线段的中点,单击"确定"按钮创建块。

图 8-205　选择对象

20 单击"块定义"区域的"块编辑器"按钮，弹出"编辑块定义"对话框，选择"吊钩"选项，单击"确定"按钮，如图 8-206 所示。

图 8-206　选择"吊钩"选项

21 在"块编写"选项板的"参数"选项卡中单击"角度"按钮，选择基点为圆弧的圆心，输入半径为50、角度为360°，创建"角度1"参数，如图 8-207 所示。

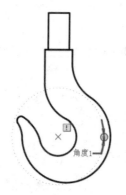

图 8-207　创建"角度 1"参数

22 在"块编写"选项板的"动作"选项卡中单击"旋转"按钮，选择"角度 1"参数，全选图形，添加"旋转"动作，如图 8-208 所示。

图 8-208　添加"旋转"动作

23 在"块编写"选项板的"参数"选项卡中单击"线性"按钮，创建"距离 1"参数，如图 8-209 所示。

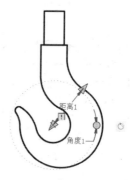

图 8-209　创建"距离 1"参数

24 单击"距离 1"参数并右击，弹出快捷菜单，选择"特性"选项，弹出"特性"选项板，下拉滚动条，在"值集"选项组的"距离类型"下拉列表中选择"列表"选项，如图 8-210 所示。

图 8-210　选择"列表"选项

25 单击"距离值列表"按钮 ▭，弹出"添加距离值"对话框，添加距离 50.0000、54.3027、60.0000、70.0000、80.0000，如图 8-211 所示。

图 8-211　添加距离

26 在"块编写"选项板的"动作"选项卡中单击"缩放"按钮，选择"距离 1"参数，全选图形，添加"缩放"动作，如图 8-212 所示。

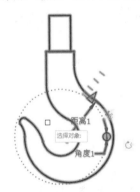

图 8-212　添加"缩放"动作

27 单击"打开 / 保存"区域的"测试块"按钮，选择图块，如图 8-213 所示。

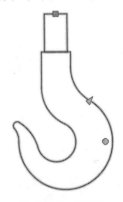

图 8-213　测试块

28 单击夹点，拖动图形，测试图块是否设置成功，如图 8-214 所示。测试成功后，选择"块编辑器"|"保存"命令，将编辑好的动态块保存。

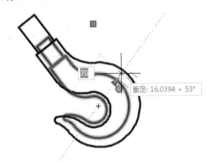

图 8-214　测试效果

29 按组合键 Ctrl+3，弹出"工具"选项板，右击左侧的按钮，在弹出的快捷菜单中选择"新建选项板"选项，如图 8-215 所示。

图 8-215　选择"新建选项板"选项

30 设置新选项板的名称为"自制图块"，选择"吊钩"图块，按住左键不放，将图块拖入"工具选项板"选项板中，如图 8-216 所示。

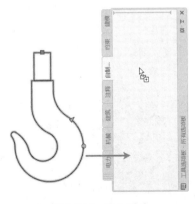

图 8-216　拖入图块

31 创建完毕，最终效果如图 8-217 所示。

图 8-217　最终效果

操作技巧：

假如在添加动态图块到工具选项板前没有存储当前的图形文件，系统会弹出如图8-218所示的提示对话框，提醒先存储文件再添加图块。

图 8-218　提示对话框

第 9 章　参数化绘图

项目导读

参数化绘图是指使用图形约束功能编辑图形，能够使设计更加方便，这也是今后设计领域的发展趋势。常用的约束有几何约束和尺寸约束两种，其中几何约束用于控制对象的关系；尺寸约束用于控制对象的距离、长度、角度和半径值。

9.1　几何约束

常用的对象约束有几何约束和尺寸约束两种，其中几何约束用于控制对象的位置关系，包括重合、共线、平行、垂直、同心、相切、相等、对称、水平和垂直等；尺寸约束用于控制对象的距离、长度、角度和半径，包括对齐约束、水平约束、垂直约束、半径约束、直径约束以及角度约束等。

9.1.1　创建重合约束

重合约束用于约束两点使其重合，或约束一个点使其位于曲线（或曲线的延长线）上。可以使对象上的约束点与某个对象重合，也可以使其与另一对象上的约束点重合。通过重合约束连接在一起的图形，无论再进行何种操作，都会保持相连的状态，这是其他命令所不能达到的效果。创建重合约束的具体操作步骤如下。

01 打开"9.1.1 创建重合约束"素材文件，如图 9-1 所示。

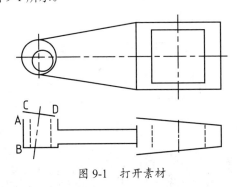

图 9-1　打开素材

02 在"参数化"选项卡中，单击"几何"区域的"重合"按钮，如图 9-2 所示。

图 9-2　单击"重合"按钮

03 使线 AB 和线 CD 在 A 点重合，如图 9-3 所示，命令行操作如下。

```
命令：_GcCoincident
    //调用"重合"约束命令
选择第一个点或 [对象 (O)/自动约束 (A)]
<对象>：        //捕捉并单击 A 点
选择第二个点或 [对象 (O)] <对象>：
    //捕捉并单击 C 点，创建重合约束
```

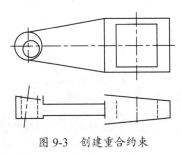

图 9-3　创建重合约束

9.1.2 创建垂直约束

垂直约束使选定的直线彼此垂直，可以应用在两个直线对象之间。除了可以使用前文讲解的方法绘制垂线外，也可以使用约束的方法强制将某一条直线垂直于另一对象，具体操作步骤如下。

01 打开 "9.1.2 创建垂直约束" 素材文件，如图 9-4 所示。

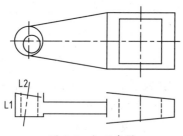

图 9-4　打开素材

02 在 "参数化" 选项卡中，单击 "几何" 区域的 "垂直" 按钮，如图 9-5 所示。

图 9-5　单击 "垂直" 按钮

03 使直线 L1 和 L2 相互垂直，如图 9-6 所示。命令行操作如下。

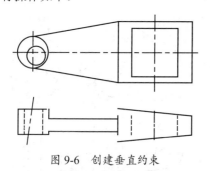

图 9-6　创建垂直约束

```
命令：_GcPerpendicular
    //调用"垂直"约束命令
选择第一个对象：
    //选择直线 L1
选择第二个对象：
    //选择直线 L2
```

9.1.3 创建共线约束

共线约束可以控制两条或多条直线到同一直线方向，常用来创建空间共线的对象。如果要将一直线对齐至另一直线，使用共线约束无疑是最快捷的方法。创建共线约束的具体操作步骤如下。

01 打开 "9.1.3 创建共线约束 .dwg" 素材文件，如图 9-7 所示。

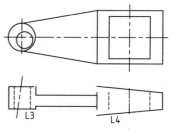

图 9-7　打开素材

02 在 "参数化" 选项卡中，单击 "几何" 区域的 "共线" 按钮，如图 9-8 所示。

图 9-8　单击 "共线" 按钮

03 选择直线 L3 和 L4，使二者共线，如图 9-9 所示。命令行操作如下。

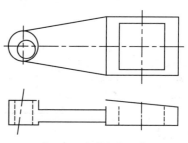

图 9-9　创建共线约束

```
命令：_GcCollinear
    //调用"共线"约束命令
选择第一个对象或 [多个(M)]：
    //选择直线 L3
选择第二个对象：
    //选择直线 L4
```

9.1.4 创建相等约束

相等约束是将选定圆弧和圆约束为半径相等，或将选定直线约束为长度相等。如果要将不同的图形修改为相同大小，使用相等约束的方法无疑要比手动修改尺寸快很多。创建相等约束的具体操作步骤如下。

01 打开"9.1.4 创建相等约束 .dwg"素材文件，如图 9-10 所示。

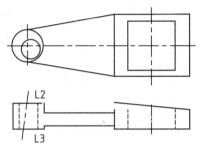

图 9-10 打开素材

02 在"参数化"选项板中，单击"几何"区域的"相等"按钮 =，如图 9-11 所示。

图 9-11 单击"相等"按钮

03 选择直线 L2 和 L3，创建相等约束，如图 9-12 所示。命令行操作如下。

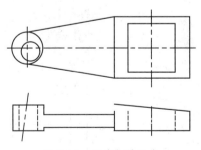

图 9-12 创建相等约束

```
命令：_GcEqual
    // 调用"相等"约束命令
选择第一个对象或 [多个 (M)]：
    // 选择 L3 直线
选择第二个对象：
    // 选择 L2 直线
```

9.1.5 创建同心约束

同心约束是将两个圆弧、圆或椭圆约束到同一个中心点，效果相当于为圆弧和另一圆弧的圆心添加重合约束。如果要将多个圆对象设为同心，相较于夹点编辑和"移动"命令来说，使用同心约束的方法更方便。创建同心约束的具体操作步骤如下。

01 打开"9.1.5 创建同心约束 .dwg"素材文件，如图 9-13 所示。

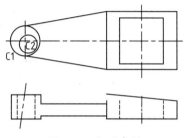

图 9-13 打开素材

02 在"参数化"选项卡中，单击"几何"区域的"同心"按钮 ◎，如图 9-14 所示。

图 9-14 单击"同心"按钮

03 选择圆 C1 和 C2，创建同心约束，如图 9-15 所示。命令行操作如下。

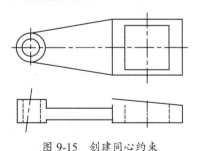

图 9-15 创建同心约束

```
命令：_GcConcentric
    // 调用"同心"约束命令
选择第一个对象：
    // 选择圆 C1
选择第二个对象：
    // 选择圆 C2
```

9.1.6 创建垂直约束

选择任意直线或点，创建垂直约束，可以使所选直线或点与当前坐标系 Y 轴平行。创建垂直约束的具体操作步骤如下。

01 打开"9.1.6 创建垂直约束 .dwg"素材文件，如图 9-16 所示。

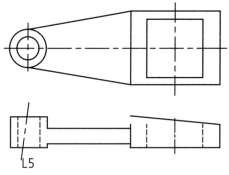

图 9-16 打开素材

02 在"参数化"选项卡中，单击"几何"区域的"垂直"按钮 ⫯⃗，如图 9-17 所示。

图 9-17 单击"垂直"按钮

03 选择中心线 L5，创建垂直约束，如图 9-18 所示。命令行操作如下。

```
命令：_GcVertical
        // 调用"垂直"约束命令
选择对象或 ［两点 (2P)］ <两点 >:
        // 选择中心线 L5
```

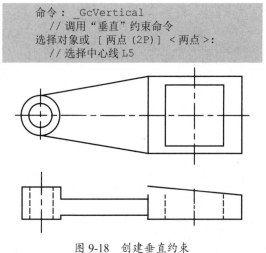

图 9-18 创建垂直约束

9.1.7 创建水平约束

选择任意直线或点，创建水平约束，可以使所选直线或点与当前坐标系的 X 轴平行。创建水平约束的具体操作步骤如下。

01 打开"9.1.7 创建水平约束 .dwg"素材文件，如图 9-19 所示。

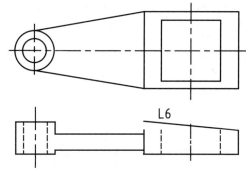

图 9-19 打开素材

02 在"参数化"选项卡中，单击"几何"区域的"水平"按钮 ⇶，如图 9-20 所示。

图 9-20 单击"水平"按钮

03 选择直线 L6，创建水平约束，如图 9-21 所示。命令行操作如下。

```
命令：_GcHorizontal
        // 调用"水平"约束命令
选择对象或 ［两点 (2P)］ <两点 >:
        // 在直线 L6 右半部分单击
```

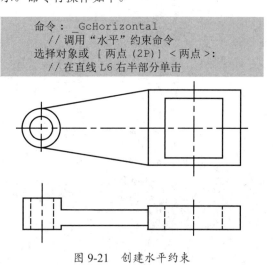

图 9-21 创建水平约束

9.1.8 创建平行约束

执行平行约束,可以将两条直线设置为彼此平行,通常用来编辑相交的直线。创建平行约束的具体操作步骤如下。

01 打开"9.1.8 创建平行约束 .dwg"素材文件,如图 9-22 所示。

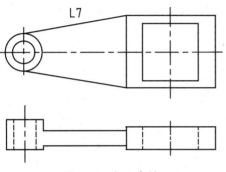

图 9-22 打开素材

02 在"参数化"选项卡中,单击"几何"区域的"平行"按钮 ⫽,如图 9-23 所示。

图 9-23 单击"平行"按钮

03 创建平行约束,使直线 L7 与中心线相互平行,如图 9-24 所示。命令行操作如下。

```
命令：_GcParallel
    // 调用"平行"约束命令
选择第一个对象：
    // 选择中心辅助线
选择第二个对象：
    // 选择直线 L7
```

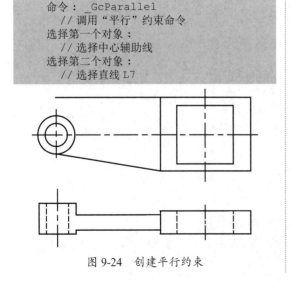

图 9-24 创建平行约束

9.1.9 创建相切约束

相切约束是使直线和圆弧、圆弧和圆弧处于相切的位置,但单独的相切约束不能控制切点的精确位置。创建相切约束的具体操作步骤如下。

01 打开"9.1.9 创建相切约束 .dwg"素材文件,如图 9-25 所示。

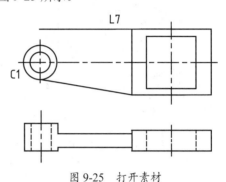

图 9-25 打开素材

02 在"参数化"选项卡中,单击"几何"区域的"相切"按钮 ⌒,如图 9-26 所示。

图 9-26 单击"相切"按钮

03 选择圆 C1 与直线 L7,创建相切约束,如图 9-27 所示。命令行操作如下。

```
命令：_GcTangent
    // 调用"相切"约束命令
选择第一个对象：
    // 选择圆 C1
选择第二个对象：
    // 选择直线 L7
```

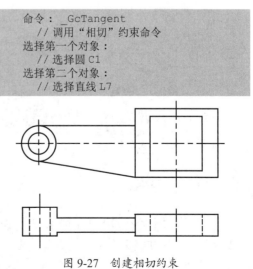

图 9-27 创建相切约束

9.1.10 创建对称约束

对称约束是使选定的两个对象相对于选定直线对称，操作方法类似"镜像"命令。创建对称约束的具体操作步骤如下。

01 打开"9.1.10 创建对称约束 .dwg"素材文件，如图 9-28 所示。

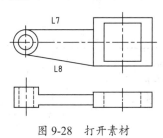

图 9-28 打开素材

02 在"参数化"选项卡中，单击"几何"区域的"对称"按钮，如图 9-29 所示。

图 9-29 单击"对称"按钮

03 选择直线 L8 与 L7，创建对称约束，如图 9-30 所示。命令行操作如下。

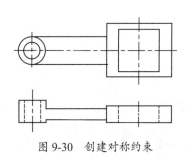

图 9-30 创建对称约束

```
命令：_GcSymmetric
    //调用"对称"约束命令
选择第一个对象或 [两点 (2P)] <两点 >：
```

```
    //选择直线 L7
选择第二个对象：
    //选择斜线 L8
选择对称直线：
    //选择水平中心线
```

9.1.11 创建固定约束

在添加约束之前，为了防止某些对象产生不必要的移动，可以添加固定约束。添加固定约束之后，该对象将保持不动，不能被移动或修改。创建固定约束的具体操作步骤如下。

01 打开"9.1.11 创建固定约束 .dwg"素材文件，如图 9-31 所示。

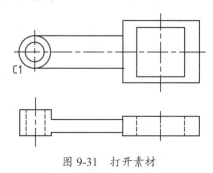

图 9-31 打开素材

02 在"参数化"选项卡中，单击"几何"区域的"固定"按钮，如图 9-32 所示。

图 9-32 单击"固定"按钮

03 命令行操作如下。

```
命令：_GcFix
    //调用"固定"约束命令
选择点或 [对象 (O)] <对象 >：✓
    //按 Enter 键使用默认选项
选择对象：
    //选择圆 C1 创建约束
```

9.2 尺寸约束

尺寸约束用于控制二维对象的大小、角度以及两点之间的距离，改变尺寸约束将驱动对象发生相应变化。尺寸约束类型包括对齐约束、水平约束、垂直约束、半径约束、直径约束以及角度约束等。

9.2.1 添加垂直尺寸约束

垂直尺寸约束是线性约束中的一种，用于约束两点之间的垂直距离，约束之后的两点将始终保持该距离。通过添加垂直尺寸约束，可以有效地修改图形高度。尤其在以后的工作中要对图形进行修改时，只需更改垂直约束中的尺寸数值，即可对图形进行相应的修改，达到"拉伸"或"移动"命令的效果，十分方便。添加垂直尺寸约束的具体操作步骤如下。

01 打开"9.2.1 添加垂直尺寸约束 .dwg"素材文件，如图 9-33 所示。

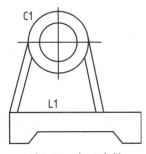

图 9-33 打开素材

02 在"参数化"选项卡中，单击"标注"区域的"竖直"按钮，如图 9-34 所示。

图 9-34 单击"竖直"按钮

03 选择圆 C1 的圆心与素材图形的底边，添加垂直尺寸约束，命令行操作如下。

```
命令：_DcVertical
        // 调用"垂直"约束命令
指定第一个约束点或 [对象 (O)] ＜对象＞：
        // 捕捉圆 C1 的圆心
指定第二个约束点：
        // 捕捉直线 L1 左侧端点
指定尺寸线位置：
// 拖动尺寸线，在合适位置单击放置尺寸线
标注文字 = 18.12
        // 该尺寸的当前值
```

04 清除尺寸文本框并输入 20，按 Enter 键确认，尺寸约束的效果如图 9-35 所示。

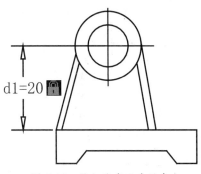

图 9-35 添加垂直尺寸约束

9.2.2 添加水平尺寸约束

水平尺寸约束是线性约束中的一种，用于约束两点之间的水平距离，约束之后的两点将始终保持该距离。添加水平尺寸约束的具体操作步骤如下。

01 打开"9.2.2 添加水平尺寸约束 .dwg"素材文件。

02 在"参数化"选项卡中，单击"标注"区域的"水平"按钮，如图 9-36 所示。

03 命令行操作如下。

```
命令：_DcHorizontal
        // 调用"水平"约束命令
指定第一个约束点或 [对象 (O)] ＜对象＞：
        // 捕捉直线 L2 下端点
指定第二个约束点：
        // 捕捉直线 L3 下端点
指定尺寸线位置：
        // 指定尺寸线位置
标注文字 = 35
```

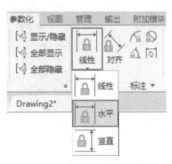

图 9-36 单击"水平"按钮

04 在文本框中输入 32，最终效果如图 9-37
所示。

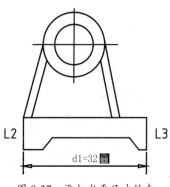

图 9-37　添加水平尺寸约束

9.2.3　添加对齐尺寸约束

对齐尺寸约束用于约束两点或两直线之间
的距离，可以约束水平距离、垂直尺寸或倾斜
尺寸。添加对齐尺寸约束的具体操作步骤如下。

01 打开"9.2.3 添加对齐尺寸约束 .dwg"素材
文件。

02 在"参数化"选项卡中，单击"标注"区
域的"对齐"按钮，如图 9-38 所示。

图 9-38　单击"对齐"按钮

03 命令行操作如下。

```
命令：_DcAligned
    // 调用"对齐"约束命令
    指定第一个约束点或 [对象 (O)/点和直线
(P)/两条直线 (2L)] <对象>：2L ↙
// 选择标注两条直线
    选择第一条直线：
        // 选择直线 L4
    选择第二条直线，以使其平行：
        // 选择直线 L5
    指定尺寸线位置：
        // 指定尺寸线位置
    标注文字 = 2
```

04 在文本框中输入 3，最终效果如图 9-39 所示。

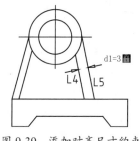

图 9-39　添加对齐尺寸约束

9.2.4　添加半径尺寸约束

半径约束用于约束圆或圆弧的半径，创建
方法同"半径"标注，执行命令后选择对象即可。
添加半径尺寸约束的具体操作步骤如下。

01 打开"9.2.4 添加半径尺寸约束 .dwg"素材
文件。

02 在"参数化"选项卡中，单击"标注"区
域的"半径"按钮，如图 9-40 所示。

图 9-40　单击"半径"按钮

03 命令行操作如下。

```
命令：_DcRadius
    // 调用"半径"约束命令
选择圆弧或圆：
    // 选择圆 C2
标注文字 = 5
指定尺寸线位置：
    // 指定尺寸线位置
```

04 在文本框中输入半径值 7，最终效果如
图 9-41 所示。

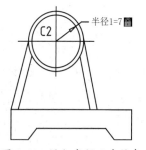

图 9-41　添加半径尺寸约束

9.2.5 添加直径尺寸约束

直径约束用于约束圆或圆弧的直径，创建方法同"直径"标注，执行命令后选择对象即可。添加直径尺寸约束的具体操作步骤如下。

01 打开"9.2.5 添加直径尺寸约束 .dwg"素材文件。

02 在"参数化"选项卡中，单击"标注"区域的"直径"按钮，如图 9-42 所示。

图 9-42 单击"直径"按钮

03 命令行操作如下。

```
命令：_DcDiameter
        //调用"直径"约束命令
选择圆弧或圆：
        //选择圆 C1
标注文字 =16
指定尺寸线位置：
        //指定尺寸线位置
```

04 在文本框中输入 15，最终效果如图 9-43 所示。

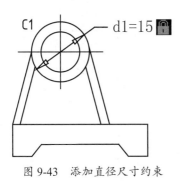

图 9-43 添加直径尺寸约束

9.2.6 添加角度尺寸约束

角度约束用于约束直线之间的角度或圆弧的包含角。创建方法同"角度"标注，执行命令后选择对象即可。添加角度尺寸约束的具体操作步骤如下。

01 打开"9.2.6 添加角度尺寸约束 .dwg"素材文件。

02 在"参数化"选项卡中，单击"标注"区域的"角度"按钮，如图 9-44 所示。

图 9-44 单击"角度"按钮

03 命令行操作如下。

```
命令：_DcAngular
        //调用"角度"约束命令
选择第一条直线或圆弧或 [三点 (3P)] <三点>：        //选择水平直线 L1
    选择第二条直线：
        //选择倾斜直线 L4
    指定尺寸线位置：
        //指定尺寸线位置
标注文字 = 78
```

04 在文本框中输入 65，最终效果如图 9-45 所示。

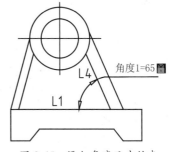

图 9-45 添加角度尺寸约束

9.3 综合实例

熟悉以上约束命令后，接下就需要将上述所学知识综合运用到绘图中来，通过灵活运用各个约束命令，在绘制图形或编辑图形时就能起到事半功倍的效果。

9.3.1 添加几何约束修改图形

现在的设计绘图工作相较于十几年前要更复杂，很大一部分原因是因为目前的设计软件种类繁多，因此，有些图纸在数据转换过程中会遗失部分数据，此时就可以通过本节所介绍的约束命令来快速解决，具体操作步骤如下。

01 打开素材文件"9.3.1 添加几何约束修改图形 .dwg"，如图 9-46 所示。

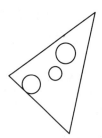

图 9-46　打开素材

02 选择"参数化"选项卡，单击"几何"区域的"相等"按钮 ＝，选择左侧第一个圆形，如图 9-47 所示。

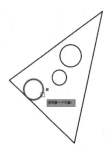

图 9-47　选择圆形

03 选择右侧的两个圆形，按 Enter 键创建相等约束，使 3 个圆形的大小相等，如图 9-48 所示。

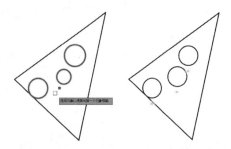

图 9-48　创建相等约束

04 单击"相切"按钮 ◯，选择边线与圆形，使 3 条边线分别与 3 个圆形相切，如图 9-49 所示。

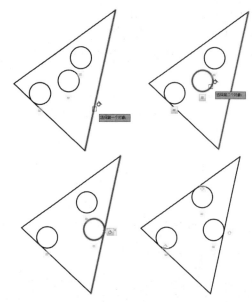

图 9-49　创建相切约束

05 单击"锁定"按钮 🔒，为 3 条边依次创建锁定约束，如图 9-50 所示。

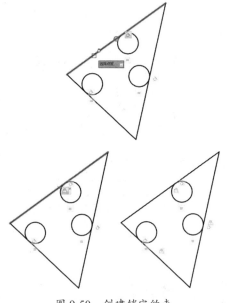

图 9-50　创建锁定约束

06 单击"对齐"按钮 🔒，为 3 条边创建对齐标注约束，如图 9-51 所示。

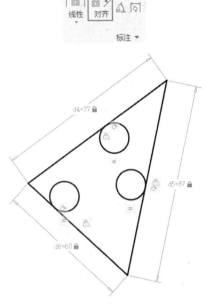

图 9-51 创建对齐标注约束

9.3.2 添加尺寸约束修改图形

本例图形的原始素材较为凌乱，如果使用常规的编辑命令进行修改，会消耗比较多的时间，而如果使用尺寸约束的方法，则可以在修改尺寸的同时调整各图形的位置，达到一举两得的效果。添加尺寸约束修改图形的具体操作步骤如下。

01 打开素材文件"9.3.2 添加尺寸约束修改图形 .dwg"，如图 9-52 所示。

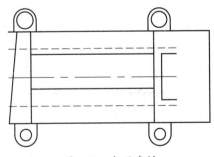

图 9-52 打开素材

02 在"参数化"选项卡中，单击"标注"区域的"水平"按钮，水平约束图形，结果如图 9-53 所示。

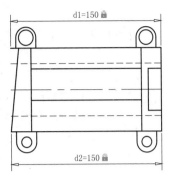

图 9-53 创建水平约束

03 在"参数化"选项卡中，单击"标注"区域的"竖直"按钮，垂直约束图形，结果如图 9-54 所示。

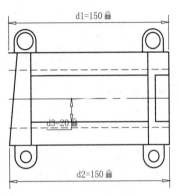

图 9-54 创建垂直约束

04 在"参数化"选项卡中，单击"标注"区域的"半径"按钮，半径约束圆孔并修改相应参数，如图 9-55 所示。

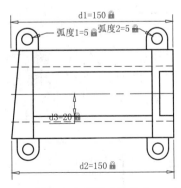

图 9-55 创建半径约束

05 在"参数化"选项卡中，单击"标注"区域的"角度"按钮，为图形创建角度约束，结果如图 9-56 所示。

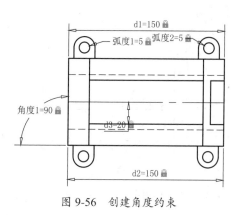

图 9-56　创建角度约束

9.3.3　创建参数化图形

通过常规方法绘制好的图形，在进行修改的时候，只能操作一步修改一步，不能达到"一改俱改"的目的。对于日益激烈的工作竞争来说，这种效率绝对是难以满足要求的。因此，可以考虑将大部分图形进行参数化，使各个尺寸互相关联，这样即可做到"一改俱改"。创建参数化图形的具体操作步骤如下。

01 打开素材文件"9.3.3 创建参数化图形 .dwg"，其中已经绘制好了螺钉示意图，如图 9-57 所示。

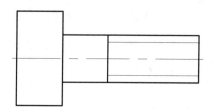

图 9-57　打开素材

02 选择"参数化"选项卡，在"标注"区域单击"线型"按钮，为图形创建线性标注约束，如图 9-58 所示。

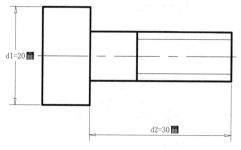

图 9-58　创建线性标注约束

03 单击"参数管理器"按钮 $f_{(x)}$，在选项板中选择 d2，修改参数值为 d1*2，如图 9-59 所示。

图 9-59　修改参数

操作提示：

因为 d1=20，所以 d1*2=40，即 d2 的值为 40。

04 观察修改参数的结果，如图 9-60 所示。

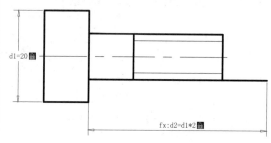

图 9-60　修改参数的结果

05 继续为图形创建线性标注约束，如图 9-61 所示。

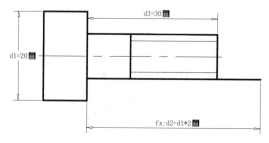

图 9-61　创建线性标注约束

06 在"参数管理器"选项板中修改 d3 的参数值为 d1*2，返回视图观察修改结果，如图 9-62 所示。

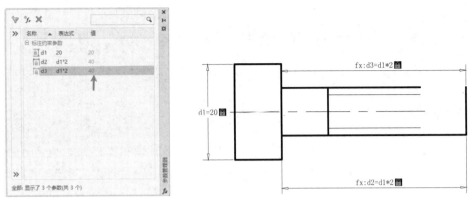

图 9-62　修改参数的结果

07 单击"相等" = 按钮，为线段创建相等约束，使二者相等，如图 9-63 所示。

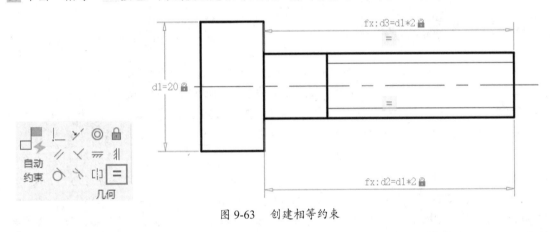

图 9-63　创建相等约束

操作技巧：

可以看到，只需输入不同的数值，即可得到全新的、正确的图形，这无疑大幅提高了绘图效率，对于标准化图纸来说尤其有效。

第 10 章 机械图纸绘图技法

项目导读

机械制图是用图样确切表示机械的结构形状、尺寸、工作原理和技术要求的学科。图样由图形、符号、文字和数字组成，是表达设计意图和制造要求及交流经验的技术文件，常被称为"工程界的语言"。

本章将介绍一些典型的机械图纸绘制方法，通过本章的学习，在掌握实用绘图技巧的同时，对 AutoCAD 绘图有更深入的理解，进一步提高解决实际问题的能力。

10.1 设置机械绘图环境

事先设置好绘图环境，可以在绘制机械图时更加方便、灵活、快捷。设置绘图环境包括，绘图区域界限及单位的设置、图层的设置、文字和标注样式的设置等。可以先创建一个空白文件，然后设置好相关参数后将其保存为模板文件，以后如需要绘制机械图纸，则可直接调用。本章所有实例皆基于该模板。设置机械绘图环境的具体操作步骤如下。

01 启动 AutoCAD 软件，新建空白文件。

02 选择"格式"｜"单位"命令，打开"图形单位"对话框，将长度单位类型设定为"小数"，精度为 0.00，角度单位类型设定为"十进制度数"，精度精确到 0，如图 10-1 所示。

03 创建图层。机械制图中的主要图线元素包括轮廓线、标注线、中心线、剖面线、细实线、虚线等，因此，在绘制机械图纸之前，最好先创建如图 10-2 所示的图层。

图 10-1 设置图形单位

图 10-2 创建图层

04 设置文字样式。机械制图中的文字包括图名文字、尺寸文字、技术要求说明文字等，也可以直接创建一种通用的文字样式，在应用时修改具体大小即可。根据机械制图标准，机械图文字样式的规划如表 10-1 所示。

表 10-1 文字样式

文字样式名	打印到图纸上的文字高度	图形文字高度（文字样式高度）	宽度因子	字体｜大字体
图名	5	5		gbeitc.shx, gbcbig.shx
尺寸文字	3.5	3.5	0.7	gbeitc.shx
技术要求说明文字	5	5		仿宋

05 选择"格式"｜"文字样式"命令，打开"文字样式"对话框，单击"新建"按钮打开"新建文字样式"对话框，样式名定义为"机械设计文字样式"，如图 10-3 所示。

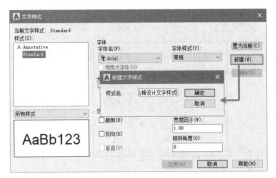

图 10-3 新建机械设计文字样式

06 在"字体"下拉列表中选择 gbeitc.shx 字体，选中"使用大字体"复选框，并在"大字体"下拉列表中选择 gbcbig.shx 字体，单击"应用"按钮，完成该文字样式的设置，如图 10-4 所示。

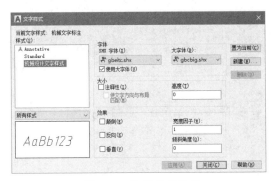

图 10-4 设置样式参数

07 设置标注样式。选择"格式"｜"标注样式"命令，打开"标注样式管理器"对话框，如图 10-5 所示。

08 单击"新建"按钮，弹出"创建新标注样式"对话框，在"新样式名"文本框中输入"机械

尺寸标注"，如图 10-6 所示。

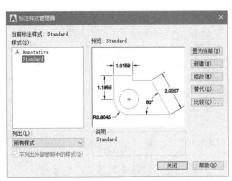

图 10-5 "标注样式管理器"对话框

图 10-6 "创建新标注样式"对话框

09 单击"继续"按钮，弹出"修改标注样式：机械尺寸标注"对话框，切换到"线"选项卡，设置"基线间距"为 8.00，设置"超出尺寸线"为 2.50，设置"起点偏移量"为 2.00，如图 10-7 所示。

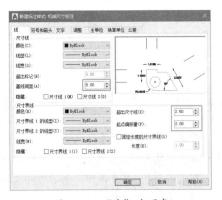

图 10-7 "线"选项卡

10 切换到"符号和箭头"选项卡，选择"箭头"样式，设置"箭头大小"为2.00，设置"圆心标记"为2.50，设置"弧长符号"为"标注文字的上方"，设置"折弯角度"为90，如图10-8所示。

图 10-8 "符号和箭头"选项卡

11 切换到"文字"选项卡，单击"文字样式"中的 按钮，设置文字样式为 gbenor.shx，设置"文字高度"为2.50，设置"文字对齐"为"ISO标准"，如图10-9所示。

图 10-9 "文字"选项卡

12 切换到"主单位"选项卡，设置"线性标注"中的"精度"为0.00，设置"角度标注"中的精度为0.0，"消零"均设为"后续"，如图10-10所示。单击"确定"按钮，选择"置为当前"后，单击"关闭"按钮，创建完成。

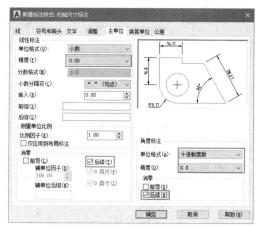

图 10-10 "主单位"选项卡

13 保存为样板文件。选择"文件"|"另存为"命令，打开"图形另存为"对话框，保存为"机械制图样板.dwt"文件，如图10-11所示。

图 10-11 保存样板文件

10.2 绘制齿轮类零件图

轮盘类零件包括端盖、阀盖、齿轮等，一般需要两个以上基本视图表达。除主视图外，为了表示零件上均布的孔、槽、肋、轮辐等结构，还需要选用一个端面视图（左视图或右视图），以表达凸缘和均布的通孔。此外，为了表达细小结构，有时还常采用局部放大图。绘制齿轮类零件图的具体操作步骤如下。

01 打开素材文件"10.2 绘制齿轮类零件图 .dwg"，素材中已经绘制好了 1 ∶ 1.5 大小的 A3 图纸框，右上角也绘制好了该齿轮的参数表，可供参考，如图 10-12 与图 10-13 所示。

齿数	Z	96
压力角	a	20°
齿顶高系数	ha*	1
顶隙系数	c*	0.2500
精度等级		8-8-7HK
全齿高	h	4.5000
中心距及其偏差		120±0.027
配对齿轮	齿数	24
公差组	检查项目	代号	公差（极限偏差）
I	齿圈径向跳动公差	Fr	0.063
	公法线长度变动公差	Fw	0.050
II	齿形相邻偏差	fpt	±0.016
	齿形公差	ff	0.014
III	齿向公差	FB	0.011

图 10-12　齿轮参数表

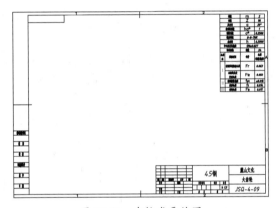

图 10-13　齿轮类零件图

02 将"中心线"图层设置为当前图层。在命令行输入 XL 执行"构造线"命令，在合适的位置绘制水平的中心线，如图 10-14 所示。

03 继续使用"构造线"命令，在合适的位置绘制两条垂直的中心线，如图 10-15 所示。

图 10-14　绘制水平中心线

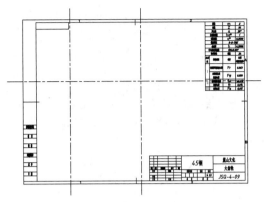

图 10-15　绘制垂直中心线

04 绘制齿轮轮廓。将"轮廓线"图层设置为当前图层。在命令行输入 C 执行"圆"命令，以右侧的垂直 - 水平中心线的交点为圆心，绘制直径为 40、44、64、118、172、192、196 的圆，绘制完成后将 Ø118 和 Ø192 的圆图层转换为"中心线"图层，如图 10-16 所示。

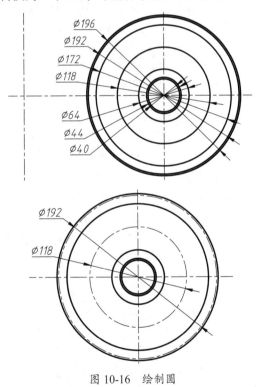

图 10-16　绘制圆

05 绘制键槽。在命令行输入 O 执行"偏移"命令，将水平中心线向上偏移 23mm，将该图中的垂直中心线分别向左、右偏移 6mm，结果如图 10-17 所示。

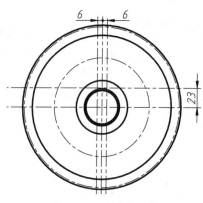

图 10-17　偏移中心线

06 切换到"轮廓线"图层，执行"直线"命令，绘制键槽的轮廓，再执行"修剪"命令，修剪多余的辅助线，绘制键槽的结果如图 10-18 所示。

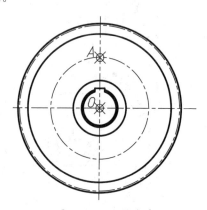

图 10-18　绘制键槽

07 绘制腹板孔。将"轮廓线"图层设置为当前图层。执行"圆"命令，以 Ø118 中心线与垂直中心线的交点（即图 7-18 中的 A 点）为圆心，绘制 Ø27 的圆，如图 10-19 所示。

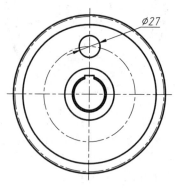

图 10-19　绘制腹板孔

08 选中绘制好的 Ø27 圆，单击"修改"区域的"环形阵列"按钮，设置阵列总数为 6，填充角度为 360°，选择同心圆的圆心（即图 10-18 中心线的交点 O）为中心点，进行阵列，阵列效果如图 10-20 所示。

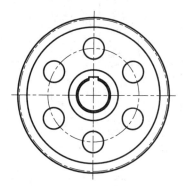

图 10-20　阵列复制腹板孔

09 执行"偏移"命令，将主视图位置的水平中心线对称偏移 6 和 20，结果如图 10-21 所示。

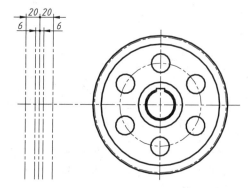

图 10-21　偏移中心线

10 切换到"虚线"图层，按"长对正，高平齐，宽相等"的原则向主视图绘制投影线，如图 10-22 所示。

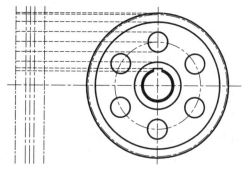

图 10-22　绘制主视图投影线

11 切换到"轮廓线"图层。执行"直线"命令，绘制主视图的轮廓，再执行"修剪"命令，修剪多余的辅助线，结果如图10-23所示。

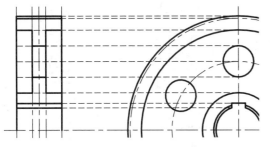

图10-23 绘制主视图轮廓

12 执行"删除""修剪""延伸"等命令整理图形，将中心线对应的投影线改为中心线，并修剪至合适的长度。分度圆线同样如此操作，结果如图10-24所示。

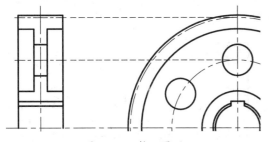

图10-24 整理图形

13 执行"倒角"命令，对齿轮的齿顶倒角C1.5，对齿轮的轮毂部位进行倒角C2；再执行"倒圆角"命令，对腹板圆处倒圆角R5，如图10-25所示。

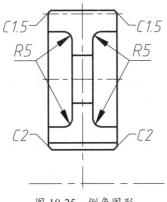

图10-25 倒角图形

14 执行"直线"命令，在倒角处绘制连接线，

并删除多余的线条，图形效果如图10-26所示。

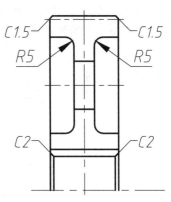

图10-26 绘制倒角连接线

15 选中绘制好的半边主视图，单击"修改"区域的"镜像"按钮⚠，以水平中心线为镜像线，镜像图形，结果如图10-27所示。

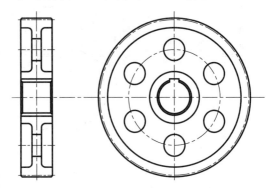

图10-27 镜像图形

16 将镜像部分的键槽线段全部删除，如图10-28所示。轮毂的下半部分不含键槽，因此，该部分不符合投影规则，需要删除。

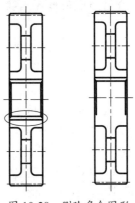

图10-28 删除多余图形

17 切换到"虚线"图层。按"长对正，高平齐，宽相等"的原则，执行"直线"命令，由左视图向主视图绘制水平的投影线，如图 10-29 所示。

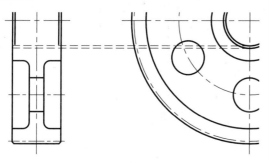

图 10-29　绘制投影线

18 切换到"轮廓线"图层，执行"直线""延伸"等命令整理下半部分的轮毂部分，如图 10-30 所示。

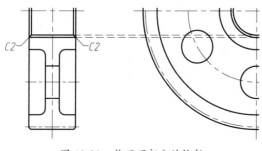

图 10-30　整理下部分的轮毂

19 在主视图中补画齿根圆的轮廓线，如图 10-31 所示。

20 切换到"剖切线"图层。执行"图案填充"命令，选择图案为 ANSI31，比例为 1，角度为 0°，填充图案，结果如图 10-32 所示。

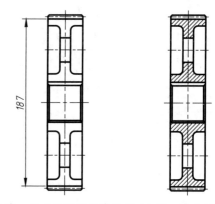

图 10-31　补画齿根圆轮廓线　图 10-32　填充剖面线

21 在左视图中补画腹板孔的中心线，然后调整各中心线的长度，最终的图形效果如图 10-33 所示。

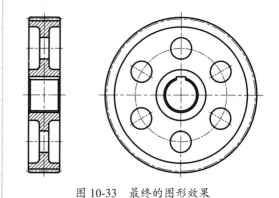

图 10-33　最终的图形效果

10.3　标注齿轮类零件图

　　齿轮图形在标注时宜根据不同尺寸的重要性按先后顺序逐一标注。一般来说，可先标注齿宽，然后标注分度圆、齿根圆等径向尺寸，最后标注幅孔圆等辅助尺寸。绘制齿轮类零件图的具体操作步骤如下。

01 延续 10.2 节进行操作，也可以打开素材文件"10.2 绘制齿轮类零件图 .dwg"。

02 将标注样式设置为 ISO-25，可自行调整标注的全局比例，如图 10-34 所示，用于控制标注文字的显示大小。

03 标注线性尺寸。切换到"标注线"图层，执行"线性"命令，在主视图上捕捉底部的两个倒角端点，标注齿宽的尺寸，如图 10-35 所示。

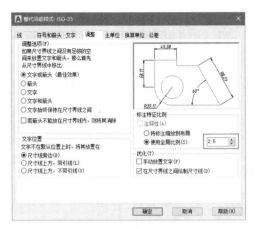

图 10-34　调整全局比例

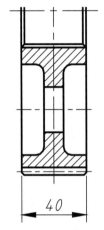

图 10-35　标注线性尺寸

04 使用相同的方法，对其他的线性尺寸进行标注。主要包括主视图中的齿顶圆、分度圆、齿根圆（可以不标）、腹板圆等尺寸，线性标注后的图形如图 10-36 所示。注意按之前学过的方法添加直径符号（标注文字前方添加%%C）。

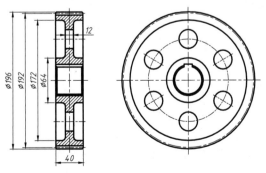

图 10-36　标注其余的线性尺寸

05 标注直径尺寸。在"注释"区域单击"直径"按钮，执行"直径"标注命令，选择左视图上的腹板圆孔进行标注，如图 10-37 所示。

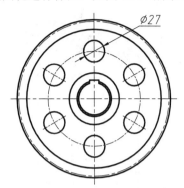

图 10-37　标注直径尺寸

06 使用相同的方法，对其他的直径尺寸进行标注。主要包括左视图中的腹板圆和腹板圆的中心圆线，如图 10-38 所示。

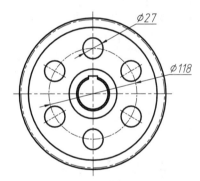

图 10-38　标注其余的直径尺寸

07 标注键槽部分。在左视图中执行"线性"标注命令，标注键槽的宽度与高度，如图 10-39 所示。

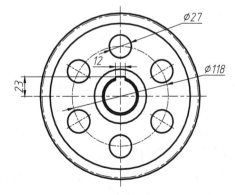

图 10-39　标注左视图键槽尺寸

08 同样使用"线性"标注来标注主视图中的键槽部分。不过由于键槽的存在，主视图的图形并不对称，因此，无法捕捉到合适的标注点，此时可以先捕捉主视图上的端点，并手动在命令行中输入尺寸为 40，进行标注，如图 10-40 所示，命令行操作如下。

```
命令：_dimlinear
指定第一个尺寸界线原点或 <选择对象>：          // 指定第一个点
指定第二条尺寸界线原点：40
指定尺寸线位置或                              // 放置标注尺寸
[ 多行文字 (M) / 文字 (T) / 角度 (A) / 水平 (H) / 垂直 (V) / 旋转 (R)]：
标注文字 = 40
```

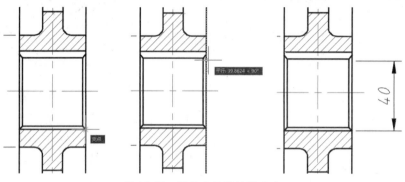

图 10-40　标注主视图键槽尺寸

09 选中新创建的 Ø40 尺寸并右击，在弹出的快捷菜单中选择"特性"选项，在打开的"特性"面板中，将"尺寸线 2"和"尺寸界线 2"设置为"关"，如图 10-41 所示。

10 为主视图中的线性尺寸添加直径符号，此时的图形应如图 10-42 所示，确认没有遗漏任何尺寸。

图 10-41　关闭尺寸线与尺寸界线

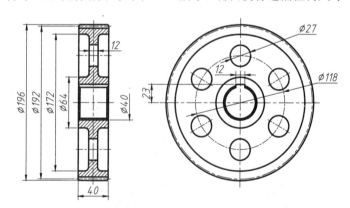

图 10-42　标注主视图键槽尺寸

10.4　为齿轮类图形添加精度

　　齿轮上的精度尺寸主要集中在齿顶圆尺寸、键槽孔尺寸上，因此，需要对该部分尺寸添加合适的精度。具体的精度值可按生产需要进行调整。为齿轮类图形添加精度的具体操作步骤如下。

01 延续 10.3 节进行操作，也可以打开素材文件"10.3 标注齿轮类零件图 .dwg"。

02 添加齿顶圆精度。齿顶圆的加工很难保证精度，而对于减速器来说，也不是非常重要的尺寸，因此，精度可以适当放宽，但尺寸宜小勿大，以免啮合时受到影响。双击主视图中的齿顶圆尺寸∅196，打开"文字编辑器"选项卡，并将光标移至∅196之后，输入0^-0.2，如图10-43所示。

图10-43　输入公差文字

03 创建尺寸公差。按住鼠标左键，向后拖移，选中0^-0.2文字，然后单击"文字编辑器"选项卡中"格式"区域的"堆叠"按钮，创建尺寸公差，如图10-44所示。

图10-44　堆叠公差文字

04 按相同的方法，对键槽部分添加尺寸精度，添加后的图形如图10-45所示。

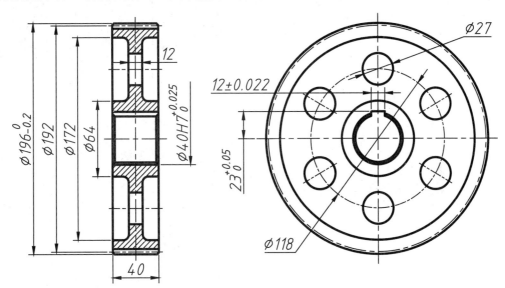

图10-45　添加其他尺寸精度

10.5 为齿轮类图形添加形位公差

齿轮是典型的回转体零件，在实际工作中主要的状态也是回转形式，因此，齿轮的内、外两圆跳动度即是最主要的形位公差，此外，还有插入键的键槽两壁部分。总之，零件可能与其他外来物件相接触的部分，都应该加上合适的形位公差以保证配合。为齿轮类图形添加公差的具体操作步骤如下。

01 延续 10.4 小节进行操作，也可以打开素材文件"10.4 为齿轮类图形添加精度 -OK.dwg"。

02 创建基准符号。切换至"细实线"图层，在图形的空白区域绘制基准符号，如图 10-46 所示。

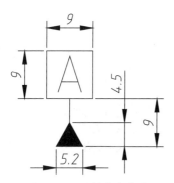

图 10-46　绘制基准符号

03 放置基准符号。齿轮零件一般以键槽的安装孔为基准，因此，选中绘制好的基准符号，然后执行"移动"命令，将其放置在键槽孔 Ø40 的尺寸上，如图 10-47 所示。

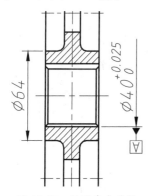

图 10-47　放置基准符号

04 选择"标注"|"公差"命令，弹出"形位公差"对话框，选择公差类型为"圆跳动"，然后输入公差值 0.022 和公差基准 A，如图 10-48 所示。

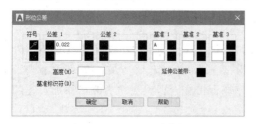

图 10-48　设置公差参数

05 单击"确定"按钮，在要标注的位置附近单击，放置该形位公差，如图 10-49 所示。

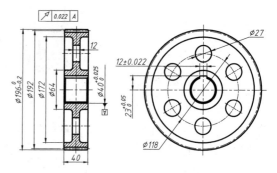

图 10-49　生成的形位公差

06 单击"注释"区域的"多重引线"按钮，绘制多重引线指向公差位置，如图 10-50 所示。

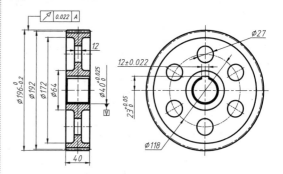

图 10-50　绘制多重引线

07 使用相同的方法，对键槽部分添加对称度符号，添加后的图形如图 10-51 所示。

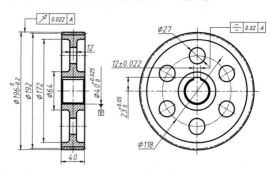

图 10-51　标注键槽的对称度

10.6 标注齿轮类图形的粗糙度

齿轮的加工方式比较广泛，从车削、铣削到挤压成型都可以制作齿轮，而不同的加工方式对应的粗糙度也不一样。因此，在标注齿轮的粗糙度时，宜先想好齿轮的加工方式，然后在技术要求中注明，并根据加工方式标注合理的粗糙度值。标注齿轮类图形的粗糙度的具体操作步骤如下。

01 延续10.5节进行操作，也可以打开素材文件"10.5 为齿轮类图形添加形位公差-OK.dwg"。

02 切换至"细实线"图层，在图形的空白区域绘制粗糙度符号，如图10-52所示。

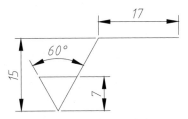

图 10-52　绘制粗糙度符号

03 单击"默认"选项卡中"块"区域的"定义属性" 按钮，打开"属性定义"对话框，按如图10-53所示进行设置。

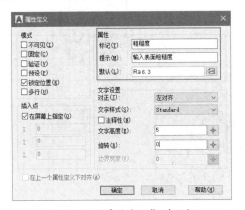

图 10-53　"属性定义"对话框

04 单击"确定"按钮，光标变为标记文字的放置形式，在粗糙度符号的合适位置放置即可，如图10-54所示。

图 10-54　放置标记文字

05 单击"默认"选项卡中"块"区域的"创建块"按钮 ，打开"块定义"对话框，选择粗糙度符号的底部端点为基点，然后选择整个粗糙度符号（包含上一步放置的标记文字）作为对象，在"名称"文本框中输入"粗糙度"，如图10-55所示。

图 10-55　"块定义"对话框

06 单击"确定"按钮，打开"编辑属性"对话框，在其中输入所需的粗糙度数值，如图10-56所示。

图 10-56　"编辑属性"对话框

07 在"编辑属性"对话框中单击"确定"按钮，然后单击"默认"选项卡中"块"区域的"插入"按钮，打开"插入"面板，在"名称"下拉列表中选择"粗糙度"块，如图10-57所示。

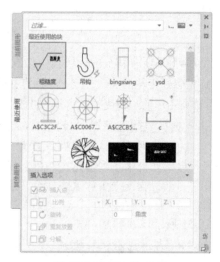

图 10-57 "插入"面板

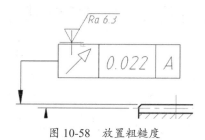

图 10-58 放置粗糙度

09 在对应的文本框中输入所需的数值 Ra 3.2，然后单击"确定"按钮，即可标注粗糙度，如图 10-59 所示。

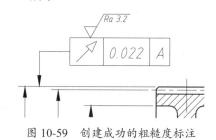

图 10-59 创建成功的粗糙度标注

08 光标显示为粗糙度符号的放置形式，如图 10-58 所示。在图形的合适位置放置即可，之后系统自动打开"编辑属性"对话框。

10 使用相同的方法，对图形的其他部分标注粗糙度，并将图形调整至 A3 图框的合适位置，如图 10-60 所示。

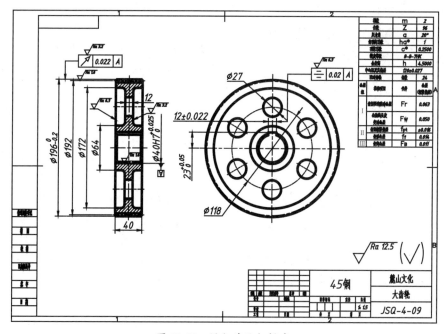

图 10-60 添加其他粗糙度

11 填写技术要求。单击"默认"选项卡中"注释"区域的"多行文字"按钮，在图形的左下方空白部分插入多行文字，输入技术要求如图 10-61 所示。

12 大齿轮零件图绘制完成，最终的图形效果如图 10-62 所示。

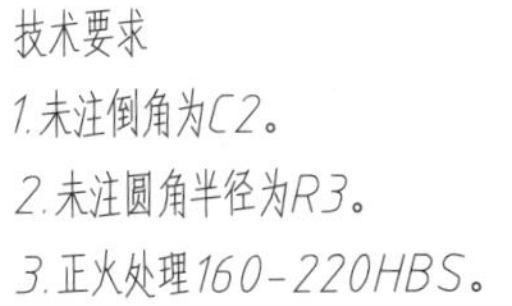

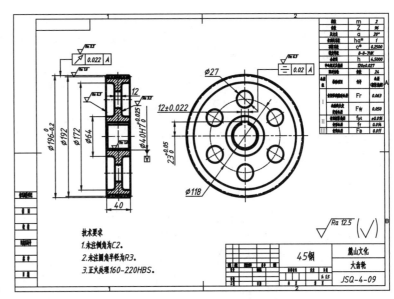

技术要求
1.未注倒角为C2。
2.未注圆角半径为R3。
3.正火处理160-220HBS。

图 10-61 填写技术要求

图 10-62 大齿轮零件图

10.7 绘制轴类零件图

轴类零件的主要结构形状是回转体，一般只画一个主视图。确定了主视图后，由于轴上的各段形体的直径尺寸在其数字前加注符号 $\varnothing$ 表示，因此，不必画出其左（或右）视图。对于零件上的键槽、孔等结构，一般可采用局部视图、局部剖视图、移出断面和局部放大图。绘制轴类零件图的具体操作步骤如下。

01 以"机械制图样板 .dwt"为样板文件，新建空白文档，插入"第 10 章 / 图框 .dwg"文件，如图 10-63 所示。

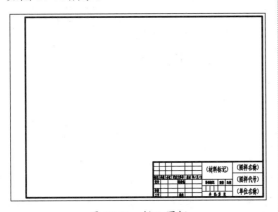

图 10-63 插入图框

02 将"中心线"图层设置为当前图层。执行"构造线"命令，在合适的位置绘制水平中心线，以及一条垂直的定位中心线，如图 10-64 所示。

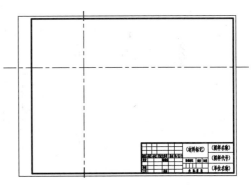

图 10-64 绘制中心线

03 在命令行输入 O 执行"偏移"命令，将垂直中心线向右偏移 60、50、37.5、36、16.5、17，如图 10-65 所示。

04 继续使用"偏移"命令，将水平中心线向上偏移 15、16.5、17.5、20、24，如图 10-66 所示。

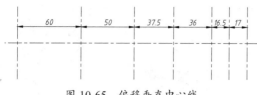

图 10-65　偏移垂直中心线

图 10-66　向上偏移水平中心线

05 切换到"轮廓线"图层，执行"直线"命令，绘制轴体的半边轮廓，再执行"修剪""删除"命令，修剪多余的辅助线，结果如图 10-67 所示。

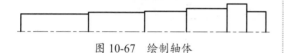

图 10-67　绘制轴体

06 单击"修改"区域的 ⬛ 按钮，激活"倒角"命令，对轮廓线进行倒角，倒角尺寸为 C2，然后使用"直线"命令，配合捕捉与追踪功能，绘制倒角的连接线，结果如图 10-68 所示。

图 10-68　倒角并绘制连接线

07 在命令行输入 MI 执行"镜像"命令，对轮廓线进行镜像复制，结果如图 10-69 所示。

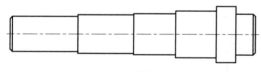

图 10-69　镜像图形

08 绘制键槽。在命令行输入 O 执行"偏移"命令，创建如图 10-70 所示的垂直辅助线。

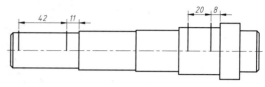

图 10-70　偏移线段

09 将"轮廓线"设置为当前图层，执行"圆"命令，以刚偏移的垂直辅助线的交点为圆心，绘制直径为 12 和 8 的圆，如图 10-71 所示。

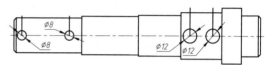

图 10-71　绘制圆形

10 执行"直线"命令，配合"捕捉切点"功能，绘制键槽轮廓，如图 10-72 所示。

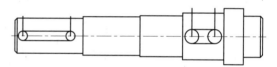

图 10-72　绘制键槽轮廓

11 执行"修剪"命令，对键槽轮廓进行修剪，并删除多余的辅助线，结果如图 10-73 所示。

图 10-73　删除多余图形

10.8　绘制移出断面图

　　轴与其他零件上的键槽、孔等结构，一般可采用局部视图、局部剖视图、移出断面和局部放大图。这些辅助视图的绘制方法类似，因此，本节便通过移出断面图的绘制来介绍，具体操作步骤如下。

01 延续 10.7 节的文件进行操作，或者打开素材文件"10.7 绘制轴类零件图 .dwg"。

02 绘制断面图。将"中心线"设置为当前层，在命令行输入 XL 执行"构造线"命令，绘制如图 10-74 所示的水平和垂直构造线，作为移出断面图的定位辅助线。

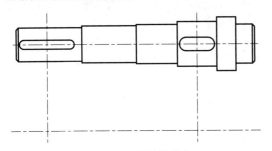

图 10-74　绘制构造线

03 将"轮廓线"设置为当前图层，使用"圆"命令，以构造线的交点为圆心，分别绘制直径为 30 和 40 的圆，结果如图 10-75 所示。

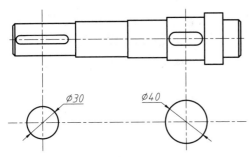

图 10-75　绘制圆

04 单击"修改"区域的"偏移"按钮 ⊂，对 ⌀30 圆的水平和垂直中心线进行偏移，结果如图 10-76 所示。

图 10-76　偏移中心线得到键槽辅助线

05 将"轮廓线"设置为当前图层，使用"直线"命令，绘制键槽轮廓线，结果如图 10-77 所示。

06 综合使用"删除"和"修剪"命令，去掉不需要的构造线和轮廓线，如图 10-78 所示。

07 使用相同的方法绘制 ⌀25 圆的键槽图，如图 10-79 所示。

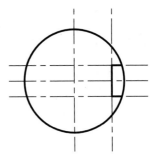

图 10-77　绘制 ⌀30 圆的键槽轮廓线

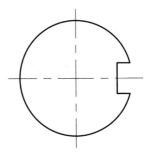

图 10-78　修剪 ⌀30 圆的键槽

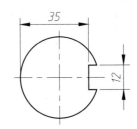

图 10-79　绘制 ⌀25 圆的键槽轮廓

08 将"剖面线"设置为当前图层，单击"绘图"区域的"图案填充"按钮 ▦，为此剖面图填充 ANSI31 图案，填充比例为 1，角度为 0，填充结果如图 10-80 所示。

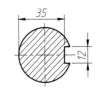

图 10-80　填充键槽

09 绘制好的图形如图 10-81 所示。

10 标注轴向尺寸。切换到"标注线"图层，执行"线性"标注命令，标注轴的各段长度如图 10-82 所示。

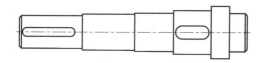

图 10-81　低速轴的轮廓图形

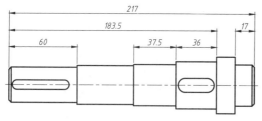

图 10-82　标注轴的轴向尺寸

提示：

标注轴的轴向尺寸时，应根据设计及工艺要求确定尺寸基准，通常有轴孔配合端面基准面及轴端基准面。应使尺寸标注反映加工工艺要求，同时满足装配尺寸链的精度要求，不允许出现封闭的尺寸链。图10-82中，基准面1是齿轮与轴的定位面，为主要基准，轴段长度36、183.5都以基准面1

作为基准尺寸；基准面2为辅助基准面，最右端的轴段长度17为轴承安装要求所确定；基准面3同基准面2，轴段长度60为联轴器安装要求所确定；而未特别标明长度的轴段，其加工误差不影响装配精度，因而取为闭环，加工误差可积累至该轴段上，以保证主要尺寸的加工误差。

11 标注径向尺寸。同样执行"线性"标注命令，标注轴的各段直径长度，尺寸文字前注意添加直径符号 Ø，如图 10-83 所示。

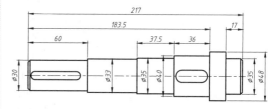

图 10-83　标注轴的径向尺寸

12 标注键槽尺寸。同样使用"线性"标注命令来标注键槽的移出断面图，如图 10-84 所示。

图 10-84　标注键槽的移出断面图

10.9　为轴类图形添加精度

　　轴类图形的尺寸精度主要集中在各径向尺寸上，与其他零部件的配合有关。而部分结构轴段与总长尺寸等并不需要添加精度。不添加精度的尺寸均按 GB/T 1804-2000、GB/T 1184-1996 处理，需要在技术要求中说明。为轴类图形添加精度的具体操作步骤如下。

01 延续 10.8 节的文件进行操作，或者打开素材文件"10.7 绘制移出断面图 .dwg"。

02 添加轴段 1 的精度。轴段 1 上需要安装 HL3 型弹性柱销联轴器，因此，尺寸精度可按对应的配合公差选取，此处由于轴径较小，因此，可选用 r6 精度，然后查得 Ø30mm 对应的 r6 公差为 +0.028~+0.041，即双击 Ø30mm 标注，并在文字后输入该公差文字，如图 10-85 所示。

03 创建尺寸公差。接着按住鼠标左键，向后拖移，选中 +0.041^+0.028 文字，然后单击"文

字编辑器"选项卡中"格式"区域的"堆叠"按钮 ，即可创建尺寸公差，如图 10-86 所示。

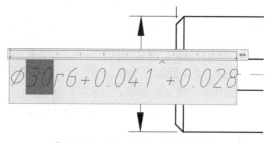

图 10-85　输入轴段 1 的尺寸公差

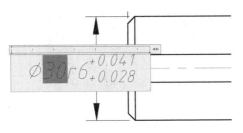

图 10-86 创建轴段 1 的尺寸公差

04 添加轴段 2 的精度。轴段 2 上需要安装端盖，以及一些防尘密封件（如毡圈），总体来说精度要求不高，因此可以不添加精度。

05 添加轴段 3 的精度。轴段 3 上需要安装 6207 的深沟球轴承，因此，该段的径向尺寸公差可按该轴承的推荐安装参数进行取值，即 k6，然后查得 Ø35mm 对应的 k6 公差为 +0.018~+0.002，再按相同的标注方法标注即可，如图 10-87 所示。

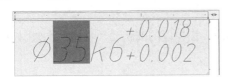

图 10-87 标注轴段 3 的尺寸公差

06 添加轴段 4 的精度。轴段 4 上需要安装大齿轮，而轴、齿轮的推荐配合为 H7/r6，因此，该段的径向尺寸公差为 r6，然后查得 Ø40mm 对应的 r6 公差为 +0.050~+0.034，再按相同的标注方法标注即可，如图 10-88 所示。

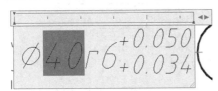

图 10-88 标注轴段 4 的尺寸公差

07 添加轴段 5 的精度。轴段 5 为闭环，无尺寸，无须添加精度。

08 添加轴段 6 的精度。轴段 6 的精度同轴段 3，

按轴段 3 进行添加，如图 10-89 所示。

图 10-89 标注轴段 6 的尺寸公差

09 添加键槽公差。取轴上的键槽的宽度公差为 h9，长度均向下取值 –0.2，如图 10-90 所示。

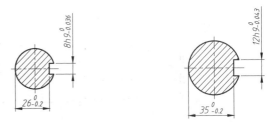

图 10-90 标注键槽的尺寸公差

提示：

由于在装配减速器时，一般是先将键敲入轴上的键槽，然后再将齿轮安装在轴上，因此，轴上的键槽需要稍紧密，所以取负公差；而齿轮轮毂上键槽与键之间，需要轴向移动的距离，要超过键本身的长度，因此，间隙应大一些，易于装配。

10 标注完尺寸精度的图形，如图 10-91 所示。

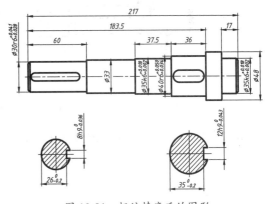

图 10-91 标注精度后的图形

10.10　为轴类图形添加形位公差

　　轴类图形的公差与齿轮类似，同样是以旋转为主要工作状态，较少受径向力。因此，轴的公

差同样需要在与齿轮配合的轴段上添加跳动度，以及键槽部分的对称度。此外，如果有比较高的要求，轴的两个端面也可以添加与主轴线的垂直度。为轴类图形添加形位公差的具体操作步骤如下。

01 延续 10.9 节的文件进行操作，或者打开素材文件"10.9 为轴类图形添加精度 .dwg"。

02 放置基准符号。调用样板文件中创建好的基准图块，分别以各重要的轴段为基准，即标明尺寸公差的轴段上放置基准符号，如图 10-92 所示。

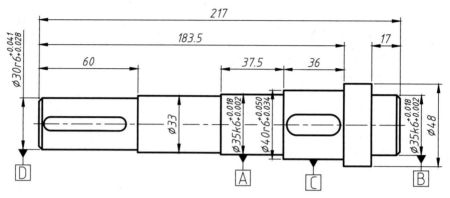

图 10-92　放置基准符号

03 添加轴上的形位公差。轴上的形位公差主要为轴承段、齿轮段的圆跳动，具体标注如图 10-93 所示。

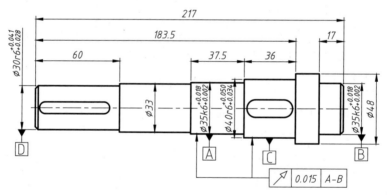

图 10-93　标注轴上的圆跳动公差

04 添加键槽上的形位公差。键槽上主要为相对于轴线的对称度，具体标注如图 10-94 所示。

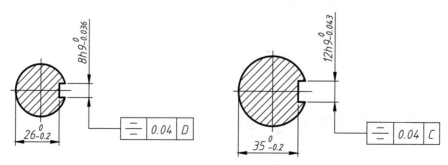

图 10-94　标注键槽上的对称度公差

10.11 标注轴类图形的粗糙度

轴类图形的粗糙度同样集中在与其他零件配合的表面,至于其他部分只需要给一个全局粗糙度即可,无须过多处理。一般来说,转动配合的表面,粗糙度值宜取 1.6 或 3.2。标注轴类图形的粗糙度的具体操作步骤如下。

01 延续 10.10 节的文件进行操作,或者打开素材文件"10.10 为轴类图形添加形位公差 .dwg"。

02 标注轴上的表面粗糙度。调用样板文件中创建好的表面粗糙度图块,在齿轮与轴相互配合的表面上标注相应粗糙度,具体标注如图 10-95 所示。

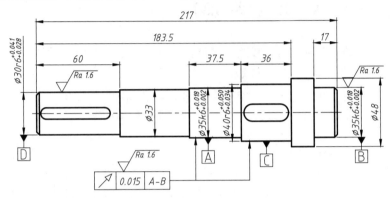

图 10-95 标注轴上的表面粗糙度

03 标注断面图上的表面粗糙度。键槽部分表面粗糙度可按相应键的安装要求进行标注,本例中的标注如图 10-96 所示。

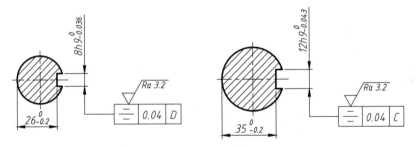

图 10-96 标注断面图上的表面粗糙度

04 标注其余粗糙度,并对图形中的一些细节进行修缮,再将图形移至 A4 图框中的合适位置,如图 10-97 所示。

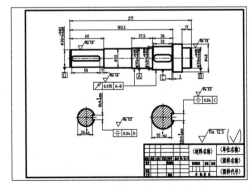

图 10-97 添加标注后的图形

05 单击"默认"选项卡中"注释"区域的"多行文字"按钮，在图形的左下方空白处插入多行文字，输入技术要求，如图10-98所示。

技术要求

1.未注倒角为C2。

2.未注圆角半径为R1。

3.调质处理45-50HRC。

4.未注尺寸公差按GB/T 1804-2000-m。

5.未注几何公差按GB/T 1184-1996-K。

图10-98 填写技术要求

10.12 采用直接绘制法绘制装配图

直接绘制法即根据装配体结构直接绘制整个装配图，适用于绘制比较简单的装配图。采用直接绘制法绘制装配图的具体操作步骤如下。

01 单击快速访问工具栏中的"新建"按钮，以"机械制图样板.dwt"为样板，新建图形文件。

02 将"中心线"图层置为当前图层，执行"直线"命令，绘制中心线，如图10-99所示。

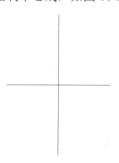

图10-99 绘制中心线

03 执行"偏移"命令，将水平中心线向上偏移5、7.5、8.5、16.5、21、24.5、30，将垂直中心线向左偏移4、12、22、24、40，结果如图10-100所示。

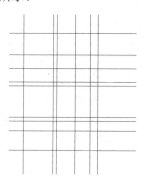

图10-100 偏移中心线

04 执行"修剪"命令，对图形进行修剪，结果如图10-101所示。

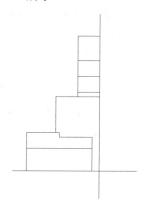

图10-101 修剪图形

05 选择相关线条，转换到"轮廓线"图层，调整中心线长度，结果如图10-102所示。

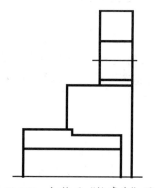

图10-102 切换至"轮廓线"图层

06 执行"镜像"命令，以水平中心线为镜像线，镜像图形，结果如图10-103所示。

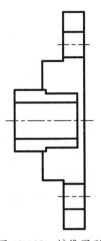

图 10-103 镜像图形

07 执行"偏移"命令，将左侧边线向右偏移 5、6、9、12、13，如图 10-104 所示。

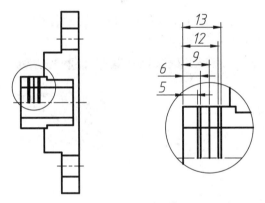

图 10-104 偏移轮廓线

08 执行"修剪"命令，修剪图形并将孔中心线切换到"中心线"图层，将孔的大径线切换到"细实线"图层，结果如图 10-105 所示。

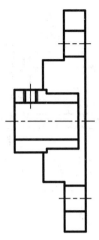

图 10-105 修剪图形

09 执行"图案填充"命令，选择填充图案为 ANSI31，设置填充比例为 1，角度为 0°，填充图案，结果如图 10-106 所示。

10 重复执行"图案填充"命令，选择填充图案为 ANSI31，设置填充比例为 1，角度为 0°，填充另一零件剖面，绘制结果如图 10-107 所示。

11 按组合键 Ctrl+S，保存文件，完成绘制。

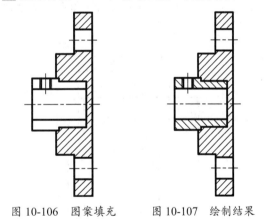

图 10-106 图案填充　　图 10-107 绘制结果

10.13　采用图块插入法绘制装配图

图块插入法是指将各种零件均存储为外部图块，并以插入图块的方法添加零件图，再使用"旋转""复制""移动"等命令组合成装配图。采用图块插入法绘制装配图的具体操作步骤如下。

01 新建 AutoCAD 图形文件，绘制如图 10-108 所示的零件图形。执行"写块"命令，将该图形创建为"阀体"外部图块，保存在计算机中。

02 绘制如图 10-109 所示的零件图形，并创建为"螺钉"外部图块。

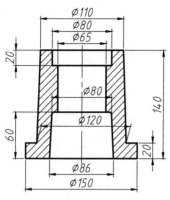

图 10-108　绘制阀体

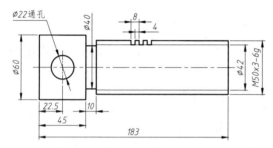

图 10-109　绘制螺钉

03 绘制如图 10-110 所示的零件图形，并创建为"过渡套"外部图块。

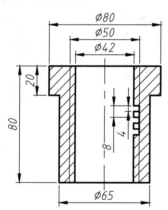

图 10-110　绘制过渡套

04 绘制如图 10-111 所示的零件图形，并创建为"销杆"外部图块。

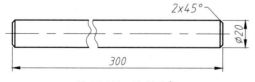

图 10-111　绘制销杆

05 单击快速访问工具栏中的"新建"按钮，在"选择样板"对话框中选择素材文件夹中的"机械制图样板 .dwt"样板文件，新建图形。

06 在命令行输入 I 执行"插入"命令，弹出"插入"面板，如图 10-112 所示。

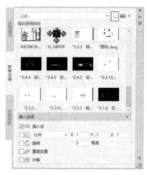

图 10-112　"插入"面板

07 在面板中单击 … 按钮，弹出"选择图形文件"对话框，如图 10-113 所示。

图 10-113　"选择图形文件"对话框

08 选择"阀体 .dwg"文件，设置插入比例为 0.5，单击"打开"按钮，将其插入绘图区域，结果如图 10-114 所示。

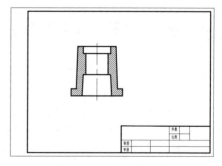

图 10-114　插入阀体块

09 执行"插入块"命令，设置插入比例为 0.5，插入"过渡套块 .dwg"文件，以 A 点作为配合点，结果如图 10-115 所示。

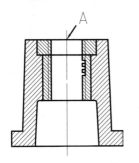

图 10-115　插入过渡套块

10 执行"插入块"命令，设置插入比例为 0.5，旋转角度为 –90°，插入"螺钉 .dwg"文件。执行"移动"命令，以螺纹配合点为基点装配到阀体上，结果如图 10-116 所示。执行"插入块"命令，设置插入比例为 0.5，插入"销杆 .dwg"文件，然后执行"移动"命令将销杆中心与螺钉圆心重合，结果如图 10-117 所示。

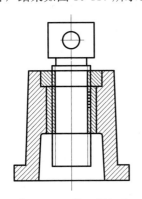

图 10-116　插入螺钉块

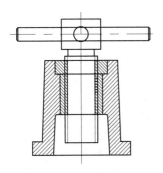

图 10-117　插入销杆块

11 执行"分解"命令，分解图形。执行"修剪"命令，修剪整理图形，结果如图 10-118 所示。

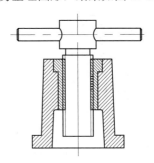

图 10-118　修剪图形

12 将"零件序号引线"多重引线样式设置为当前引线样式，执行"多重引线"命令标注零件序号，如图 10-119 所示。

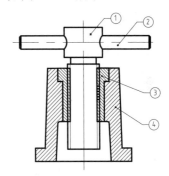

图 10-119　标注零件序号

13 执行"插入表格"命令，在弹出的对话框中设置表格参数，如图 10-120 所示，单击"确定"按钮，并在绘图区指定宽度范围与标题栏对齐，向上拖动调整表格的高度为 5 行。

图 10-120　设置表格参数

14 创建的表格，如图 10-121 所示。

15 选中创建的表格，拖动表格夹点，修改各列的宽度，如图 10-122 所示。

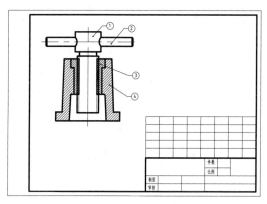

图 10-121　插入的表格

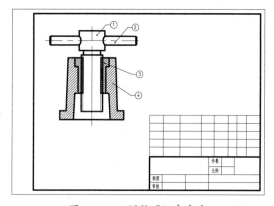

图 10-122　调整明细表宽度

16 分别双击标题栏和明细表各单元格，输入文字内容，如图 10-123 所示。

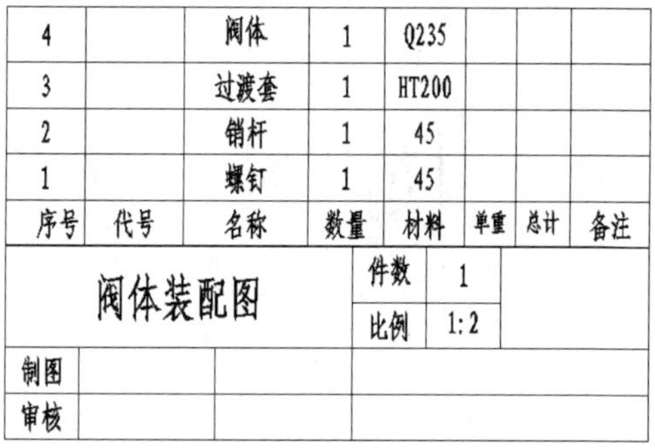

4		阀体	1	Q235			
3		过渡套	1	HT200			
2		销杆	1	45			
1		螺钉	1	45			
序号	代号	名称	数量	材料	单重	总计	备注
阀体装配图			件数	1			
			比例	1:2			
制图							
审核							

图 10-123　填写明细表和标题栏

17 将"机械文字"文字样式设置为当前文字样式，执行"多行文字"命令，填写技术要求，如图 10-124 所示。

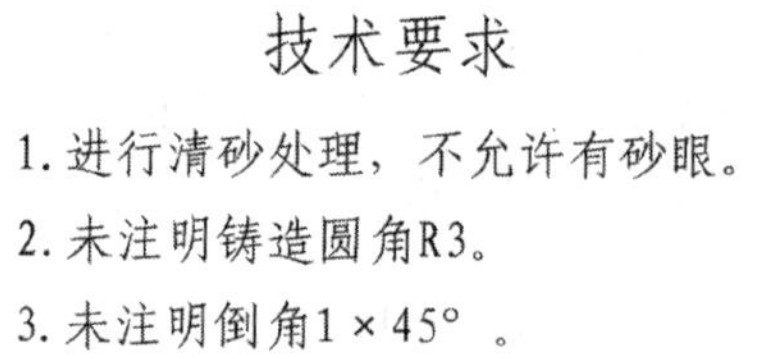

技 术 要 求

1.进行清砂处理，不允许有砂眼。

2.未注明铸造圆角R3。

3.未注明倒角1×45°。

图 10-124　填写技术要求

18 调整装配图图形和技术要求文字的位置，如图 10-125 所示。按组合键 Ctrl+S，保存文件，完成阀体装配图的绘制。

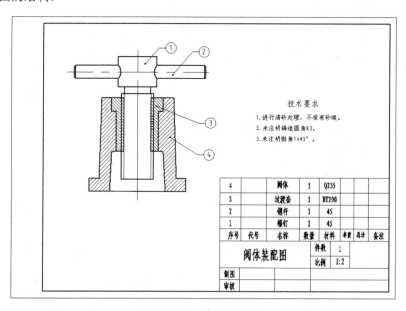

图 10-125　装配图结果

第 *11* 章　建筑图纸绘图技法

 项目导读

本章主要讲解建筑设计的概念及建筑制图的内容和流程，并通过具体的实例来对各种建筑图形进行实例演练。通过本章的学习，能够了解建筑设计的相关理论知识，并掌握建筑制图的流程和实际操作。

建筑图形所涉及的内容较多，绘制起来比较复杂。使用 AutoCAD 绘制建筑图纸时，除了要保证图纸的专业性，还要保证制图质量，提高制图效率，做到图面清晰、简明。

11.1　设置建筑绘图环境

事先设置好绘图环境，可以在绘制各类建筑图时更加方便、灵活、快捷。本章所有实例皆基于该模板。设置建筑绘图环境的具体操作步骤如下。

01 单击"快速访问工具栏"中的"新建"按钮，新建空白文档。

02 调用 UN 命令，系统打开"图形单位"对话框，设置单位，如图 11-1 所示。

图 11-1　设置单位

03 单击"图层"面板中的"图层特性管理器"按钮，设置图层，如图 11-2 所示。

04 在命令行输入 LIMITS 执行"图形界限"命令，设置图形界限。命令行提示如下。

```
命令：LIMITS
    // 调用"图形界限"命令
重新设置模型空间界限：
指定左下角点或 [开(ON)/关(OFF)]
```

```
<0.0,0.0>:    // 按 Enter 键确定
    指 定 右 上 角 点 <420.0,297.0>:
29700,21000  // 指定界限按 Enter 键确定
```

图 11-2　设置图层

05 单击"注释"区域的"文字样式"按钮，打开"文字样式"对话框，如图 11-3 所示。

图 11-3　"文字样式"对话框

06 单击"新建"按钮，新建"标注"文字样式，如图 11-4 所示。

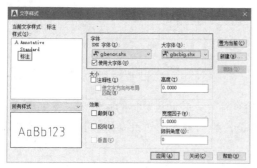

图 11-4　新建文字样式

07 使用相同的方法新建如图 11-5 所示的"文字说明"样式及如图 11-6 所示的"轴号"样式。

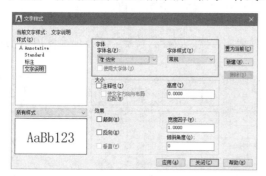

图 11-5　创建"文字说明"样式

图 11-6　创建"轴号"样式

08 单击"注释"区域的"标注样式"按钮，系统打开"标注样式管理器"对话框，如图 11-7 所示。

09 单击"新建"按钮，弹出如图 11-8 所示的"创建新标注样式"对话框，在"新样式名"文本框中输入"建筑标注"。

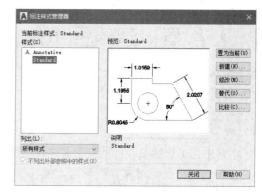

图 11-7　"标注样式管理器"对话框

图 11-8　"创建新标注样式"对话框

10 单击"创建新标注样式"对话框中的"继续"按钮，弹出"新建标注样式：建筑标注"对话框。"线"选项卡的参数设置如图 11-9 所示，"超出尺寸线"设置为 200.0000，"起点偏移量"设置为 100.0000，其他保持默认值不变。

图 11-9　"线"选项卡

11 在"符号和箭头"选项卡中设置箭头符号为"建筑标记"，"箭头大小"为 200.0000，如图 11-10 所示。

12 单击"文字"选项卡，设置"文字样式"为"标注"，"文字高度"为 300.0000，"从尺寸线偏移"为 100.000，在"文字位置"选项组的"垂直"选项中选择"上"，"文字对齐"选择"与尺寸线对齐"，如图 11-11 所示。

图 11-10　"符号和箭头"选项卡

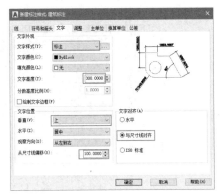

图 11-11　"文字"选项卡

板 .dwt"文件。

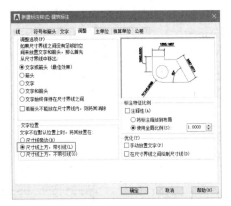

图 11-12　"调整"选项卡

图 11-13　"主单位"选项卡

13 单击"调整"选项卡，"文字设置"设置为"尺寸线上方，带引线"，其他保持默认不变，如图 11-12 所示。

14 单击"主单位"选项卡，"精度"设置为 0，"小数分隔符"设置为"'.'（句点）"，如图 11-13 所示。

15 设置完毕，单击"确定"按钮返回到"样式管理器"对话框，单击"置为当前"按钮，然后单击"关闭"按钮，完成新样式的创建，如图 11-14 所示。

16 选择"文件"｜"另存为"命令，打开"图形另存为"对话框，保存为"建筑制图样

图 11-14　创建标注样式的效果

11.2　绘制立面窗

现代的窗户由窗框、玻璃和活动构件（铰链、执手、滑轮等）3 部分组成。窗框负责支撑窗体的主结构，可以是木材、金属、陶瓷或塑料材料等，透明部分依附在窗框上，可以是纸、布、

丝绸或玻璃材料。活动构件主要以金属材料为主，在手触及的地方也可能包裹以塑料等绝热材料。窗户在外形上可分为古典窗、平开窗、推拉窗、倒窗、百叶窗、天窗等几大类。本例主要讲解利用 AutoCAD 命令绘制西式窗型，它主要包括窗框、玻璃和装饰 3 部分，具体绘制步骤如下。

01 绘制窗框。新建空白文件，在命令行输入 REC 执行"矩形"命令，绘制尺寸为 1200×2300 的矩形，作为窗户的外框，如图 11-15 所示。

02 将矩形分别向内偏移 10、40、50、60、100，如图 11-16 所示。

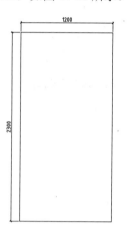
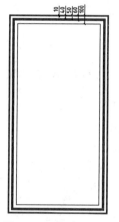

图 11-15　绘制矩形　　图 11-16　偏移矩形

03 在命令行输入 X 执行"分解"命令，将所有矩形分解，删除偏移得到的所有矩形的下边，然后在命令行输入 EX 执行"延伸"命令，将所有矩形的左、右两侧边向第一个矩形的下边延伸，结果如图 11-17 所示。

04 在命令行输入 O 执行"偏移"命令，将第一个矩形的下边分别向上偏移 530、550、600、640，结果如图 11-18 所示。

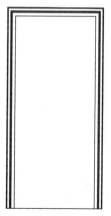
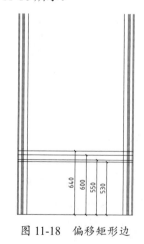

图 11-17　延伸线段　　图 11-18　偏移矩形边

05 在命令行输入 TR 执行"修剪"命令，对图形进行修剪，结果如图 11-19 所示。

06 单击功能区"实用工具"区域的"点样式"按钮，对点的样式进行设置，如图 11-20 所示。在命令行输入 DIV 执行"定数等分"命令，输入等分数目为 3，对最内侧的左、右两边进行等分，结果如图 11-21 所示。

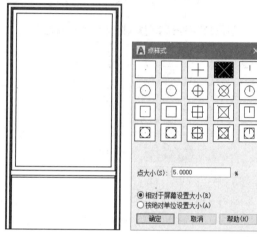

图 11-19　修剪图形　　图 11-20　设置点样式

07 在命令行输入 REC 执行"矩形"命令，配合捕捉功能捕捉到内侧矩形左、右两边的等分点和上下两边的中点，绘制矩形，如图 11-22 所示。

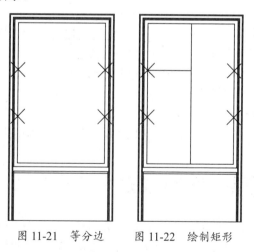

图 11-21　等分边　　图 11-22　绘制矩形

08 在命令行输入 O 执行"偏移"命令，设置偏移距离为40，将刚才所绘制的两个矩形向内偏移，并删除原有矩形和等分点，结果如图11-23所示。

09 在命令行输入MI执行"镜像"命令，将两个矩形进行镜像，在命令行输入L执行"直线"命令连接图形内部线段，细化窗户轮廓，结果如图11-24所示。

出"插入"选项板，如图11-26所示，选择"装饰柱"图块，拾取基点放置图块，并对其进行复制，结果如图11-27所示。至此，西式窗图形绘制完毕。

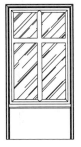

图11-25　填充图形

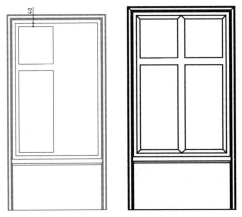

图11-23　偏移矩形　　图11-24　镜像矩形

10 在命令行输入H执行"图案填充"命令，选择图案为ar-rroof，设置填充角度为45，比例为600，单击绘图区域，对玻璃部分进行填充，结果如图11-25所示。

11 在命令行输入I执行"插入"命令，系统弹

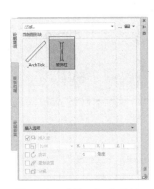

图11-26　"插入"选项板　　图11-27　插入块

11.3　绘制立面门

　　门是建筑物中不可缺少的部分，主要用于交通和疏散，同时也起采光和通风作用。门的尺寸、位置、开启方式和立面形式，应考虑人流疏散、安全防火、家具设备的搬运安装以及建筑艺术等方面的要求综合确定。门的宽度按使用要求可做成单扇、双扇及四扇等多种。本例主要讲解钢化玻璃装饰门的绘制方法，其主要组成部分包括玻璃门、把手和装饰，具体绘制步骤如下。

01 启动AutoCAD 2020，新建空白文件，并设置捕捉模式为"端点""中点"和"象限点"。

02 绘制门框。选择"绘图"｜"矩形"命令，绘制长度为1870、宽度为2490的矩形，如图11-28所示。

03 在命令行输入X执行"分解"命令分解矩形，将矩形的左侧垂直边向右分别偏移60、70、635、645、930，如图11-29所示。

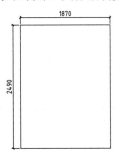

图11-28　绘制矩形

04 在命令行输入 MI 执行"镜像"命令，捕捉到矩形水平边的中点作为镜像线，镜像所有垂直边，结果如图 11-30 所示。

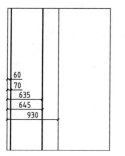

图 11-29　偏移垂直边

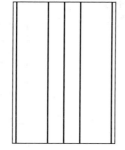

图 11-30　镜像图形

05 重复使用"偏移"命令，将矩形下侧水平边分别向上偏移 10、700、710、1490、1500、2390、2400，如图 11-31 所示。

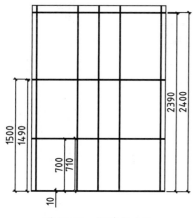

图 11-31　偏移水平边

06 修剪图形，结果如图 11-32 所示。

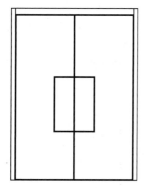

图 11-32　修剪图形

07 绘制铰链。在命令行输入 REC 执行"矩形"

命令，以内侧线段的交点为角点绘制 4 个尺寸为 300×60 的矩形，如图 11-33 所示。

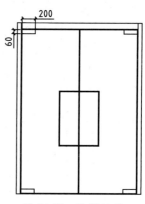

图 11-33　绘制矩形

08 重复执行"矩形"命令，以刚才所绘制的 4 个小矩形上边中点为角点，打开正交模式，绘制尺寸为 28×10 的矩形，如图 11-34 所示。

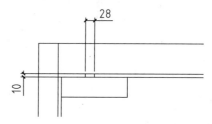

图 11-34　绘制矩形

09 绘制把手。在命令行输入 C 执行"圆"命令，配合捕捉自功能，捕捉到如图 11-35 所示的 A 点，输入相对坐标 @（195,120）确定圆心，绘制半径为 15 的圆，在命令行输入 MI 执行"镜像"命令，镜像该圆，结果如图 11-35 所示。

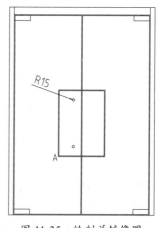

图 11-35　绘制并镜像圆

10 在命令行输入 L 执行"直线"命令，连接两个圆的左、右象限点，以右侧线段的中点为圆心分别绘制半径为 150 和 180 的圆，如图 11-36 所示。

11 在命令行输入 TR 执行"修剪"命令，修剪图形，结果如图 11-37 所示。

12 在命令行输入 MI 执行"镜像"命令，镜像门的把手，如图 11-38 所示，结束绘制门的操作。

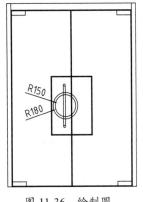
图 11-36　绘制圆

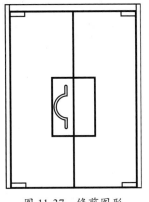
图 11-37　修剪图形

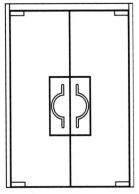
图 11-38　镜像图形

11.4　绘制栏杆

　　从形式上看，栏杆可分为节间式与连续式两种。前者由立柱、扶手及横挡组成，扶手支撑于立柱上；后者具有连续的扶手，由扶手、栏杆柱及底座组成。常见种类有：木制栏杆、石栏杆、不锈钢栏杆、铸铁栏杆、铸造石栏杆、水泥栏杆、组合式栏杆。本例通过绘制铁艺栏杆让读者更好地掌握 AutoCAD 各项命令的运用，具体绘制步骤如下。

01 新建空白文件，在命令行输入 REC 执行"矩形"命令，设置线宽为 10，绘制长度为 1840、宽度为 900 的矩形作为外框。

02 选择"绘图"｜"直线"命令，捕捉到矩形的左上角点，向下移动光标，输入数值为 70，作为直线的起点，然后向右移动光标，捕捉到矩形右侧边上的垂直点，单击确定直线终点。

03 选择"绘图"｜"多线"命令，设置多线比例为 10，绘制长度为 1840 的多线，如图 11-39 所示。

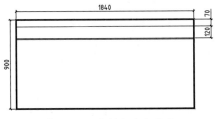
图 11-39　绘制直线和多线

04 选择"修改"｜"复制"命令，将绘制的多线垂直向下复制两份，距离分别为 470 和 600，结果如图 11-40 所示。

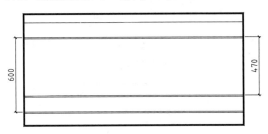
图 11-40　复制多线

05 重复使用"多线"命令，设置多线比例为 20，绘制长度为 830 的垂直多线，结果如图 11-41 所示。

06 将垂直多线向右复制 720，并以交点 B 为圆心，绘制半径为 350 的圆，如图 11-42 所示。

07 在命令行输入 TR 执行"修剪"命令，对圆图形进行修剪，结果如图 11-43 所示。

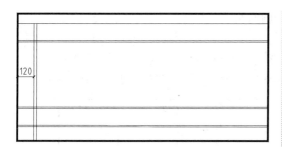

图 11-41　绘制垂直多线

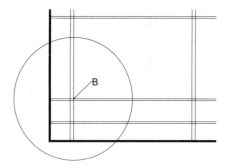

图 11-42　绘制圆

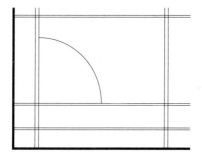

图 11-43　修剪圆

08 将修剪后产生的圆弧向内侧偏移 100 和 200，向外偏移 110，结果如图 11-44 所示。

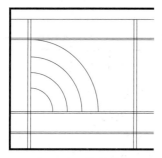

图 11-44　偏移圆弧

09 执行"镜像"命令，将 4 条圆弧镜像，结果如图 11-45 所示。

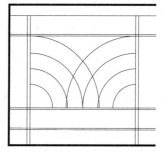

图 11-45　镜像圆弧

10 选择"绘图"｜"圆"｜"相切、相切、相切"命令，绘制如图 11-46 所示的相切圆。

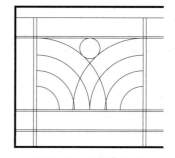

图 11-46　绘制相切圆

11 在命令行输入 TR 执行"修剪"命令，对圆弧进行修剪，结果如图 11-47 所示。

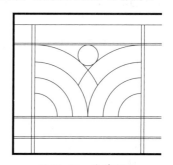

图 11-47　修剪图形

12 在命令行输入 CO 执行"复制"命令，复制内部的图形结构，结果如图 11-48 所示。

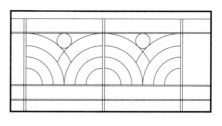

图 11-48　复制图形

13 选择"修改"|"对象"|"多线"命令，使用"十字闭合"工具，对十字相交的多线进行编辑，结果如图11-49所示。

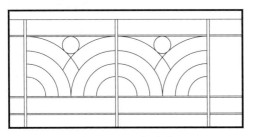

图11-49 编辑多线

14 在命令行输入MI执行"镜像"命令，配合两点之间的中点捕捉功能对所有对象进行镜像，结果如图11-50所示。

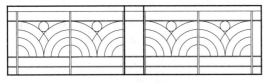

图11-50 镜像图形

15 选择外侧的两条多段线边框进行分解，并删除多余图线，结果如图11-51所示。

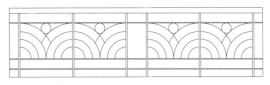

图11-51 删除多余图线

16 夹点显示外侧的轮廓线，修改其线宽为0.30mm，并打开线宽显示功能，结果如图11-52所示。

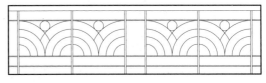

图11-52 设置线宽

17 最后执行"保存"命令，将图形存储为"铁艺栏杆.dwg"文件。

11.5 绘制建筑平面图

建筑平面图的绘制步骤为：先绘制轴线，然后依据轴线绘制墙体，绘制门、窗，插入图例设施，最后添加文字标注。

11.5.1 绘制轴线

01 新建空白文档，新建"轴线"图层，指定线型为ACAD_IS004W100，颜色为红色，并将其置为当前图层。

02 绘制轴线。调用"直线"命令配合"偏移"命令绘制5条横线和6条竖线，其关系如图11-53所示。

03 修剪轴线。利用"修剪"和"擦除"命令，整理轴线，结果如图11-54所示。

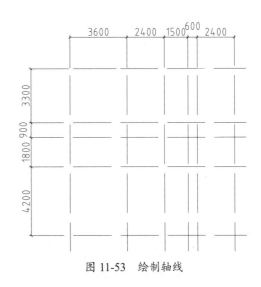

图11-53 绘制轴线

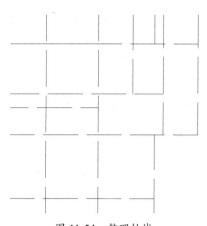

图 11-54　整理轴线

04 新建"墙体"图层，设置其颜色、线型、线宽为默认，并将其置为当前层。

05 创建"墙体样式"。新建"墙体"多线样式，设置参数如图 11-55 所示，并将其置于当前。

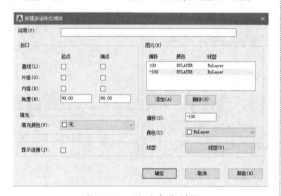

图 11-55　设置多线样式

06 绘制墙体。调用"多段线"命令，指定比例为 1，沿轴线交点绘制墙体，如图 11-56 所示。

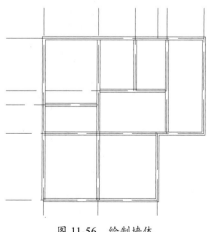

图 11-56　绘制墙体

07 整理图形。调用"分解"与"修剪"命令，整理墙体，结果如图 11-57 所示。

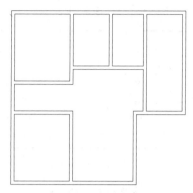

图 11-57　整理墙体

08 新建"门"图层，将其颜色改为"洋红"并置为当前层。

09 开门洞。调用"直线"命令，依据设计的尺寸绘制门与墙的分隔线并修剪掉多余的线条，结果如图 11-58 所示。

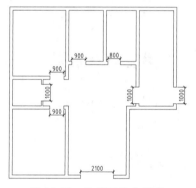

图 11-58　绘制门墙分割线

10 插入门图块。插入素材文件中的"普通门"与"推拉门"图块，如图 11-59 所示。

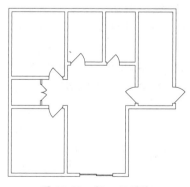

图 11-59　插入门图块

11.5.2 绘制窗

01 新建"窗"图层,将其颜色改为"青色"并置为当前图层。

02 建立"窗户"样式。新建"窗"多线样式,设置参数并将其置为当前多线样式,如图11-60所示。

图 11-60 设置多线样式

03 开窗洞。调用"直线"命令,绘制窗洞分割线并修剪多余的线段,结果如图11-61所示。

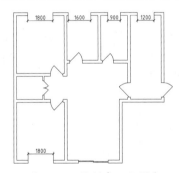

图 11-61 绘制窗洞分割线

04 调用"多线"命令绘制窗户,效果如图11-62所示。

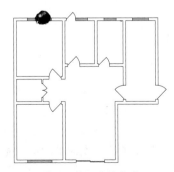

图 11-62 绘制窗户

11.5.3 绘制楼梯、阳台

01 新建"楼梯、台阶、散水"图层,设置为默认属性并将其置为当前图层。

02 调用"多段线"命令绘制开放式阳台,效果如图11-63所示。

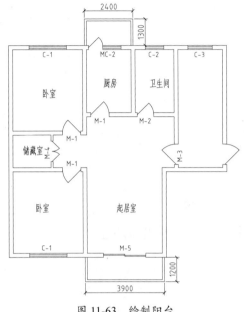

图 11-63 绘制阳台

11.5.4 添加文字说明

01 新建"文字注释"图层,设置属性为默认并置为当前图层。

02 新建 GBCIG 字体样式,设置字体如图11-64所示,并将其置为当前文字样式。

图 11-64 设置字体样式

03 对图形添加文字说明,效果如图11-65所示。

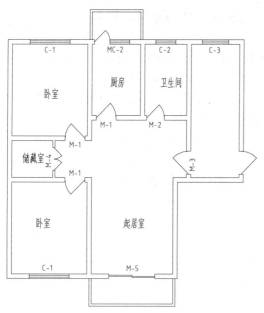

图 11-65　添加文字说明

11.5.5　镜像复制户型

01 沿着墙体中心处绘制一条轴线，如图 11-66 所示。

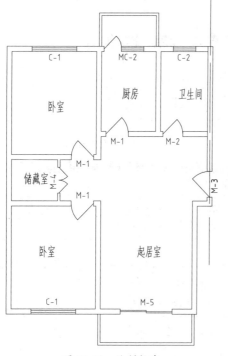

图 11-66　绘制轴线

02 调用"偏移"命令，向右侧偏移 1200，如图 11-67 所示。

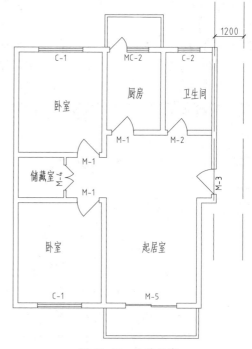

图 11-67　偏移轴线

03 镜像图形。调用"镜像"命令，以偏移之后的辅助线为轴，镜像户型，并绘制墙体与窗户，结果如图 11-68 所示。

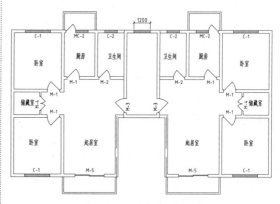

图 11-68　镜像复制户型

04 整理图形。调用"修剪"与"删除"命令删除户型之间重复的部分。

05 插入楼梯。调用"插入块"命令插入素材文件中的"楼梯平面图 .dwg"图块，并将其放置于"楼梯、台阶、散水"图层，如图 11-69 所示。

06 绘制卧室墙、窗。调用"直线"与"多线"命令绘制两阳台之间卧室的墙与窗，并添加文字说明，如图 11-70 所示。

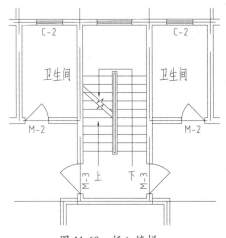

图 11-69　插入楼梯

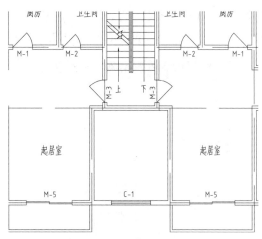

图 11-70　绘制卧室的墙、窗

07 复制图形。调用"复制"命令将整理好的两个户型向右复制一份，并以最右端的轴线为基准连接两部分。

08 整理图形。调用"修剪"命令，修剪相连接两部分之间多余的线段，并绘制轴线，结果如图 11-71 所示。

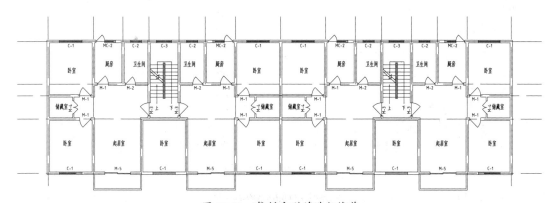

图 11-71　复制户型并进行修剪

11.6　标注建筑平面图

　　建筑平面图标注的尺寸有外部尺寸和内部尺寸之分。外部尺寸在水平方向和垂直方向各标注三道，最外一道尺寸标注房屋水平方向的总长、总宽，称为总尺寸；中间一道尺寸标注房屋的开间、进深，称为轴线尺寸；最内一道尺寸标注房屋外墙的墙段及门窗洞口尺寸，称为细部尺寸。如果建筑平面图图形对称，宜在图形的左侧、下侧标注尺寸，如果图形不对称，则需要在图形的各个方向标注尺寸，或在局部不对称的部分标注尺寸。内部尺寸应标注各房间长、宽方向的净空尺寸，以及墙厚及轴线的关系、柱子截面、房屋内部门窗洞口、门垛等细部尺寸。标注建筑平面图的具体操作步骤如下。

11.6.1　标注常规尺寸

01 新建"尺寸标注"图层，将其颜色改为蓝色并置为当前图层。

02 新建尺寸标注样式，设置参数如图 11-72 所示，并将其置为当前标注样式。

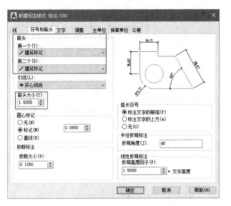
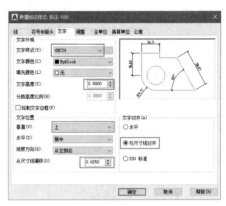

"符号和箭头"选项卡　　　　　　　　　　　　　　"文字"选项卡

"调整"选项卡　　　　　　　　　　　　　　　"主单位"选项卡

图 11-72　设置尺寸标注参数

03 尺寸标注。调用"线性""连续"和"基线"标注命令，对图形进行尺寸标注，结果如图 11-73 所示。

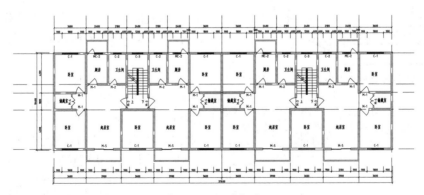

图 11-73　尺寸标注

11.6.2　添加标高标注

本例中标准层标高有两处需要标注，一是楼梯间平台标高，二是室内地面标高。插入素材文件中的"标高符号.dwg"文件并修改高度，结果如图 11-74 所示。

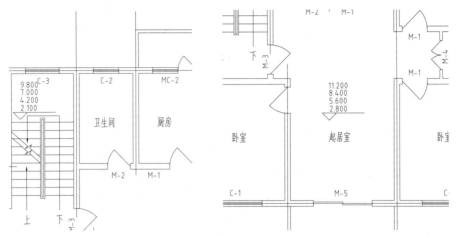

图 11-74　添加标高标注

11.6.3　添加轴号标注

01 设置轴号标注字体。新建 COMPLEX 文字样式，设置如图 11-75 所示。

02 设置属性块。调用"圆"命令绘制一个直径为 800 的圆，并将其定义为属性块，属性参数设置如图 11-76 所示。

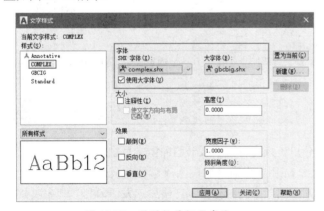

图 11-75　设置轴号标注字体

图 11-76　属性参数设置

03 调用"插入"命令，插入属性块，完成轴号的标注，结果如图 11-77 所示。至此，平面图绘制完成。

设计点拨：

平面图上定位轴线的编号，横向编号应用阿拉伯数字，从左至右顺序编写；竖向编号应用大写英文字母，从下至上顺序编写。英文字母的 I、Z、O 不得用作编号，以免与数字 1、2、0 混淆。编号应写在定位轴线端部的圆内，该圆的直径为 800～1000mm，横向、纵向的圆心各自对齐在一条线上。

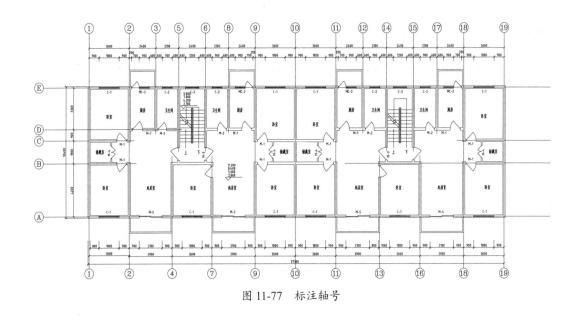

图 11-77　标注轴号

11.7　绘制建筑立面图

　　建筑立面图主要用来表示建筑物的体型和外貌、外墙装修、门窗的位置与形式，以及遮阳板、窗台、窗套、屋顶水箱、檐口、雨棚、雨水管、水斗、勒脚、平台、台阶等构配件各部位的标高和必要尺寸。绘制建筑立面图的具体操作步骤如下。

11.7.1　绘制外部轮廓

01 在上一节的绘制结果的基础上继续操作，也可以打开素材文件"11.6绘制建筑平面图.dwg"。

02 复制平面图，调用"删除"和"修剪"等命令，整理出一个户型图，结果如图11-78所示。

03 绘制轮廓线。将"墙体"层置为当前图层，调用"构造线"命令，过墙体及门窗边缘绘制如图11-79所示，进行墙体和窗体的定位。

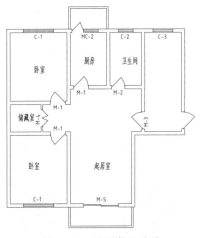

图 11-78　图形整理结果

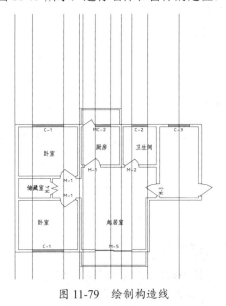

图 11-79　绘制构造线

最右侧的构造线位于窗线中点的位置，户型关于此线对称。

11.7.2 绘制阳台

01 调用"直线"及"偏移"命令绘制标高线，并删除多余的线条，结果如图 11-80 所示。

图 11-80 绘制标高线

02 绘制线脚。调用"矩形"命令绘制一个 110×2400 的矩形，并将其移动定位于 0 标高线下方 30 个单位处，如图 11-81 所示。

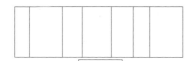

图 11-81 绘制矩形

03 调用"矩形"命令绘制一个 1000×2340 的矩形，捕捉中点对齐上一步所绘的矩形，如图 11-82 所示。

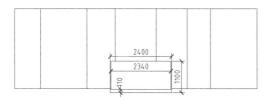

图 11-82 绘制矩形

04 插入门窗。插入素材文件中的"立面 C1 样式窗 .dwg""立面 MC2 样式门连窗 .dwg""立面 C2 样式窗 .dwg"文件，并修剪图形的多余部分，结果如图 11-83 所示。

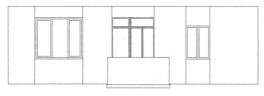

图 11-83 插入门窗图块

11.7.3 复制、镜像立面图形

01 调用"复制"命令，捕捉标高处辅助线，依次向上复制 6 层立面，如图 11-84 所示。

图 11-84 复制多层户型

02 调用"镜像"命令，以右侧轮廓线为轴线将立面户型镜像两次，并删除多余的线条，如图 11-85 所示。

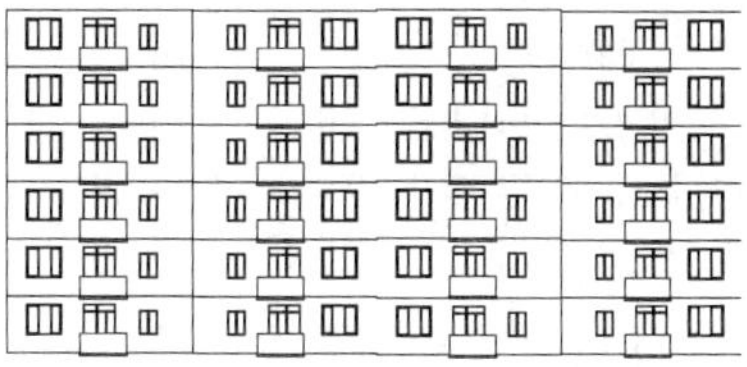

图 11-85 镜像立面图形

03 插入楼梯间门窗。通过辅助线定位，插入"立面入户门 .dwg"与"立面 C3 样式窗"素材文件，如图 11-86 所示。

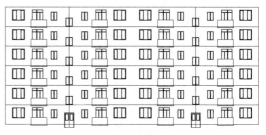

图 11-86 插入楼梯间门窗

11.7.4 完善图形

01 将"墙体"图层置为当前图层。

02 绘制屋顶。调用"矩形"命令，绘制 38400×520 的矩形，捕捉矩形左下角点移至户型立面图左上角点左侧 400 个单位处，如图 11-87 所示。

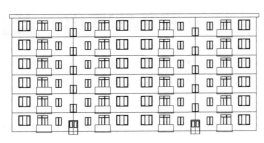

图 11-87　绘制屋顶

03 将"楼梯、台阶、散水"图层置为当前层。

04 绘制地面线脚。调用"矩形"命令，绘制 37640×700 的矩形并打断，通过中点对齐方式对齐 0 标高线下 700 单位处，修剪掉线脚与门窗相交处的线条，并向两端拉伸地坪线，如图 11-88 所示。

图 11-88　绘制地面线脚

05 调用"直线"与"矩形"命令绘制入口坡道与挡板，如图 11-89 所示。

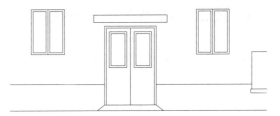

图 11-89　绘制入口坡道与挡板

06 绘制雨水管。插入素材文件"立面雨水管 .dwg"，如图 11-90 所示。

图 11-90　绘制雨水管

11.8　标注建筑立面图

　　建筑立面图绘制完成后，需要为其添加标注。尺寸标注用来表示各立面构件的尺寸以及相互间距。标高标注表示构件在建筑立面上的位置。轴号标注表示立面图的表示范围，方便与平面图对照。材料标注则表示装饰材料的名称，为施工提供指导。

01 参照平面图标高、轴号与文字的标注方法标注立面图，其结果如图 11-91 所示。

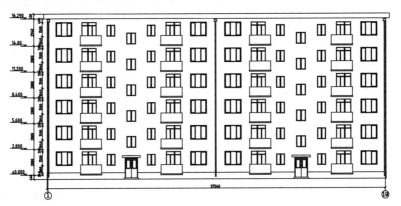

图 11-91　标注标高与轴号

02 调用"引线"命令，设置引线箭头为"实心闭合"，大小为2.5，进行标注。

03 调用"单行文字"命令，在引线末添加文字说明，在图形下方输入图名及比例，如图11-92所示。至此，正立面图绘制完毕。

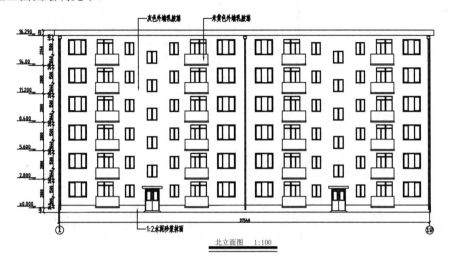

图 11-92　添加文字标注

11.9　绘制建筑剖视图

剖面图的剖切位置和数量应根据建筑物自身的复杂情况而定，一般剖切位置选择在建筑物的主要部位或构造较为典型的部位，如楼梯间等处。习惯上，剖面图不画基础部分，断开面上材料图例与图线的表示均与平面图的表示相同，即被剖到的墙、梁、板等用粗实线表示；没有剖到的但是可见的部分用中粗实线表示；被剖切断开的钢筋混凝土梁、板涂黑表示。绘制建筑剖视图的具体操作步骤如下。

11.9.1　绘制外部轮廓

01 复制平面图和立面图至绘图区空白处，并对图形进行清理，保留主体轮廓，并将平面图旋转90°，使其呈如图11-93所示分布。

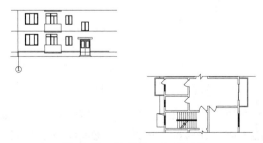

图 11-93　调用平、立面图形

02 绘制辅助线。指定"墙"图层为当前层。

调用"构造线"命令，过墙体、楼梯、楼层分界线及阳台，绘制如图11-94所示的4条水平构造线和6条垂直构造线，进行墙体和梁板的定位。

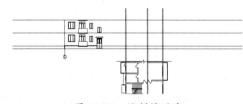

图 11-94　绘制辅助线

03 调用"修剪"命令，修剪轮廓线，结果如图11-95所示。

图 11-95　修剪轮廓线

11.9.2　绘制楼板结构

01 新建"梁、板"图层，指定图层颜色为24，并将图层置为当前层。

02 调用"直线"命令，打开正交模式，沿中间墙体向左绘制一条长1880的直线，再向下绘制一条长300的直线，然后向左延伸直线到墙体。

03 绘制二层起居室楼板。调用"偏移"命令，将一、二层标高线及上一步所绘长1880的直线向下偏移100，修剪并整理相交部分图形，如图11-96所示。

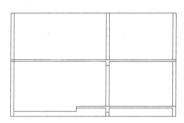

图 11-96　绘制楼板

11.9.3　绘制楼梯

01 将"楼梯、台阶、散水"图层置为当前层。

02 绘制楼梯第一跑。调用"直线"命令，绘制两级宽280，高150的踏步，如图11-97所示。

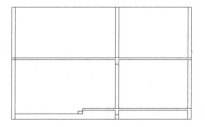

图 11-97　绘制楼梯第一跑

03 绘制楼梯第二跑及平台。调用"直线"命令，绘制12级高宽为175×280的台阶，通过延伸捕捉，从墙体处画长为1960的直线，对齐最上边的台阶，如图11-98所示。

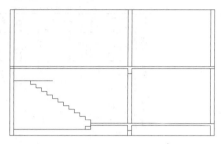

图 11-98　绘制楼梯第二跑及平台

04 绘制楼梯第三跑。调用"直线"命令，向右绘制4级高宽为175×280的台阶，修剪掉二层楼面板多出的部分，如图11-99所示。

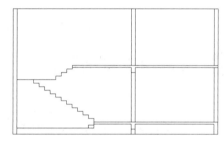

图 11-99　绘制楼梯第三跑

05 绘制楼梯第四跑。调用"直线"命令，向左绘制8级高宽为175×280的台阶，如图11-100所示。

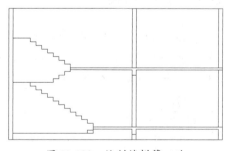

图 11-100　绘制楼梯第四跑

06 绘制楼梯第五跑，调用"直线"命令，向右绘制8级高宽为175×280的台阶，修剪掉三层楼面板多出的部分，如图11-101所示。

07 完善楼梯。调用"多段线"命令，绘制如图11-102所示的多段线。

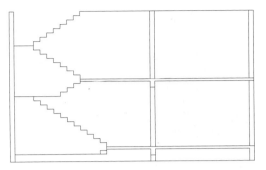

图 11-101　绘制楼梯第五跑

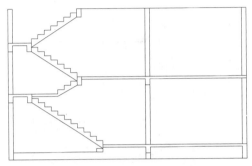

图 11-102　完善楼梯

08 填充楼板。调用"图案填充"命令，选择 SOLID 图案对楼板进行填充，结果如图 11-103 所示。

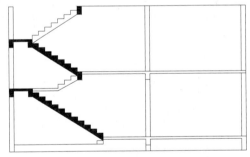

图 11-103　填充楼梯

11.9.4　添加门窗

01 指定"门"图层置为当前图层。调用"矩形"命令，绘制 1000×2000 和 900×2000 的矩形门，通过平面图进行位置对齐，如图 11-104 所示。

02 指定"窗"图层为当前图层。插入素材文件"剖面 C3 样式窗 .dwg"和"剖面 C4 样式窗 .dwg"，如图 11-105 所示。

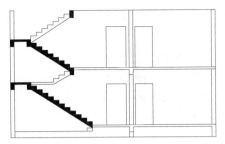

图 11-104　绘制矩形门

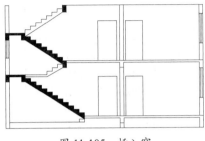

图 11-105　插入窗

11.9.5　绘制细部

01 指定"梁、板"图层为当前图层，调用"图案填充"命令，选择 SOLID 图案对楼板进行填充，结果如图 11-106 所示。

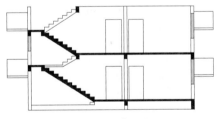

图 11-106　填充楼板

02 指定"楼梯、台阶、散水"图层为当前图层，绘制入口坡道及入户门上的遮雨板，如图 11-107 所示。

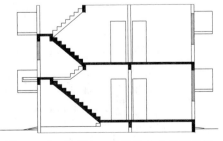

图 11-107　绘制入口坡道及入户门遮雨板

11.9.6　绘制楼梯栏杆

01 指定"楼梯、台阶、散水"图层为当前层。

02 绘制扶手。调用"直线"命令，在楼面板与楼梯平台台阶处分别向上绘制高为 1000 的直线，如图 11-108 所示。

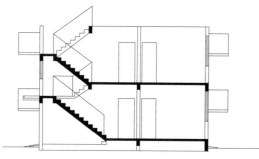

图 11-108　绘制扶手

03 调用"偏移"命令，将扶手偏移 50，并在每个转角处向外延伸 100，整理效果如图 11-109 所示。

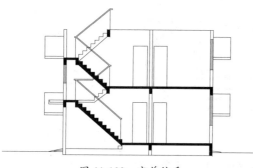

图 11-109　完善扶手

04 调用"偏移"命令，将栏杆线偏移 30，并复制至每级台阶的中点处，修剪整理图形，最终结果如图 11-110 所示。

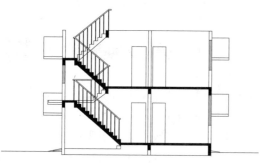

图 11-110　绘制栏杆

11.9.7　完善图形

01 复制图形。调用"复制"命令，选择第二层楼板、墙体、门、阳台及整个楼梯和中间平台，以一层楼梯间左上角点为基点，上一层门左上角点为第二点，向上复制 5 次，并修剪多余的线条，结果如图 11-111 所示。

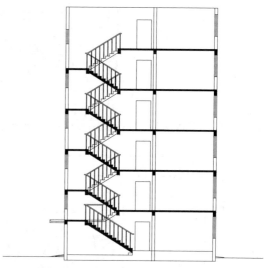

图 11-111　复制户型

02 绘制屋顶。调用"多段线"命令，在图形顶部绘制多段线，如图 11-112 所示。两端屋檐伸出屋顶距离为 500，高 520，屋顶高 320。

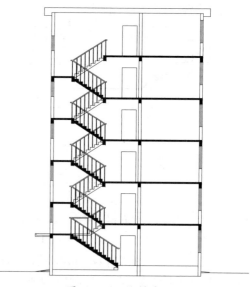

图 11-112　绘制屋顶

11.10 标注建筑剖面图

标注建筑剖面图的具体操作步骤如下。

01 标注标高。参照立面图标高的标注办法，将标高图形复制对齐并修改高度数据，结果如图 11-113 所示。

02 标注轴号。参照本章平面图轴号的标注方法，标注轴号，结果如图 11-114 所示。

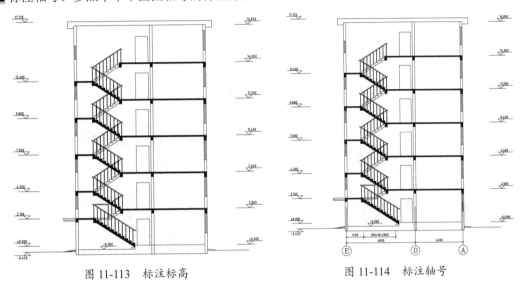

图 11-113　标注标高　　　　　　　　　　图 11-114　标注轴号

03 标注屋顶排水坡度。参照平面图尺寸的标注方法设置好尺寸标注样式，并将其置为当前标注样式。调用"引线"命令绘制两个表示方向的箭头。调用"单行文字"命令输入坡度大小，结果如图 11-115 所示。

图 11-115　标注屋顶排水坡度

04 标注文字。调用"单行文字"命令，标注图形说明文字，并在文字下端绘制一条宽 60 的多段线，如图 11-116 所示。

1-1剖面图　1:100

图 11-116　标注文字说明

第 *12* 章 室内设计绘图技法

项目导读

对建筑内部空间所进行的设计称为室内设计。室内设计是运用物质技术手段和美学原理,为满足人类生活、工作的物质和精神要求,根据空间的使用性质、所处环境的相应标准所营造出美观舒适、功能合理、符合人类生理与心理要求的内部空间环境,与此同时还应该反映相应的历史文脉、环境风格和气氛等文化内涵。

室内设计一般分为方案设计阶段和施工图设计阶段。方案设计阶段形成方案图,多用手工绘制方式表现,而施工图阶段则形成施工图。施工图是施工的主要依据,它需要详细、准确地表示出室内布置,各部分的形状、大小、材料做法及相互关系等各项内容,因此,绘制时要尤其注意图纸的文字注释部分。

12.1 设置室内绘图环境

为了避免绘制每一张施工图都重复设置图层、线型、文字样式和标注样式等内容,可以预先将这些相同部分一次性设置好,并将其保存为样板文件。创建了样板文件后,在绘制施工图时,即可在该样板文件基础上创建图形文件,从而加快绘图速度,提高工作效率,本章所有实例皆基于该模板。设置室内绘图环境的具体操作步骤如下。

12.1.1 设置图形单位与图层

01 单击"快速访问工具栏"中的"新建"按钮☐,新建图形文件。

02 在命令行中输入 UN,打开"图形单位"对话框。"长度"选项组用于设置线性尺寸类型和精度,这里设置"类型"为"小数","精度"为 0。

03 "角度"选项组用于设置角度的类型和精度。这里取消选中"顺时针"复选框,设置角度"类型"为"十进制度数",精度为 0。

04 在"插入时的缩放单位"选项组中选择"用于缩放插入内容的单位"为"毫米",这样当调用非毫米单位的图形时,图形能够自动根据单位比例进行缩放。最后单击"确定"按钮关闭对话框,完成单位设置,如图 12-1 所示。

05 单击"图层"面板中的"图层特性管理器"

按钮📇,设置图层,如图 12-2 所示。

图 12-1 设置单位

06 在命令行输入 LIMITS 执行"图形界限"命令,设置图形界限,命令行提示如下。

```
命令：LIMITS
        // 调用"图形界限"命令
    重新设置模型空间界限：
    指定左下角点或 ［开 (ON)／关 (OFF)］
<0.0,0.0>：↙
    // 按 Enter 键确定
    指定右上角点 <420.0,297.0>：
42000,29700 ↙   // 指定界限按 Enter 键确定
```

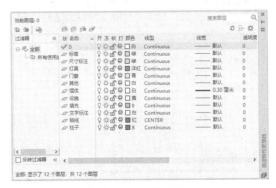

图 12-2 设置图层

12.1.2 设置文字样式

01 选择"格式"｜"文字样式"命令，打开"文字样式"对话框，单击"新建"按钮打开"新建文字样式"对话框，样式名定义为"图内文字"，如图 12-3 所示。

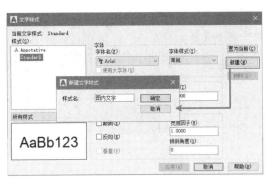

图 12-3 定义文字样式名称

02 在"字体"下拉列表中选择 gbenor.shx 字体，选中"使用大字体"复选框，并在"大字体"下拉列表中选择 gbcbig.shx 字体，单击"应用"按钮，完成该样式的设置，如图 12-4 所示。

图 12-4 设置样式参数

03 重复前面的步骤，建立表 12-1 中其他各种文字样式。

表 12-1 文字样式

文字样式名	打印到图纸上的文字高度	图形文字高度（文字样式高度）	宽度因子	字体｜大字体
图内文字	3.5	350	1	gbenor.shx；gbcbig.shx
图名	5	500		gbenor.shx；gbcbig.shx
尺寸文字	3.5	0		gbenor.shx

12.1.3 设置标注样式

01 选择"格式"｜"标注样式"命令，打开"标注样式管理器"对话框，单击"新建"按钮，打开"创建新标注样式"对话框，新建样式名定义为"室内设计标注"，如图 12-5 所示。

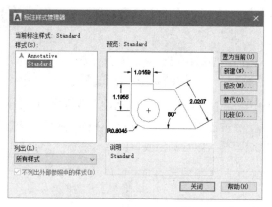

图 12-5　定义标注样式的名称

02 单击"继续"按钮，进入"新建标注样式"对话框，分别在各选项卡中设置相应的参数，其设置后的效果如表 12-2 所示。

表 12-2　标注样式的参数设置

"线"选项卡	"符号和箭头"选项卡	"文字"选项卡	"调整"选项卡

12.1.4　设置引线样式

01 执行"格式" | "多重引线样式"命令，打开"多重引线样式管理器"对话框，结果如图 12-6 所示。

图 12-6　"多重引线样式管理器"对话框

02 在"多重引线样式管理器"对话框中单击"新建"按钮，弹出"创建新多重引线样式"对话框，设置新样式名为"室内标注样式"，如图 12-7 所示。

图 12-7　"创建新多重引线样式"对话框

03 在"创建新多重引线样式"对话框中单击"继续"按钮，弹出"修改多重引线样式：室内标注样式"对话框，选择"引线格式"选项卡，设置参数如图 12-8 所示。

04 选中"引线结构"选项卡，设置参数如图 12-9 所示。

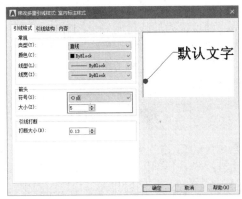 

图 12-8 "修改多重引线样式：室内标注样式"对话框　　　图 12-9 "引线结构"选项卡

05 选择"内容"选项卡，设置参数如图 12-10 所示。

06 单击"确定"按钮，关闭"修改多重引线样式：室内标注样式"对话框。返回"多重引线样式管理器"对话框，将"室内标注样式"置为当前，单击"关闭"按钮，关闭"多重引线样式管理器"对话框。

07 多重引线的创建结果如图 12-11 所示。

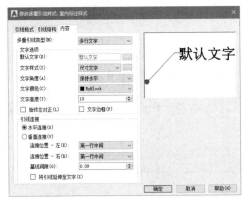

室内设计制图

图 12-10 "内容"选项卡　　　　　　图 12-11 创建结果

08 选择"文件"｜"另存为"命令，打开"图形另存为"对话框，保存为"室内制图样板 .dwt"文件。

12.2 绘制钢琴

钢琴是西洋古典音乐中的一种键盘乐器，由 88 个琴键（52 个白键，36 个黑键）和金属弦音板组成。随着人们生活水平的提高，越来越多的家庭都乐意在家中添置一台钢琴以陶冶情操。绘制钢琴的具体操作步骤如下。

01 启动 AutoCAD，新建空白文档。

02 在命令行输入 REC 执行"矩形"命令，分别绘制尺寸为 1575×356 和 1524×305 的矩形，如图 12-12 所示。

03 在命令行输入 L 执行"直线"命令，绘制直线。调用"矩形"命令，绘制尺寸为 914×50 的矩形，如图 12-13 所示。

图 12-12　绘制矩形

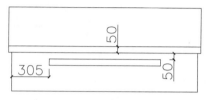

图 12-13　绘制结果

04 调用"矩形"命令，绘制尺寸为 1408×127 的矩形。在命令行输入 X 执行"分解"命令，分解矩形。

05 执行"绘图"｜"点"｜"定距等分"命令，选取矩形的上边为等分对象，指定等分距离为 44。调用"直线"命令，根据等分点绘制直线，结果如图 12-14 所示。

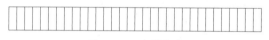

图 12-14　绘制直线

06 调用"矩形"命令，绘制尺寸为 38×76 的矩形。

07 在命令行输入 H 执行"填充"命令，在"图案填充创建"区域选择图案，如图 12-15 所示。单击"添加：拾取点"按钮，拾取尺寸为 38×76 的矩形为填充区域，填充结果如图 12-16 所示。并执行"移动"命令将琴键放置到合适的位置。

图 12-15　选择填充图案

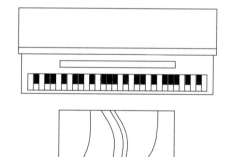

图 12-16　填充结果

08 调用"矩形"命令，绘制尺寸为 914×390 的矩形。在命令行输入 SPL 执行"样条曲线"命令，绘制曲线，完成座椅的绘制。钢琴的绘制结果如图 12-17 所示。

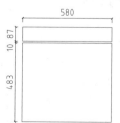

图 12-17　钢琴最终效果

12.3　绘制洗衣机

洗衣机可以减少人们的劳动量，一般放置在阳台或卫生间内。洗衣机也是室内设计中最常见的家具图块。洗衣机图形主要使用矩形命令、圆角命令、圆形命令来绘制，具体操作步骤如下。

01 启动 AutoCAD，新建空白文档。

02 绘制洗衣机外轮廓。调用"矩形"命令，绘制矩形，结果如图 12-18 所示。

03 在命令行输入 F 执行"圆角"命令，设置圆角半径为 19，对绘制完成的图形进行圆角处理，结果如图 12-19 所示。

图 12-18　绘制矩形

图 12-19　进行圆角处理

04 调用"直线"命令，绘制直线，结果如图 12-20 所示。

图 12-20　绘制直线

05 调用"矩形"命令，绘制尺寸为 444×386 矩形，结果如图 12-21 所示。

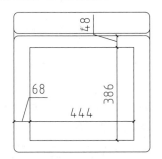

图 12-21　绘制矩形

06 调用"圆角"命令，设置圆角半径为 19，对绘制完成的图形进行圆角处理，结果如图 12-22 所示。

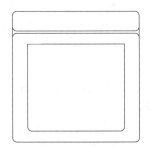

图 12-22　进行圆角处理

07 绘制液晶显示屏。调用"矩形"命令，绘制矩形，结果如图 12-23 所示。

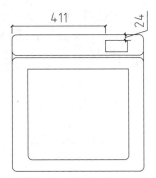

图 12-23　绘制矩形

08 绘制按钮。调用"圆"命令，绘制半径为 12 的圆，结果如图 12-24 所示。

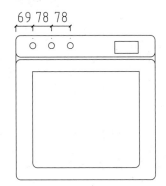

图 12-24　绘制按钮

09 调用"直线"命令，绘制直线，结果如图 12-25 所示。

图 12-25　绘制直线

10 创建成块。在命令行输入 B 执行"块"命令，打开"块定义"对话框。框选绘制完成的洗衣机图形，设置图形名称，单击"确定"按钮，即可将图形创建成图块，方便以后调用。

12.4 绘制座椅

座椅是一种有靠背，有的还有扶手的坐具，在室内设计中，经常需要绘制其立面图或平面图，以配合各个不同的设计情况。下面讲解座椅的绘制方法。

01 启动 AutoCAD，新建空白文档。

02 绘制靠背。调用"直线"命令，绘制长度为 550 的线段，如图 12-26 所示。

图 12-26 绘制线段

03 调用"圆弧"命令，绘制圆弧，如图 12-27 所示。

图 12-27 绘制圆弧

04 调用"镜像"命令，将圆弧镜像到另一侧，如图 12-28 所示。

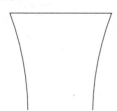

图 12-28 镜像圆弧

05 调用"偏移"命令，将线段和圆弧向内偏移 50，并对线段进行调整，如图 12-29 所示。

图 12-29 偏移线段和圆弧

06 调用"直线"命令和"偏移"命令，绘制线段，如图 12-30 所示。

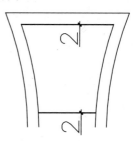

图 12-30 绘制线段

07 绘制坐垫。调用"矩形"命令，绘制尺寸为 615×100 的矩形，如图 12-31 所示。

图 12-31 绘制矩形

08 调用"圆角"命令，对矩形进行圆角处理，圆角半径为 40，如图 12-32 所示。

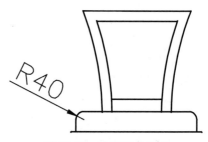

图 12-32 进行圆角处理

09 调用"填充"命令，在靠背和坐垫区域填充 CROSS 图案，填充参数和填充效果如图 12-33 所示。

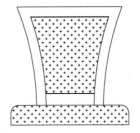

图 12-33　参数设置和填充效果

10 绘制椅脚。调用"多段线"命令、"圆弧"命令和"直线"命令，绘制椅脚如图 12-34 所示。

11 调用"镜像"命令，将椅脚镜像到另一侧，如图 12-35 所示。

12 调用"直线"命令和"偏移"命令，绘制线段，如图 12-36 所示，完成座椅的绘制。

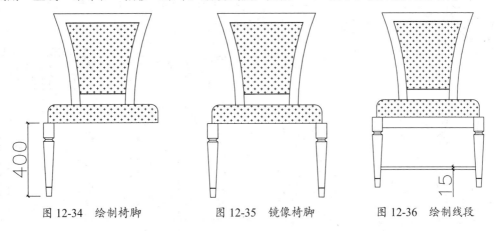

图 12-34　绘制椅脚　　　　图 12-35　镜像椅脚　　　　图 12-36　绘制线段

12.5　绘制欧式门

门是室内制图中最常用的图元之一，它大致可以分为平开门、折叠门、推拉门、旋转门和卷帘门等，其中，平开门最常见。门的名称代号用 M 表示，在门立面图中，开启线实线为外开，虚线为内开，具体形式应根据实际情况绘制。绘制欧式门的具体操作步骤如下。

01 启动 AutoCAD，新建空白文档。

02 绘制门框。调用"矩形"命令绘制一个 1400×2350 的矩形，如图 12-37 所示。

03 调用"偏移"命令，将矩形依次向内偏移 40、20、40，并删除和延伸线段，对其进行调整，结果如图 12-38 所示。

04 绘制踢脚线。调用"偏移"命令，将底线向上偏移 200，结果如图 12-39 所示。

05 绘制门装饰图纹。调用"矩形"命令，绘制 400×922 的矩形，如图 12-40 所示。

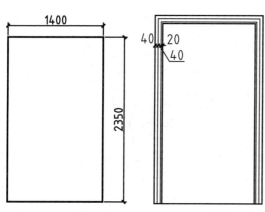

图 12-37　绘制门框

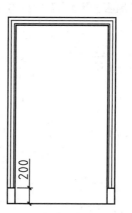

图 12-38　偏移门框

图 12-39　绘制踢脚线 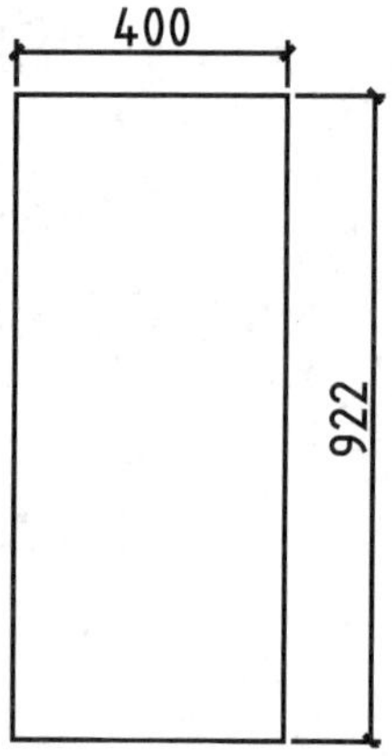　　图 12-40　绘制门装饰图纹

06 调用"圆弧"命令，分别绘制半径为 150 和 350 的圆弧，并修剪多余的线段，结果如图 12-41 和图 12-42 所示。

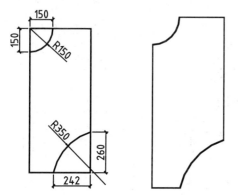

图 12-41　绘制圆弧　　图 12-42　修剪线段

07 调用"偏移"命令，将门装饰框图纹依次向内偏移 15 和 30，并用"直线""延伸""修剪"命令完善图形，门装饰图纹绘制结果如图 12-43 所示。

08 调用"矩形"和"圆"命令，绘制门把手，如图 12-44 所示。

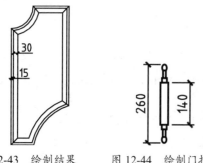

图 12-43　绘制结果　　图 12-44　绘制门把手

09 完善门。调用"移动"命令，将装饰图纹移至合适位置，并用"直线"命令分割出门扇，结果如图 12-45 所示。

10 调用"镜像"命令镜像装饰纹图形，如图 12-46 所示。

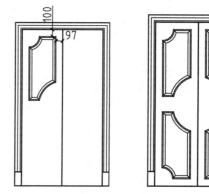

图 12-45　移动装饰图纹　　图 12-46　镜像装饰图纹

11 调用"移动"命令，将门把手移至合适位置，最终效果如图 12-47 所示。

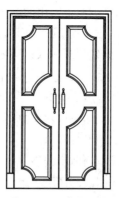

图 12-47　最终效果

12.6　绘制矮柜

矮柜是指收藏衣物、文件等用的器具，呈方形或长方形，一般为木制或铁制。本例介绍矮柜的构造及绘制方法。

01 启动 AutoCAD，新建空白文档。

02 绘制柜头。调用"矩形"命令，绘制 1519×354 的矩形。调用"偏移"命令，将横向线段向下偏移 34、51、218、51，结果如图 12-48 所示。

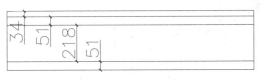

图 12-48　偏移横向线段

03 重复调用"偏移"命令，将竖向线段向右偏移 42、43、58，结果如图 12-49 所示。

图 12-49　偏移竖向线段

04 调用"修剪"命令，修剪多余线段，结果如图 12-50 所示。

图 12-50　修剪线段

05 细化柜头。调用"圆弧"命令，绘制圆弧，结果如图 12-51 所示。

图 12-51　细化柜头

06 调用"删除"命令，删除多余线段，结果如图 12-52 所示。

07 绘制柜体。调用"矩形"命令，绘制 1326×633 的矩形。调用"分解"命令，分解绘制完成的矩形。

图 12-52　删除多余线段

08 调用"偏移"命令，将线段向下偏移 219、51、219、60、20，向左偏移 47。调用"修剪"命令，修剪多余线段，绘制柜体的结果如图 12-53 所示。

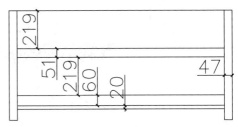

图 12-53　绘制柜体

09 绘制矮柜装饰。按组合键 Ctrl+O，打开本书配套资源提供的"素材 / 第 12 章 / 家具图例 .dwg"素材文件，将其中的"雕花"等图形复制到图形中，结果如图 12-54 所示。至此欧式矮柜绘制完成。

图 12-54　欧式矮柜

12.7 绘制平面布置图

平面布置图是室内装饰施工图纸中的关键性图纸，它在原建筑结构的基础上，根据业主的要求和设计师的设计意图，对室内空间进行详细的功能划分和室内设施定位。

本例以原始平面图为基础，绘制如图12-55所示的平面布置图。绘制步骤：先对原始平面图进行整理和修改，然后分区插入室内家具图块，最后进行文字和尺寸等标注。

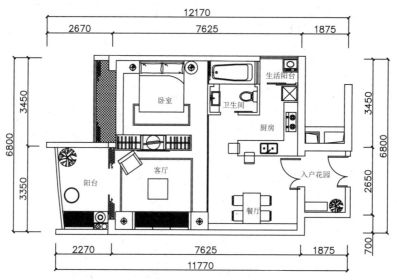

图 12-55　平面布置图

01 启动AutoCAD，打开素材文件"第12章 / 小户型原始平面图 .dwg"，如图12-56所示。

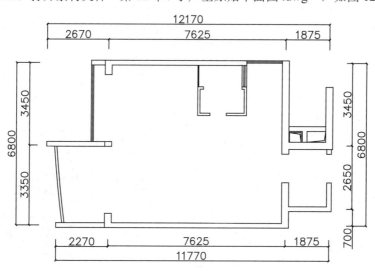

图 12-56　原始平面图

02 绘制橱柜台面。调用"直线"命令，绘制直线；调用"偏移"命令，偏移直线；调用"修剪"命令，修剪线段，绘制橱柜如图12-57所示。

03 调用"矩形"命令，绘制 100×80 的矩形，如图12-58所示。

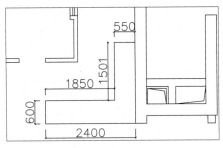

图 12-57　绘制橱柜

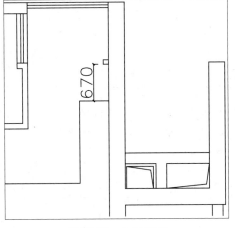

图 12-58　绘制矩形

04 调用"矩形"命令，绘制 740×40 的矩形；调用"复制"命令，移动复制矩形，绘制厨房与生活阳台之间的推拉门，如图 12-59 所示。

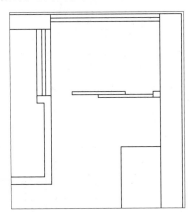

图 12-59　绘制厨房与生活阳台之间的推拉门

05 调用"矩形"命令，绘制 700×40 的矩形，表示卫生间的推拉门，如图 12-60 所示。

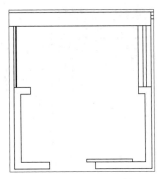

图 12-60　绘制卫生间推拉门

06 调用"直线"命令，绘制直线，表示卫生间沐浴区与洗漱区地面有落差，如图 12-61 所示。

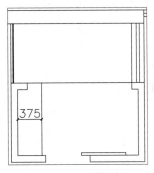

图 12-61　绘制直线

07 重复调用"直线"命令，绘制分隔卧室和厨房的直线，结果如图 12-62 所示。

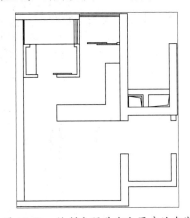

图 12-62　绘制分隔卧室和厨房的直线

08 调用"偏移"命令，设置偏移距离分别为 23、11、7，向右偏移直线，结果如图 12-63 所示，完成卧室、客厅与厨房之间的地面分隔绘制。

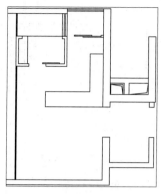

图 12-63 偏移直线

09 调用"矩形"命令，绘制 740×40 的矩形；调用"复制"命令，移动复制矩形。阳台推拉门的绘制结果，如图 12-64 所示。

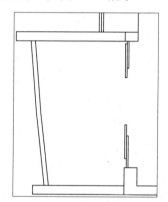

图 12-64 绘制阳台推拉门

10 绘制装饰墙体。调用"矩形"命令，绘制 600×40 的矩形；调用"复制"命令，移动复制矩形，绘制结果如图 12-65 所示，在装饰墙体和推拉门之间将安装窗帘。

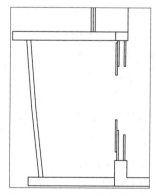

图 12-65 绘制装饰墙体

11 绘制卧室衣柜。调用"直线"命令、"偏移"命令、"修剪"命令，绘制如图 12-66 所示的图形。

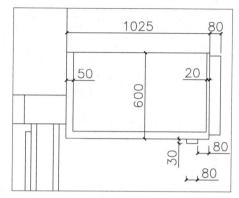

图 12-66 绘制衣柜轮廓

12 绘制挂衣杆。调用"直线"命令，绘制直线；调用"偏移"命令，偏移直线，结果如图 12-67 所示。

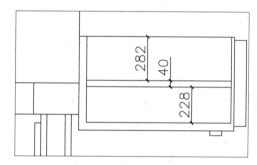

图 12-67 绘制挂衣杆

13 绘制衣架图形。调用"矩形"命令，绘制 450×40 的矩形；调用"复制"命令，移动复制矩形，绘制结果如图 12-68 所示。

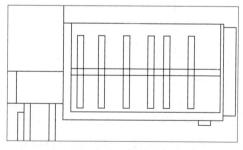

图 12-68 绘制衣架

14 调用"镜像"命令，镜像复制完成的衣柜图形，如图 12-69 所示。

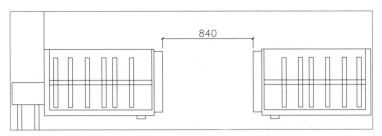

图 12-69 镜像复制图形

15 调用"直线"命令,绘制直线,结果如图 12-70 所示。

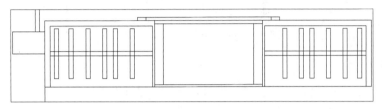

图 12-70 绘制直线

16 调用"填充"命令,在弹出的"图案填充和渐变色"对话框中设置参数,如图 12-71 所示。

图 12-71 设置参数

17 单击"添加:拾取点"按钮 ⊞,在绘图区中拾取填充区域,完成卧室窗台填充,结果如图 12-72 所示。

18 按组合键 Ctrl+O,打开"第 12 章 / 家具图例 .dwg"文件,将其中的家具图形复制到图形中。调用"修剪"命令修剪多余线段,结果如图 12-73 所示。

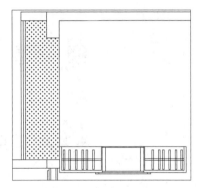

图 12-72 填充窗台

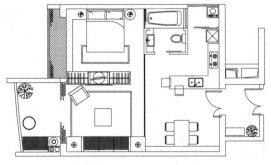

图 12-73 复制家具图形

19 调用"多行文字"命令,在绘图区域指定文字标注的两个对角点,在弹出的"文字格式"对话框中输入功能区的名称。单击"确定"按钮,关闭"文字格式"对话框,文字标注结果如图 12-74 所示。

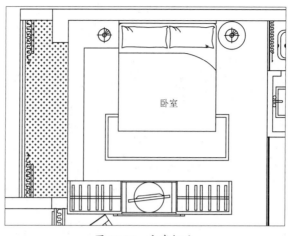

图 12-74　文字标注

20 沿用相同的方法，为其他功能区标注文字，完成小户型平面布置图的绘制，结果如图12-75所示。

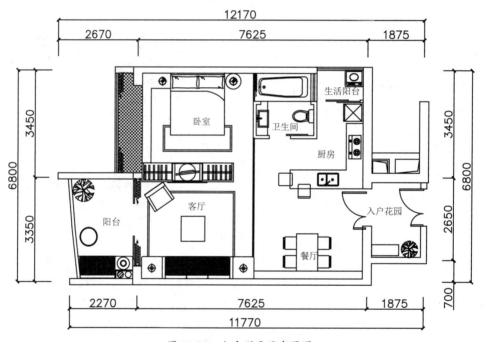

图 12-75　小户型平面布置图

12.8　绘制地面布置图

　　本例延续上例，介绍室内地材图的绘制方法，主要内容包括客厅、卧室及卫生间等地面图案的绘制方法，具体操作步骤如下。

01 延续 12.7 节进行操作，也可以打开"12.7 绘制平面布置图 .dwg"素材文件。

02 调用"复制"命令，移动复制一份平面布置图到一旁。调用"删除"命令，删除不必要的图形。调用"直线"命令，在门口处绘制直线，整理结果如图 12-76 所示。

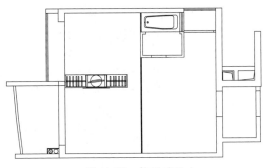

图 12-76 整理图形

03 填充入户花园。调用"填充"命令，在弹出的"图案填充和渐变色"对话框中设置参数，如图 12-77 所示。

图 12-77 设置填充参数

04 单击"添加：拾取点"按钮 ⊞，在绘图区中拾取填充区域。入户花园地面的填充结果如图 12-78 所示。

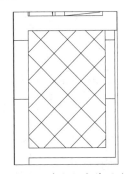

图 12-78 填充入户花园地面

05 填充阳台。沿用相同的参数，为阳台地面填充图案，结果如图 12-79 所示。

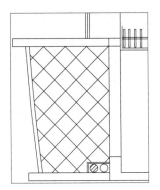

图 12-79 填充阳台地面图案

06 填充客厅。调用"填充"命令，在弹出的"图案填充和渐变色"对话框中设置参数，如图 12-80 所示。

图 12-80 设置填充参数

07 单击"添加：拾取点"按钮 ⊞，在客厅区域中拾取填充区域，完成地面的填充，结果如图 12-81 所示。

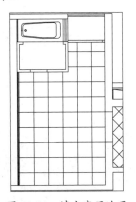

图 12-81 填充客厅地面

08 填充卫生间和生活阳台。调用"填充"命令，在弹出的"图案填充和渐变色"对话框中设置参数，如图 12-82 所示。

图 12-82 设置填充参数

09 单击"添加：拾取点"按钮，在绘图区中拾取填充区域，完成卫生间及生活阳台地面的填充，结果如图 12-83 所示。

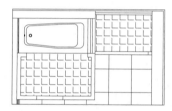

图 12-83 填充卫生间及生活阳台地面图案

10 填充卧室。调用"填充"命令，在弹出的"图案填充和渐变色"对话框中设置参数，如图 12-84 所示。

图 12-84 设置填充参数

11 单击"添加：拾取点"按钮，在绘图区中拾取填充区域，完成卧室地面的填充，结果如图 12-85 所示。

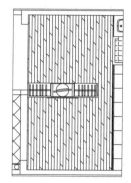

图 12-85 填充卧室地面图案

12 填充飘窗窗台。调用"填充"命令，在弹出的"图案填充和渐变色"对话框中设置参数，如图 12-86 所示。

图 12-86 设置填充参数

13 单击"添加：拾取点"按钮，在绘图区中拾取填充区域，完成卧室飘窗台面的填充，结果如图 12-87 所示。

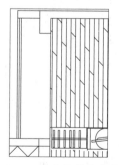

图 12-87 填充卧室飘窗台面

14 调用"填充"命令，在弹出的"图案填充和渐变色"对话框中设置参数，如图 12-88 所示。

图 12-88　设置填充参数

15 单击"添加：拾取点"按钮 ⊞，在绘图区中拾取填充区域，完成门槛石的填充，结果如图 12-89 所示。

16 调用"多重引线"标注命令，在填充图案上单击，指定引线标注对象，然后水平移动光标，绘制指示线，弹出"文字格式"对话框，在其中输入地面铺装材料名称。单击"确定"按钮关闭对话框，标注结果如图 12-90 所示。

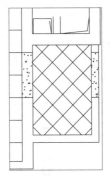

图 12-89　填充门槛石图案

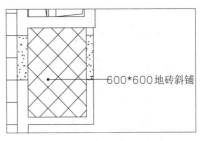

图 12-90　标注地面材料

17 重复执行"多重引线"标注命令，标注其他地面铺装材料名称，结果如图 12-91 所示。小户型地面布置图绘制完成。

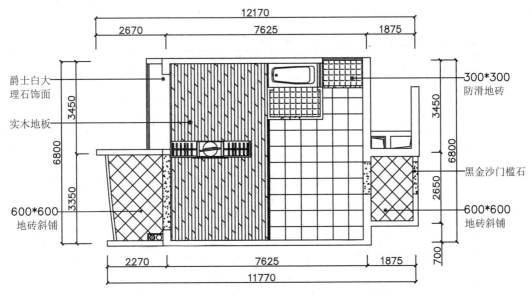

图 12-91　小户型地面布置图

12.9 绘制顶棚图

本例延续上例，介绍室内设计中顶棚图的绘制方法，主要包括灯具图形的插入及布置尺寸，具体操作步骤如下。

01 延续 12.8 节进行操作，也可以打开"12.8 绘制地面布置图 .dwg"素材文件。

02 调用"复制"命令，移动复制一份平面布置图到一旁。调用"删除"命令，删除不必要的图形。调用"直线"命令，在门口处绘制直线，整理结果如图 12-92 所示。

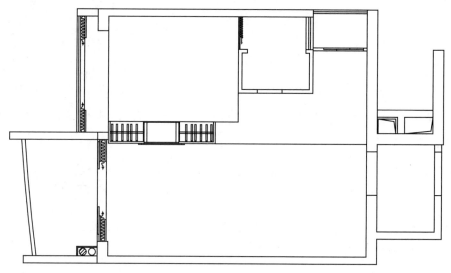

图 12-92　整理图形

03 按组合键 Ctrl+O，打开"第 12 章 / 家具图例 .dwg"文件，将其中的"角度射灯"图形复制到客餐厅图形中，结果如图 12-93 所示。

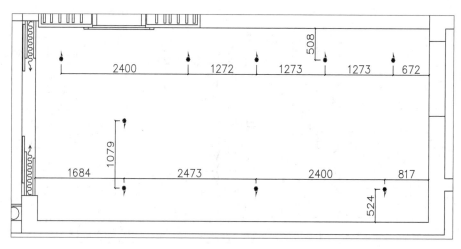

图 12-93　布置客餐厅灯具

04 按组合键 Ctrl+O，打开"第 12 章 / 家具图例 .dwg"文件，将其中的"角度射灯"图形复制到厨房图形中，结果如图 12-94 所示。

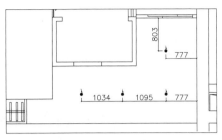

图 12-94　布置厨房灯具

05 按组合键 Ctrl+O，打开"第 12 章 / 家具图例 .dwg"文件，将其中的"暗藏灯"图形复制到卫生间图形中，结果如图 12-95 所示。

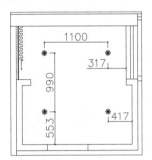

图 12-95　布置卫生间灯具

06 采用同样的方法，将其中的"角度射灯"图形复制到卧室图形中，结果如图 12-96 所示。

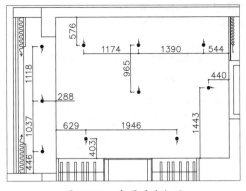

图 12-96　布置卧室灯具

07 调用"多行文字"命令，弹出"文字格式"对话框，在其中输入顶面铺装材料的名称。单击"确定"按钮关闭对话框，标注结果如图 12-97 所示。

图 12-97　标注顶面材料

08 重复调用"多行文字"命令，标注其他顶面铺装材料名称，结果如图 12-98 所示。小户型顶面布置图绘制完成。

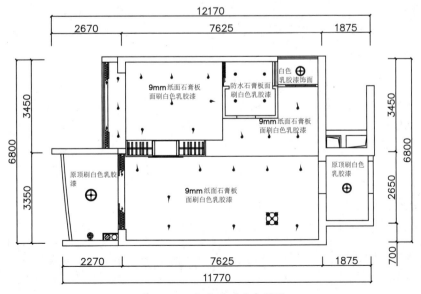

图 12-98　小户型顶面布置图

12.10 绘制立面图

本例延续上例，介绍室内设计中立面图的绘制方法，主要包括复制、矩形、删除等命令的操作，具体操作步骤如下。

01 延续 12.9 节进行操作，也可以打开"12.9 绘制顶棚图 .dwg"素材文件。

02 调用"复制"命令，移动复制厨房餐厅立面图的平面部分到一旁。调用"旋转"命令，翻转图形的角度，整理结果如图 12-99 所示。

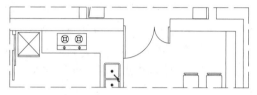

图 12-99 整理平面图形

03 调用"矩形"命令，绘制 5900×3000 的矩形。调用"分解"命令，分解所绘制的矩形。

04 调用"偏移"命令，偏移矩形边。调用"修剪"命令，修剪多余线段，如图 12-100 所示。

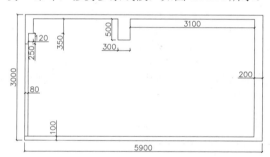

图 12-100 偏移并修剪图形

05 调用"矩形"命令，绘制一个 1460×2230 的矩形表示门套，并结合使用"移动"命令、"分解"命令分解矩形，"偏移"命令偏移矩形边，"修剪"命令修剪多余线段，结果如图 12-101 所示。

06 调用"直线"命令，绘制直线；调用"偏移"命令，偏移线段；调用"修剪"命令，修剪多余线段，得到橱柜立面，如图 12-102 所示。

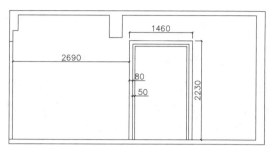

图 12-101 绘制门套

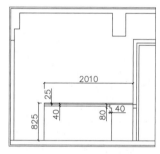

图 12-102 绘制橱柜立面

07 调用"矩形"命令，绘制 818×63 的矩形，表示墙面搁板，用于放置厨房用具，以有效利用空间；调用"多段线"命令，在门套内绘制折断线，表示镂空，结果如图 12-103 所示。

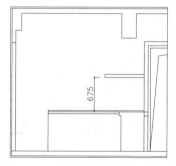

图 12-103 绘制墙面搁板和折断线

08 调用"矩形"命令，绘制 620×353 的矩形，并结合使用"复制"命令移动复制矩形，橱柜分隔的结果如图 12-104 所示。

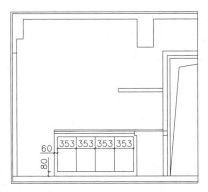

图 12-104 绘制橱柜分隔

09 调用"偏移"命令、"修剪"命令，绘制出如图 12-105 所示的橱柜面板。

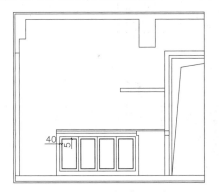

图 12-105 绘制橱柜面板

10 调用"填充"命令，在弹出的"图案填充和渐变色"对话框中设置参数，如图 12-106 所示。

图 12-106 设置填充参数

11 单击"添加：拾取点"按钮 ，在橱柜面板内拾取填充区域，填充结果如图 12-107 所示。

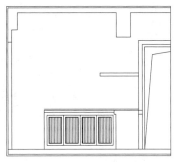

图 12-107 填充图案

12 调用"矩形"命令，绘制 250×80 和 250×420 的矩形，表示餐厅墙面装饰的剖面轮廓，如图 12-108 所示。

图 12-108 绘制矩形

13 调用"填充"命令，在弹出的"图案填充和渐变色"对话框中选择 ANSI31 图案，设置填充比例为 20，填充结果如图 12-109 所示，表示该处为剖面结构。

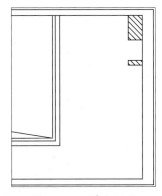

图 12-109 填充剖面

14 按组合键 Ctrl+O，打开"第 12 章 / 家具图例 .dwg"文件，将其中的家具图形复制到立图中，结果如图 12-110 所示。

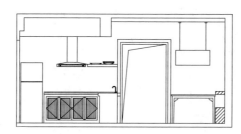

图 12-110　布置餐厅立面家具

15 调用"多重引线"标注命令，弹出"文字格式"对话框，输入立面材料的名称，单击"确定"按钮关闭对话框，标注结果如图 12-111 所示。

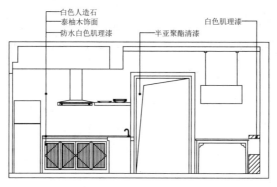

图 12-111　文字标注

16 调用"线性"标注命令，标注立面图尺寸，结果如图 12-112 所示。

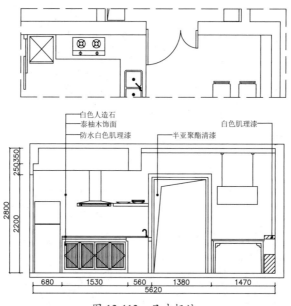

图 12-112　尺寸标注

设计技巧：

立面图是一种与垂直界面平行的正投影图，它能够反映垂直界面的形状、装修做法和其上的陈设。

第13章 电气设计绘图技法

项目导读

电气工程图是一类示意性图纸，它主要用来表示电气系统、装置和设备各组成部分的相互关系和连接关系，是用于表达其功能、用途、原理、装接和使用信息的电气图。

电气图是电气工程中各部门进行沟通、交流信息的载体，由于电气图所表达的对象不同，提供信息的类型及表达方式也不同，这样就使电气图具有多样性。

13.1 绘制热敏开关

热敏开关就是利用双金属片各组元层的热膨胀系数不同，当温度变化时，主动层的形变要大于被动层的形变，从而双金属片的整体就会向被动层一侧弯曲，以这种复合材料的曲率发生变化而产生形变的这个特性来实现电流通断的装置。绘制热敏开关的具体操作步骤如下。

01 调用"直线"命令，绘制一条长度为50的直线，如图13-1所示。

图 13-1　绘制直线

02 重复执行"直线"命令操作，捕捉直线右端点绘制长度为40的直线，接着再绘制长度为50的直线，如图13-2所示。

图 13-2　捕捉直线端点绘制直线

03 调用"旋转"命令，选择中间长度为40的直线，以直线左端点为旋转基点，旋转30°，如图13-3所示。

图 13-3　旋转30°

04 调用"绘图"|"椭圆"命令，绘制一个长轴为20，短轴为10的椭圆，如图13-4所示。

05 调用"直线"命令，捕捉椭圆两个轴的端点绘制一条连接直线，如图13-5所示。

图 13-4　绘制椭圆 　　图 13-5　绘制连接直线

06 调用"移动"命令，选中图13-5中的图形移至旋转直线上方，如图13-6所示。

图 13-6　移动椭圆

07 调用"旋转"命令，选择中间长度为40的直线，以直线左端点为旋转基点，旋转180°，如图13-7所示。

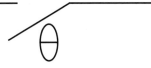

图 13-7　旋转图形

08 调用"创建块"命令，选择绘制好的电气符号，并制作成图块，将其命名为"热敏开关"。

13.2　绘制发光二极管

发光二极管简称为 LED，由含镓 (Ga)、砷 (As)、磷 (P)、氮 (N) 等的化合物制成。绘制发光二极管的具体操作步骤如下。

01 新建空白文档。

02 调用"多段线"命令，设置起点宽度为2，端点宽度为0，绘制箭头线，如图 13-8 所示。

图 13-8 绘制箭头线

03 调用"旋转"命令，将多段线旋转 150°，如图 13-9 所示。

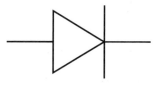

图 13-9　旋转箭头线

04 调用"复制"命令，复制绘制好的二极管，如图 13-10 所示。

图 13-10　复制二极管

05 调用"移动"命令，将箭头线移至合适的位置，如图 13-11 所示。

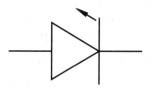

图 13-11　移动箭头线

06 调用"复制"命令，向下复制箭头多段线，如图 13-12 所示。

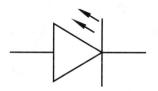

图 13-12　复制箭头线

07 调用"创建块"命令，选择绘制好的电气符号，并制作成图块，将其命名为"发光二极管"。

13.3　绘制防水防尘灯

防水防尘方灯又称为"防爆油站灯"，主要用在油站、油库等场所，是一种较为常用的电器图例。绘制防水防尘灯的具体操作步骤如下。

01 启动 AutoCAD，新建空白文档。

02 调用"矩形"命令，绘制一个 500×500 的矩形，如图 13-13 所示。

图 13-13　绘制矩形

03 调用"直线"命令，绘制矩形对角线，结果如图 13-14 所示。

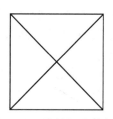

图 13-14　绘制矩形对角线

04 调用"圆"命令，捕捉对角线交点，绘制两个半径分别为 250 和 100 的同心圆，如图 13-15 所示。

05 调用"修剪"命令，修剪多余的线段，结果如图 13-16 所示。

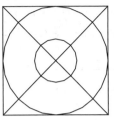

图 13-15　绘制同心圆

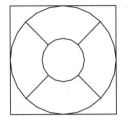

图 13-16　修剪多余的线段

06 调用"删除"命令，删除矩形，结果如图 13-17 所示。

07 调用"填充"命令，将绘制好的半径为 100 的圆填充 SOLID 图案，结果如图 13-18 所示。

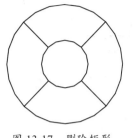

图 13-17　删除矩形

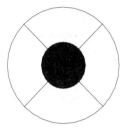

图 13-18　填充圆

13.4　绘制天棚灯

天棚灯为大功率节能灯，集多项专利于一身，伞形光源比 U 形光源照度提高 30% 左右，量身研发的灯具效率可达 95% 以上，用于各种厂房车间、车站、码头、仓库、展览馆、大型商场、超市或其他高大厅房照明场所。绘制天棚灯的具体操作步骤如下。

01 调用"直线"命令，绘制长度为 500 的水平直线，如图 13-19 所示。

图 13-19　绘制直线

02 调用"圆弧"命令，绘制以直线中点为圆心的圆弧，如图 13-20 所示。

03 调用"填充"命令，填充半圆图形，结果如图 13-21 所示。

图 13-20　绘制圆弧

图 13-21　填充图形

13.5　绘制熔断器箱

熔断器是根据电流超过规定值一定时间后，以其自身产生的热量使熔体熔化，从而使电路断开的原理制成的一种电流保护器。熔断器广泛应用于低压配电系统和控制系统及用电设备中，作为短路和过电流保护，是应用最普遍的保护器件之一。绘制熔断器箱的具体操作步骤如下。

01 调用"矩形"命令，捕捉任意一点为起点，绘制 750×300 的矩形，如图 13-22 所示。

02 调用"直线"命令，绘制矩形两边中点连接线，如图 13-23 所示。

图 13-22　绘制矩形

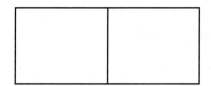

图 13-23　绘制连接线

03 调用"矩形"命令，绘制 350×100 的矩形，如图 13-24 所示。

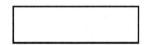

图 13-24　绘制矩形

04 调用"直线"命令，绘制两条长度为 100 的直线以及小矩形的连接线，如图 13-25 所示。

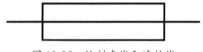

图 13-25　绘制直线和连接线

05 调用"移动"命令，将绘制好的小矩形内部直线中点移至大矩形连接线的中点上，如图 13-26 所示。

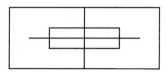

图 13-26　移动图形

06 调用"删除"命令，删除大矩形内部辅助线，如图 13-27 所示。

图 13-27　删除辅助线

07 调用"创建块"命令，选择绘制好的电气符号并创建图块，将其命名为"熔断器箱"。

13.6　绘制单相插座

　　单相插座是在交流电力线路中具有的单一交流电动势，对外供电时一般有两个接头的插座。单相插座的电压是 220V。一般家庭用插座均为单相插座，分单相二孔插座、单相三孔插座和单相二三孔插座。单相三孔插座比单相二孔插座多一个地线接口，即平时家用的三孔插座。单相二三孔插座即使二孔插座和三孔插座结合在一起的插座。住宅中常用的单相插座分为普通型、安全型、防水型、安全防水型等。绘制单相插座的具体操作步骤如下。

01 调用"直线"命令，绘制一条长度为 500 的水平直线。

02 继续执行"直线"命令，捕捉水平直线的中点绘制一条长度为 250 的垂直直线，如图 13-28 所示。

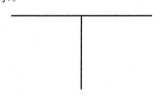

图 13-28　绘制垂直直线

03 调用"圆弧"命令，绘制一段圆弧，如图 13-29 所示。

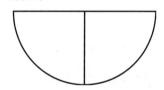

图 13-29　绘制圆弧

04 调用"移动"命令，将绘制好的圆弧移至两直线的交点处，如图 13-30 所示。

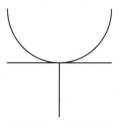

图 13-30　移动圆弧

05 调用"单行文字"命令，选择文字字体为 Simplex.shx，文字高度为 200，在圆弧上方输入文字 1P，如图 13-31 所示。

图 13-31　添加文字

13.7　绘制插座平面图

本实例介绍小户型插座平面图的绘制方法，主要内容为调用复制命令布置各个房间的插座，具体操作步骤如下。

01 启动 AutoCAD，打开素材文件"第 13 章 / 原始平面图 .dwg"，如图 13-32 所示。

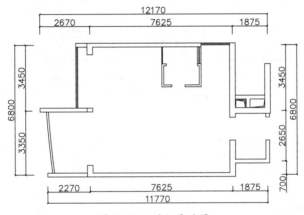

图 13-32　原始平面图

02 调用"复制"命令，移动复制一份小户型平面布置图到一旁。

03 调用"复制"命令，从电气图例表中移动复制插座图形到平面布置图中，结果如图 13-33 所示。

04 重复操作，将镜前灯图形、浴霸及排气扇图形移至平面图中，结果如图 13-34 所示。

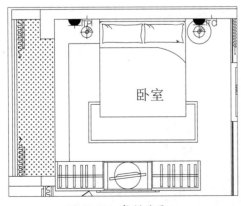

图 13-33　复制结果

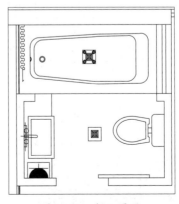

图 13-34　插入图形

05 将插座图形移动复制到平面图中后，关闭"JJ_家具"图层，完成小户型插座平面图的绘制，结果如图 13-35 所示。

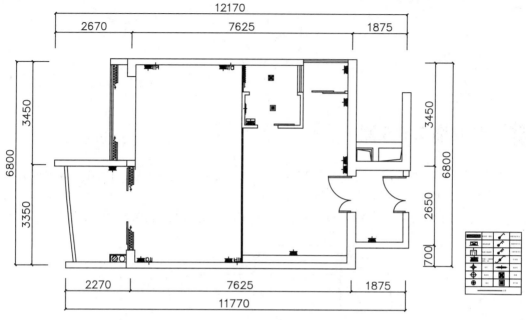

图 13-35　绘制结果

13.8　绘制开关布置平面图

本实例介绍小户型插座平面图的绘制方法，主要内容为调用复制和圆弧命令创建连接各个房间的开关连线，具体操作步骤如下。

01 延续 13.7 节进行操作，也可以打开素材文件"13.7 绘制插座平面图 .dwg"。

02 调用"复制"命令，移动复制一份小户型顶面布置图到一旁。

03 调用"复制"命令，从电气图例表中移动复制开关图形到平面布置图中，结果如图 13-36 所示。

04 调用"圆弧"命令，绘制圆弧，用于表示电线的连接，结果如图 13-37 所示。

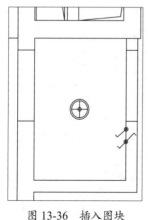

图 13-36　插入图块

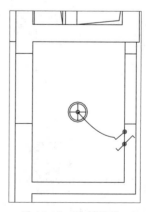

图 13-37　绘制圆弧

05 调用"圆弧"命令，在灯具图形之间绘制连接圆弧，结果如图 13-38 所示。

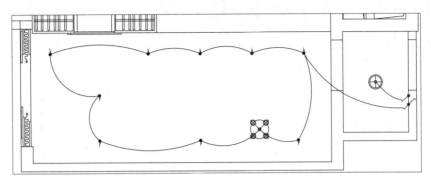

图 13-38 绘制连接圆弧

06 采用同样的方法，完成小户型开关布置图的绘制，结果如图 13-39 所示。

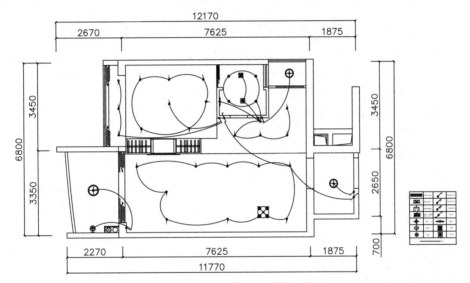

图 13-39 小户型开关布置图

第 *14* 章 园林设计绘图技法

项目导读

本章主要讲解园林设计的概念及园林设计制图的内容和流程，并通过具体的实例来对各种园林图形绘制进行实例演练。通过对本章的学习，能够了解园林设计的相关理论知识，并掌握园林制图的流程和实际操作。

14.1 绘制桂花图例

本例绘制的桂花图例，其绘制步骤一般为：先绘制外围轮廓，再绘制内部枝叶。

01 启动 AutoCAD，新建空白图形。

02 绘制外部轮廓。单击"绘图"区域的"圆心，半径"按钮，绘制一个半径为 730 的圆。

03 单击"绘图"区域的"修订云线"按钮，将绘制的圆转换为修订云线，最小弧长为 221，结果如图 14-1 所示。

图 14-1 转换为修订云线

04 绘制内部树叶。调用"圆弧"命令，绘制如图 14-2 所示的弧线。

图 14-2 绘制弧线

05 重复调用"圆弧"命令，绘制其他弧线，如图 14-3 所示。

图 14-3 绘制其他弧线

06 调用"修订云线"命令，采用同样的方法将绘制的弧线转换为云线，结果如图 14-4 所示。

图 14-4 转换为云线

07 绘制树枝。单击"绘图"区域的"直线"按钮，在图形中心位置绘制两条相互垂直的直线，结果如图 14-5 所示。至此，桂花图例绘制完成。

图 14-5 绘制直线

14.2　绘制湿地松图例

本例绘制湿地松图例，其一般绘制方法为：先绘制外部辅助轮廓，再绘制树叶和树枝，最后完善图例。

01 启动 AutoCAD，新建空白图形。

02 绘制辅助轮廓。单击"绘图"区域的"圆心，半径"按钮 ⊘，绘制一个半径为 650 的圆。

03 单击"绘图"区域的"直线"按钮 ╱，过圆心和 90°的象限点，绘制一条直线，并以圆心为中心点，将直线环形阵列 3 条，如图 14-6 所示。

04 绘制树叶。在命令行中调用 SKETCH 命令，使用徒手画线的方法绘制树叶，在"记录增量"的提示下，输入最小线段长度为 15，如图 14-7 所示。

05 绘制树枝。调用"多段线"命令，绘制树枝。删除辅助线及圆，结果如图 14-8 所示。至此，湿地松图例绘制完成。

 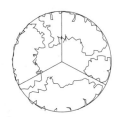 

图 14-6　绘制圆形和直线　　图 14-7　徒手画线绘制树叶　　图 14-8　绘制结果

14.3　绘制苏铁图例

苏铁为热带植物，生长速度非常缓慢，因此在园林中，将其作为自然生长的灌木来种植。本例绘制苏铁图例，具体操作步骤如下。

01 启动 AutoCAD，新建空白图形。

02 绘制外部轮廓。调用"圆"命令，绘制一个半径为 600 的圆。接着绘制辅助线，使用"直线"工具，过圆心和 90°的象限点，绘制一条直线，如图 14-9 所示。

03 绘制短线。重复调用"直线"命令，绘制一条过辅助直线与圆相交的直线，并将其以直线为对称轴镜像复制，结果如图 14-10 所示。单击"修改"区域的"删除"按钮 ╱，删除辅助线。

04 复制短线。单击"修改"区域的"环形阵列"按钮 ❀，选择绘制的两条短线，将其以圆心为中心点环形阵列，项目总数为 5，结果如图 14-11 所示。

05 填充图案。单击"绘图"区域的"图案填充"按钮 ▨，选择 ANSI31 填充图案，设置填充比例为 50，用拾取点的方法在圆心位置处单击，填充结果如图 14-12 所示。

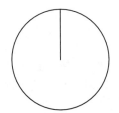 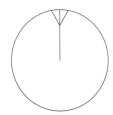 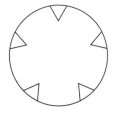 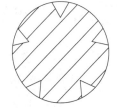

图 14-9　绘制圆和辅助线　图 14-10　绘制并复制直线　图 14-11　"阵列"结果　　图 14-12　填充结果

14.4 绘制绿篱图例

绿篱一般种植于绿地边缘或建筑墙体下方，起到分隔空间、保护绿地和软化硬质景观的作用。本例绘制的绿篱图例，其绘制步骤为：先绘制外部辅助轮廓，然后完善内部图案，最后删除辅助线。

01 启动 AutoCAD，新建空白图形。

02 绘制辅助轮廓。单击"绘图"区域的"矩形"按钮 ▭，绘制 2340×594 的矩形。

03 绘制绿篱轮廓。调用"多段线"命令，绘制如图 14-13 所示的绿篱外部轮廓。

04 重复调用"多段线"命令，绘制绿篱的内部轮廓，如图 14-14 所示。

05 调用"删除"命令，删除辅助矩形，结果如图 14-15 所示。至此，绿篱图例绘制完成。

图 14-13　绘制绿篱外部轮廓线　　　图 14-14　绘制绿篱内部轮廓　　　图 14-15　绿篱图例

14.5 绘制景石图例

景石是园林设计中出现频率较高的一种园林设施，它可以散置于林下、池岸周围等，也可以孤置于某个显眼的地方，形成主景，还可以与植物搭配在一起，形成一种独特的景观。本例绘制的是散置于林下的小景石图例，如图 14-16 所示，它是由两块形状不同的景石组合在一起，形成的一组景石。其一般绘制步骤为：先绘制景石外部轮廓，再绘制内部纹理。

01 启动 AutoCAD，新建空白图形。

02 绘制外部轮廓。单击"绘图"区域的"多段线"按钮 ᔧ，设置线宽为 10，绘制如图 14-17 所示的景石外部轮廓。

03 重复调用"多段线"命令，设置线宽为 0，绘制景石的内部纹理，结果如图 14-18 所示。至此，景石图例绘制完成。

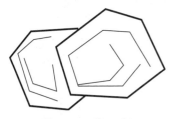 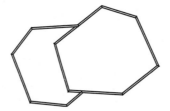 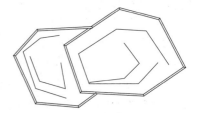

图 14-16　景石图例　　　　图 14-17　绘制外部轮廓　　　　图 14-18　绘制内部纹理

14.6 绘制总体平面图

总体平面图又称总平图，它表明了各类园林要素（建筑、道路、植物及水体）在图纸上的尺寸与空间分布关系。因此，它是设计师设计思路最直接的表现。在进行绘制时，只要简单地绘制各要素，表明其形式、尺度及在空间中的位置即可，而不需要精确地绘制每一个要素。其一般绘制方法为：先在原始平面图的基础上绘制园路铺装系统，再绘制园林建筑和小品，接下来绘制植物，最后对总平图进行标注。

14.6.1　绘制园路铺装

01 打开本书资源中的"14.6 原始平面图 .dwg"文件。

02 新建"园路"图层，设置图层颜色为 42 号黄色，并将其置为当前图层。

03 绘制别墅周边园路。调用"多段线"命令，绘制如图 14-19 所示的多段线，并保证园路最窄处距建筑外墙的距离为 800。

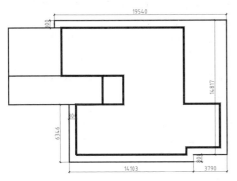

图 14-19　绘制多段线

04 绘制庭院主园路。调用"多段线"命令，过别墅周边园路下边的右端点，绘制如图 14-20 所示的多段线，并修剪多余的线条。

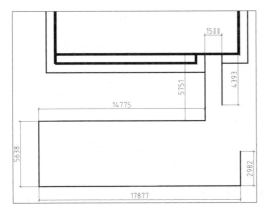

图 14-20　绘制并修剪多段线

05 圆角操作。调用"圆角"命令，对绘制的园路一角进行半径为 1500 的圆角处理，结果如图 14-21 所示。

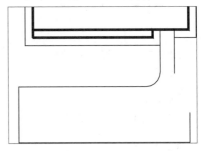

图 14-21　圆角结果

06 完善园路。使用"样条曲线"命令，绘制如图 14-22 所示的两条样条曲线。

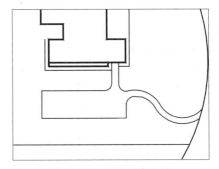

图 14-22　绘制样条曲线

14.6.2　绘制园林建筑

01 将"建筑"图层置为当前图层。

02 绘制景观亭。执行"插入"命令，插入本书资源中的"景观亭"图块，并旋转至合适的角度，结果如图 14-23 所示。

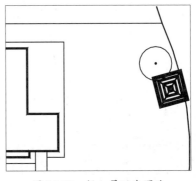

图 14-23　插入景观亭图块

03 绘制花架。执行"插入"命令,插入本书资源中的"花架"图块,结果如图 14-24 所示。

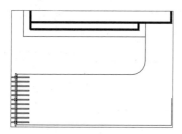

图 14-24　插入"花架"图块

04 绘制休息平台一。执行"矩形"命令,过别墅周边小园路右上角点,绘制如图 14-25 所示的休息平台,与建筑墙体相接。

05 填充休息平台。将"填充"图层置为当前图层。执行"图案填充"命令,选择 DOLMIT 图案类型,设置比例为 1500,填充休息平台,结果如图 14-26 所示。

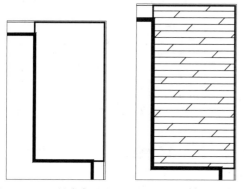

图 14-25　绘制休息平台一　图 14-26　填充图案

06 绘制休息平台二。将"建筑"图层置为当前图层,调用"正多边形"命令,绘制一个内接圆半径为 4000 的正六边形,并将其移至如图 14-27 所示的园路与湖面相交的位置。

图 14-27　绘制正六边形

07 填充休息平台。将"填充"图层置为当前图层,调用"图案填充"命令,用填充休息平台一的方法填充休息平台二,设置角度为 70°,并修剪多余的线条,结果如图 14-28 所示。

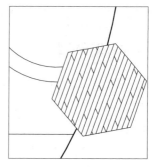

图 14-28　填充结果

08 绘制游泳池。将"水体"图层置为当前图层,调用"多段线"命令,绘制如图 14-29 所示的多段线。

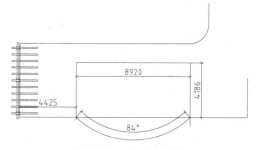

图 14-29　绘制多段线

09 圆角操作。执行"圆角"命令,将游泳池上面两个端点进行半径为 900 的圆角处理,并将圆角后的线条向内偏移 300,修剪多余的线条,结果如图 14-30 所示。

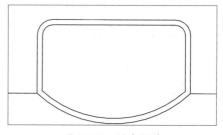

图 14-30　圆角操作

10 绘制按摩池。调用"圆"命令,按如图 14-31 所示的位置,绘制一个半径为 1500 的圆,并将其向内偏移 300,修剪多余的线条。

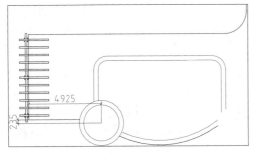

图 14-31　绘制按摩池

11 绘制烧烤平台。将"园路"图层置为当前图层。单击"绘图"区域的"多边形"按钮 ⬠，绘制一个内接圆半径为 1500 的正六边形。

12 绘制烧烤台。将"建筑"图层置为当前图层，执行"矩形"命令，绘制一个尺寸为 1500×500 的矩形，用直线连接其上、下两边的中点，并以其右下角点为基点，以平台右下角点为第二点，进行移动，结果如图 14-32 所示。

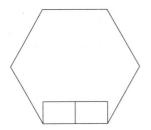

图 14-32　绘制烧烤台

13 填充烧烤台。将"填充"图层置为当前图层，调用"图案填充"命令，选择 NET 图案类型，设置比例为 2500，填充烧烤台，结果如图 14-33 所示。

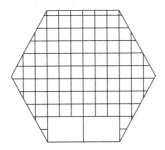

图 14-33　填充结果

14 移动烧烤台。执行"移动"命令，选择如图 14-33 所示的图形，将其移至庭院相应的位置，并旋转至合适的角度，结果如图 14-34 所示。

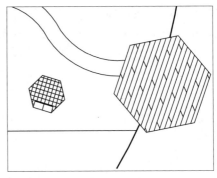

图 14-34　移动图形

14.6.3　绘制汀步

01 新建"汀步"图层，设置图层颜色为 33 号黄色，并将其置为当前图层。

02 绘制规则汀步。调用"样条曲线"命令，绘制如图 14-35 所示的样条曲线作为辅助线。

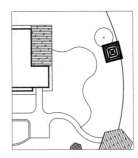

图 14-35　绘制样条曲线

03 绘制一块汀步。调用"矩形"命令，绘制一个 400×900 的矩形，并将其定义为"汀步"图块，指定矩形的中心为拾取基点。

04 插入汀步。调用"定距等分"命令，插入汀步，设置等分距离为 500，结果如图 14-36 所示。

图 14-36　插入汀步

05 绘制不规则汀步。调用"多段线"命令，绘制一系列如图 14-37 所示的封闭多段线图形，形成流畅的汀步小路，连接烧烤区、园路和休息平台。

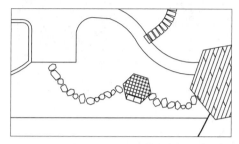

图 14-37　绘制多段线

06 采用同样的方法连接景观亭与规则汀步路，结果如图 14-38 所示。

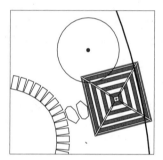

图 14-38　连接景观亭与规则汀步路

14.6.4　绘制园林小品

01 新建"小品"图层，设置颜色为黄色，并将其置为当前图层。

02 绘制景石。执行"插入"命令，插入本书资源中的"景石"图块，放置于合适的位置，并旋转至合适的角度，结果如图 14-39 所示。

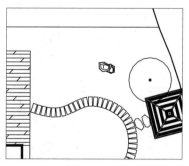

图 14-39　插入景石图块

03 复制景石。执行"复制"命令，将插入的景石复制到其他位置，并调整其大小和方向，结果如图 14-40 所示。

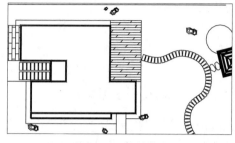

图 14-40　复制结果

04 绘制树池。调用"圆"命令，于如图 14-41 所示的位置绘制一个半径为 1000 的圆，并将其向内偏移 300，修剪多余的图形。

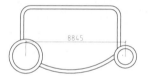

图 14-41　绘制树池

05 绘制其他园建设施。执行"插入"命令，插入本书资源中的躺椅和休闲椅图块，如图 14-42 所示。

图 14-42　插入园建设施

06 修改填充效果。双击休闲平台二的填充图案，在打开的选项板中单击"选择对象"按钮，在绘图区选择平台上的休闲椅图块，按空格键返回对话框，单击"确定"按钮，结果如图 14-43 所示。

图 14-43　修改填充效果

14.6.5　绘制植物

01 新建"灌木"图层，设置图层颜色为绿色，并将其置为当前图层。

02 绘制绿篱轮廓。调用"多段线"命令，在庭院周边绘制如图 14-44 所示的宽度为 400 的绿篱轮廓。

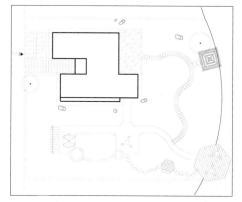

图 14-44　绘制绿篱轮廓

03 新建"描边"图层，设置图层颜色为 8 号灰色，并将其置为当前图层。

04 描边轮廓。调用"多段线"命令，描边绿篱轮廓。

05 填充绿篱。将"灌木"图层置为当前图层。调用"图案填充"命令，选择 ANSI38 图案类型，设置比例为 2000，为绿篱填充图案，并隐藏"描边"图层，结果如图 14-45 所示。

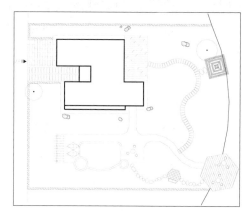

图 14-45　填充结果

06 采用同样的方法绘制模纹轮廓，如图 14-46 所示，并对其填充，结果如图 14-47 所示。

图 14-46　绘制轮廓线

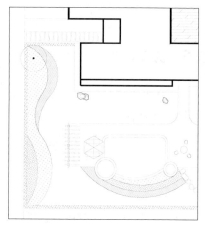

图 14-47　填充结果

07 执行"插入"命令，插入本书资源中的红花檵木图块，结果如图 14-48 所示。

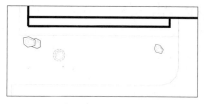

图 14-48　插入红花檵木图块

08 复制图块。调用"复制"命令，将插入的图块复制到相应的位置，结果如图 14-49 所示。

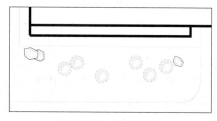

图 14-49　复制图块

09 采用同样的方法插入本书资源中的其他植物图例，并调节其大小，结果如图 14-50 所示。

图 14-50　插入结果

14.6.6　文字标注

01 新建"标注"图层，设置图层颜色为蓝色，并将其置为当前图层。

02 设置文字标注样式。调用"文字样式"命令，新建"样式 1"，其设置如图 14-51 所示，并将其置为当前样式。

03 标注文字。调用"多行文字"命令，设置文字高度为 1000，在图中相应位置进行文字标

注，并修改文字效果，使文字不被填充图案遮挡，结果如图 14-52 所示。至此，总体平面图绘制完成。

图 14-51　设置文字样式

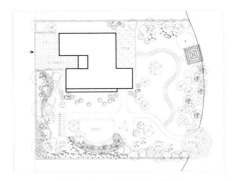

图 14-52　文字标注结果

14.7 **绘制植物配置图**

　　本例将植物配置图分成乔木种植图和灌木种植图。在绘制时，可以在总平图的基础上进行植物位置的调整和数量的增减，其方法与总平图中植物的绘制方法相同，然后增加植物名录表即可。为了避免重复，这里就省去植物调整的过程，直接在总平图中植物的基础上进行其他方面的修改，然后绘制植物名录表，具体操作步骤如下。

14.7.1　绘制乔木种植图

01 延续 14.6 节进行操作，也可以打开素材文件 "14.6 绘制总体平面图 .dwg"。

02 复绘图形。执行"复制"命令，将绘制完成的总平图复制一份到绘图区空白处。

03 删除文字标注。调用"删除"命令，删除图形中除了"入口"的其他文字标注，并将图形中的填充图案补充完整，结果如图 14-53 所示。

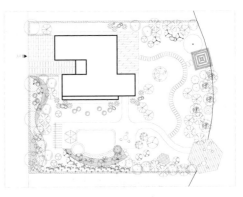

图 14-53　删除文字标注

04 删除灌木。调用"删除"命令，删除图形中的模纹、绿篱、竹子等灌木，结果如图14-54所示。

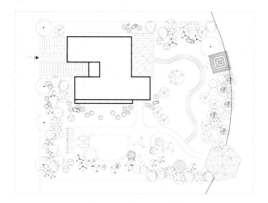

图 14-54 删除灌木

05 标注桂花图例。将"标注"图层置为当前图层，调用"复制"命令，复制一个桂花图例至绘图区空白处。调用"多行文字"命令，在命令行中指定文字高度为750，输入文字，标注结果如图14-55所示。

图 14-55 标注文字

06 采用同样的方法标注其他乔木图例，并调节图例大小，以排列整齐，并为其加上标题，结果如图14-56所示。

图例

桂花	山茶	樱花	红枫
枇杷	桃树	红玉兰	湿地松
杨梅	泡桐	石榴	棕桐
红花檵木球	加那利海枣	芭蕉	苏铁
金叶女贞球			

图 14-56 标注结果

07 设置表格样式。调用"表格样式"命令，

新建"乔木种植表样式"，各参数设置如图14-57所示，并将其置为当前样式。

"常规"选项卡

"文字"选项卡

"边框"选项卡

图 14-57 设置表格样式

08 设置表格范围。调用"矩形"命令，绘制一个22000×16000的矩形，以指定表格范围。

09 插入表格。单击"注释"区域的"表格"按钮，在弹出的"插入表格"对话框中进行如图14-58所示的设置。单击"确定"按钮，在绘图区中单击矩形的两对角点，以指定表格的范围。在弹出的"文字格式"对话框中单击"确定"按钮，结果如图14-59所示。

图 14-58　设置表格样式

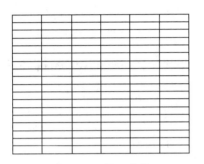

图 14-59　插入表格

10 输入文字。双击表格，在弹出的对话框中输入相应的文字，结果如图 14-60 所示。

序号	名称	规格	单位	数量	备注
1					
2					
3					
4					
5					
6					
7					
8					
9					
10					
11					
12					
13					
14					
15					
16					
17					

图 14-60　输入文字

11 使用相同的方法输入其他文字，并为表格加上标题，结果如图 14-61 所示。

序号	名称	规格	单位	数量	备注
1	桂花	H220-240,P150-200	株	15	
2	湿地松	φ6-7	株	5	
3	樱花	φ4-5	株	10	
4	红枫	φ3-4	株	5	
5	栾树	φ4-5	株	5	
6	山茶	H150-180,P70-90	株	11	
7	苦楝	P120-150	株	1	
8	芭蕉	φ10以下	株	12	
9	紫薇	H180-220	株	6	
10	枇杷	H200-250,P100-120	株	5	
11	红玉兰	φ6-7	株	11	
12	梧桐	φ8-10	株	3	
13	池杉	φ10-12	株	1	
14	石榴	H180-210,P80-100	株	5	
15	加那利海枣	H100-120,P80-100	株	6	
16	红花继木球	P80-100	株	11	
17	金叶女贞球	P80-100	株	6	

图 14-61　输入结果

12 将标注的植物图例和植物名录表移至合适的位置，乔木种植图绘制完成，结果如图 14-62 所示。

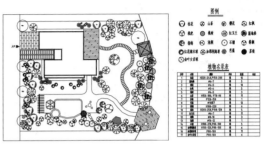

图 14-62　绘制结果

13 在乔木种植图中选择一个红枫图例，执行"工具"｜"快速选择"命令，弹出"快速选择"对话框。

14 单击该对话框中"应用到"右侧的"选择对象"按钮，在绘图区中框选乔木种植图，其他设置如图 14-63 所示。

图 14-63　设置快速选择参数

15 单击"确定"按钮，命令行显示选择图形中红枫的数量，绘图区中红枫图例也将被标记。

14.7.2　绘制灌木种植图

01 标注红叶石楠图例。调用"矩形"命令，绘制一个 2700×1800 的矩形。

02 执行"图案填充"命令，选择 STARS 填充图案，设置比例为 900。调用"多行文字"命令，设置文字高度为 1000，输入文字，结果如图 14-64 所示。

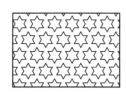

图 14-64 填充结果

03 采用同样的方法标注其他灌木图例，并调节图例大小，排列整齐，并为其加上标题，结果如图 14-65 所示。

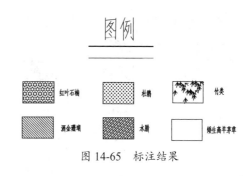

图 14-65 标注结果

04 用绘制乔木植物名录表的方法绘制灌木植物名录表，并为其加上标题，结果如图 14-66 所示。

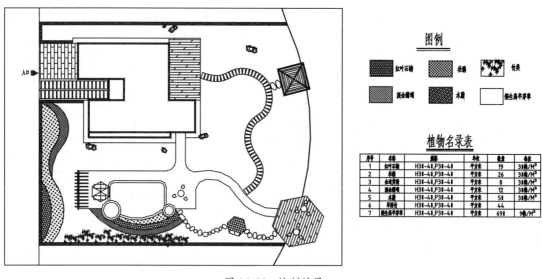

图 14-66 绘制结果

05 灌木种植图绘制完成。

14.8 绘制竖向设计图

竖向设计一般指地形在垂直方向上的起伏变化，由等高线、路面坡度方向、标高等要素组成。本例绘制的竖向设计图其路面没有变坡，只在路与路交接的地方有等高线变化。而绿地地形比较丰富，但起伏不大，均呈缓坡状。同时，路面与绿地、平台之间有一定的高差。在本例中，以入口处路面标高为相对零点。其一般的绘制步骤为：先绘制路面标高，再绘制等高线，最后根据路面高度和等高线的分布确定绿地标高和等高线的高度变化。

14.8.1 修改备份图形

01 延续 14.2.2 节进行操作，也可以打开素材文件"14.2.2 绘制灌木种植图 .dwg"。

02 执行"复制"命令，复制备份的平面图。

03 在命令行输入 E 执行"删除"命令，删除所有植物，保留建筑和小品，结果如图 14-67 所示。

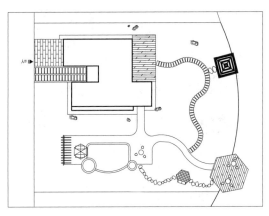

图 14-67　修改结果

14.8.2　路面和水池标高

一般室外绿地、路面等的标高用实心倒三角形表示，而水体标高则用空心倒三角形表示，其绘制方法相同。绘制路面和水池标高的具体操作步骤如下。

01 绘制标高符号。调用"多边形"命令，绘制一个外接圆半径为 300 的正三角形，对其填充 SOLID 图案，并将其设置为属性块，其参数设置如图 14-68 所示。单击"确定"按钮，将属性文字置于三角形之上。

图 14-68　设置属性参数

02 绘制车库入口处的标高。在命令行输入 B 执行"创建块"操作，选择属性文字与三角形，并创建成图块。执行"插入"命令，选择标高图块，并根据命令行的提示输入高度值。这里保持默认值，并调整填充图案的显示，结果如

图 14-69 所示。

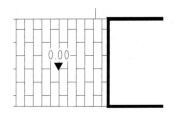

图 14-69　插入标高符号

03 绘制休闲平台标高。执行"插入"命令，选择标高图块，根据命令行提示输入高度值为 0.10，并调整填充图案的显示，结果如图 14-70 所示。

图 14-70　绘制结果

04 采用同样的方法插入水池和路面其他位置的标高，结果如图 14-71 所示。

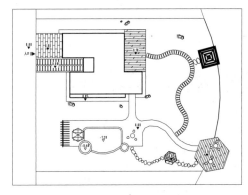

图 14-71　标高标注的结果

14.8.3　绘制等高线

01 新建"等高线"图层，设置图层颜色为白色，图层线型设为 ACAD_IS002W100，并将其置为当前图层。

02 绘制等高线。使用"样条曲线"命令，绘制如图 14-72 所示的等高线。

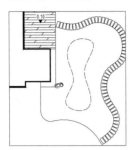

图 14-72 绘制等高线

03 重复调用"样条曲线"命令，在绘制的等高线外围再绘制一段如图 14-73 所示的样条曲线。

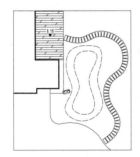

图 14-73 继续绘制等高线

04 采用同样的方法绘制其他位置的等高线，结果如图 14-74 所示。

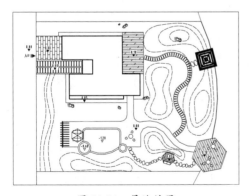

图 14-74 最终结果

14.8.4 标高

01 绘制绿地标高。将"标注"图层置为当前图层，采用标注路面标高的方法标注绿地标高，结果如图 14-75 所示。

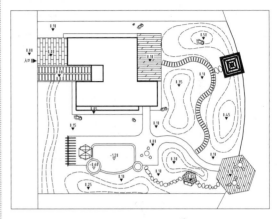

图 14-75 绿地标高

02 绘制等高线标高。调用"多行文字"命令，设置文字高度为 700，在等高线位置处标注如图 14-76 所示的数值。

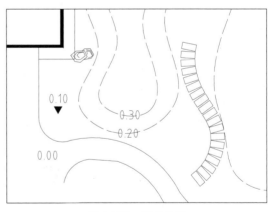

图 14-76 标注结果

03 采用同样的方法标注其他等高线位置的高度，至此，竖向设计图绘制完成。

14.9 绘制网格定位图

网格定位图就是在图纸上绘制的一系列间距相等的垂直和水平的线条。本例绘制的网格定位图是在竖向修改图的基础上绘制而得的，定位了别墅建筑与园林建筑、路面等硬质景观之间的位置关系。本例的坐标原点位于别墅建筑的右下角端点，网格之间的间距为 5m。其一般绘制步骤为：先过坐标原点位置绘制两条相互垂直的线条，再偏移线条，完成方格网的绘制，最后对其进行标注。

01 延续 14.8 节进行操作，也可以打开素材文件"14.8 绘制竖向设计图 .dwg"。

02 新建"方格网"图层，图层颜色设置为红色，并将其置为当前图层。

03 执行"复制"命令，复制一份竖向修改图至绘图区空白处，在此基础上绘制图形。

04 执行"执行"命令，过别墅右下角端点绘制如图 14-77 所示的水平和垂直直线。

05 执行"偏移"命令 🔁，将绘制的水平线条分别向上、向下偏移 4 次，偏移量为 5000；垂直线条分别向左偏移 5 次、向右偏移 4 次，偏移量均为 5000，结果如图 14-78 所示。

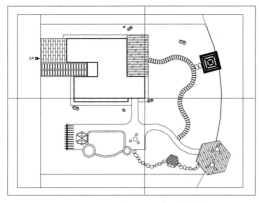

图 14-77 绘制水平和垂直直线

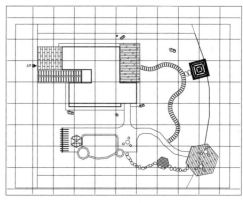

图 14-78 偏移结果

06 坐标标注。调用"多行文字"命令，设置文字高度为 1000，在图形的左侧和下方进行原点的标注，结果如图 14-79 所示。

07 采用同样的方法，以 5m 为间距，进行其他位置的标注，结果如图 14-80 所示。网格定位图绘制完成。

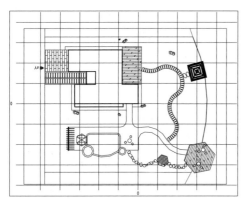

图 14-79 标注坐标原点

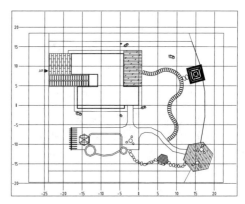

图 14-80 标注结果

第 *15* 章 给排水设计绘图技法

项目导读

　　建筑给排水工程是现代城市基础建设的重要组成部分，其在城市生活、生产及城市发展中的作用及意义重大。给排水工程是指，城市或工业单位从水源取水到最终处理的整个工业流程，一般包括给水工程（即水源取水工程）、净水工程（水质净化、净水输送、配水使用）、排水工程（污水净化工程、污泥处理工程、污水最终处置工程等）。整个给排水工程由主要枢纽工程及给排水管道网工程组成。

　　本章以一栋别墅给排水图纸为例，分别介绍了给排水平面图、系统图以及雨水提升系统图的绘制流程。

15.1　设置绘图环境

　　事先设置好绘图环境，可以在绘制图纸时更加方便、灵活、快捷。设置绘图环境，包括绘图区域界限及单位的设置、图层的设置、文字和标注样式的设置等。可以先创建一个空白文件，然后设置好相关参数后将其保存为模板文件，以后如需再绘制相关图纸，则可以直接调用。本章所有实例皆基于该模板。设置绘图环境的具体操作步骤如下。

01 启动 AutoCAD 2020 软件，选择"文件"｜"打开"命令，将"第 15 章\别墅地下一层平面图 .dwg"文件打开，如图 15-1 所示。

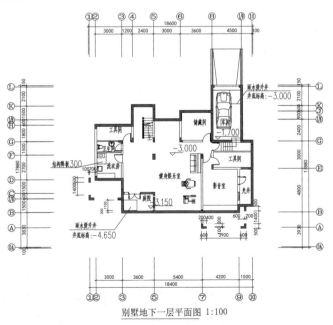

别墅地下一层平面图 1:100

图 15-1　打开图形文件

02 选择"文件"|"另存为"命令,将该文件另存为"别墅地下一层给排水平面图 .dwg"文件,防止源文件被修改。

03 该别墅负一层给排水平面图主要由给水管、污水管、雨水管、给排水设备、图框、文本标注组成,因此,绘制给排水平面图形时,应新建如表 15-1 所示的图层。

表 15-1 图层设置

序号	图层名	描述内容	线宽	线型	颜色	打印属性
1	给水管	生活给水管线	默认	实线 (CONTINUOUS)	洋红色	打印
2	污水管	污水管线	默认	虚线 (DASHED)	青色	打印
3	雨水管	雨水管线	默认	点画线 (DASHDOT)	黄色	打印
4	给排水设备	潜污泵、雨水提升器等	默认	实线 (CONTINUOUS)	白色	打印
5	图框	图框、图签	默认	实线 (CONTINUOUS)	白色	打印
6	文本标注	图内文字、图名、比例	默认	实线 (CONTINUOUS)	绿色	打印

04 选择"格式"|"图层"命令,将打开"图层特性管理器",根据表 15-1 设置图层的名称、线宽、线型和颜色等,如图 15-2 所示。

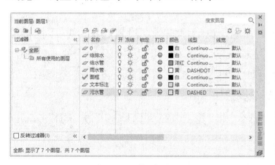

图 15-2 新建图层

05 选择"格式"|"线型"命令,打开"线型管理器"对话框,单击"显示细节"按钮,打开细节选项组,设置"全局比例因子"为 1000,单击"确定"按钮,如图 15-3 所示。

图 15-3 设置线型比例

06 选择"格式"|"文字样式"命令,打开"文字样式"对话框,单击"新建"按钮打开"新建文字样式"对话框,样式名定义为"图内文字",如图 15-4 所示。

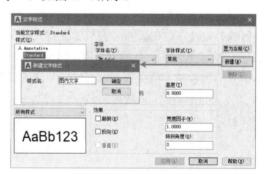

图 15-4 新建文字样式

07 设置样式参数。在"字体"下拉列表中选择 gbenor.shx 字体,选中"使用大字体"复选框,并在"大字体"下拉列表中选择 gbcbig.shx 字体,如图 15-5 所示。

图 15-5 设置样式参数

08 重复前面的步骤，建立"图名"文字样式，设置字体为"宋体"，如图15-6所示。

图15-6　建立"图名"文字样式

09 选择"格式"|"标注样式"命令，打开"标注样式管理器"对话框，单击"新建"按钮打开"新建新标注样式"对话框，输入新样式名为"位置尺寸标注"，如图15-7所示。

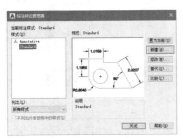

图15-7　建立"位置尺寸标注"标注样式

10 在"线""符号和箭头""文字""调整"选项卡中设置相应的参数，如图15-8所示。

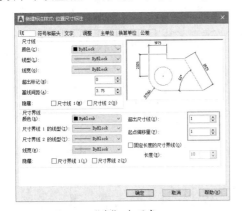

"线"选项卡

图15-8　设置标注参数

"符号和箭头"选项卡

"文字"选项卡

"调整"选项卡

图15-8　设置标注参数（续）

15.2 绘制别墅地下一层给排水平面图

本节介绍绘制别墅地下一层平面图的管线及构件，以及相关的标注文字的方法，包括立管名称标注、管道尺寸标注、图名标注等。绘制别墅地下一层给排水平面图的具体操作步骤如下。

15.2.1 绘制给水管

01 延续 15.1 节进行操作，在"图层"区域的"图层控制"下拉列表中，将"给水管"图层置为当前图层。

02 执行"圆"命令，绘制直径为 80 的圆作为给水立管，将给水立管分别布置在洗衣房、卫生间以及两个工具间内，如图 15-9 所示。

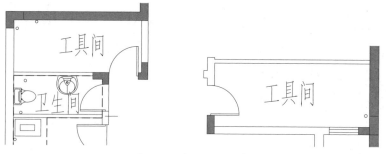

图 15-9　布置给水立管

03 执行"多线段"命令，设置全局宽度为 50，从室外水井处引出，并连接至洗衣房、卫生间以及工具间内给水立管的管线上，如图 15-10 所示。

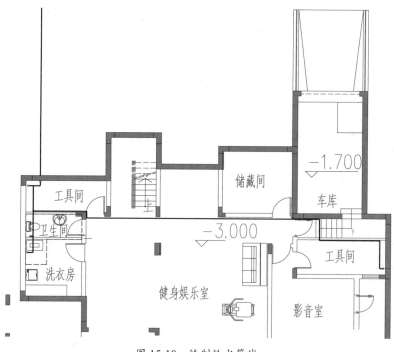

图 15-10　绘制给水管线

15.2.2 绘制污水管

01 在"图层"区域的"图层控制"下拉列表中，将"污水管"图层置为当前图层。执行"圆"命令，绘制直径为 900 的圆作为室外污水井。

02 在"图层"区域的"图层控制"下拉列表中，将"文字标注"图层置为当前图层，并执行"多行文字"命令，选择"图内文字"文字样式，在污水井内标注名称编号，如图 15-11 所示。

03 回到"污水管"图层，执行"圆"命令，绘制直径为 150 的圆，再执行"偏移"命令，将圆向内偏移 75，作为污水立管，如图 15-12 所示。

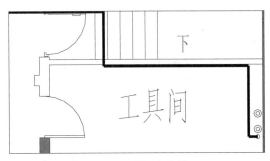

图 15-11　绘制污水井　　　　　　　图 15-12　绘制污水立管

04 执行"多线段"命令，设置全局宽度为 50，分别从室外 3 个污水井处引出，并连接至各排水点的管线上，管线布置如图 15-13 所示。

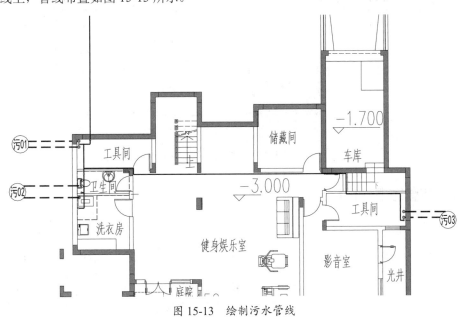

图 15-13　绘制污水管线

15.2.3 绘制雨水管

01 在"图层"区域的"图层控制"下拉列表中，将"雨水管"图层置为当前图层，执行"矩形"命令，绘制 900×900 的矩形作为室外雨水井。

02 在"图层"区域的"图层控制"下拉列表中,将"文字标注"图层置为当前图层,并执行"多行文字"命令,选择"图内文字"文字样式,在雨水井内标注名称编号,如图 15-14 所示。

03 回到"雨水管"图层,绘制雨水立管。执行"圆"命令,绘制直径为150的圆;执行"直线"命令,捕捉象限点绘制水平和垂直的线段;执行"旋转"命令,选择两条线段,指定圆心为旋转基点,输入45,将两线段同时旋转45°,如图 15-15 所示。

图 15-14　绘制雨水井　　　　　　　　　图 15-15　绘制雨水立管

04 布置雨水立管,执行"多线段"命令,设置全局宽度为50,分别从室外两个雨水井处引出,并连接至雨水立管的管线上,管线布置如图 15-16 所示。

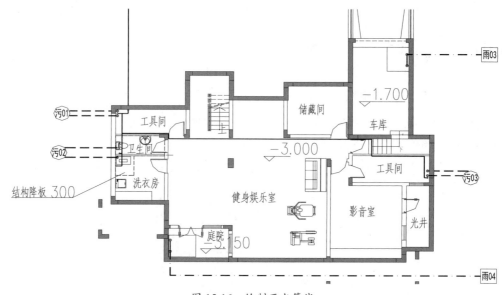

图 15-16　绘制雨水管线

15.2.4　布置地下一层给排水设施

01 在"图层"区域的"图层控制"下拉列表中,将"给排水设备"图层置为当前图层。

02 打开素材文件"第 15 章 \ 给排水设施图例 .dwg",将表 15-2 所示的图例粘贴至图形中。

表 15-2　给排水设施图例

图例	名称	图例	名称
○	潜污泵	┼┼	钢性防水套管
▶●	球阀	⬭	水表井

03 执行"移动""复制"和"缩放"等命令，将潜污泵放置到平面图相应的位置，结果如图 15-17 所示。

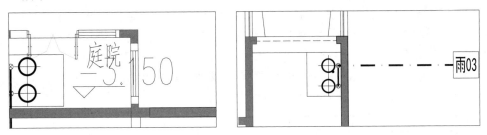

图 15-17 布置潜污泵

04 执行"移动"命令，将球阀图例放置到平面图相应的位置，结果如图 15-18 所示。

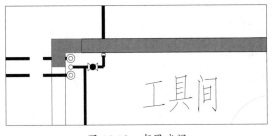

图 15-18 布置球阀

05 执行"移动""复制""镜像""旋转"和"缩放"等命令，将给排水设施布置到平面图相应的位置，结果如图 15-19 所示。

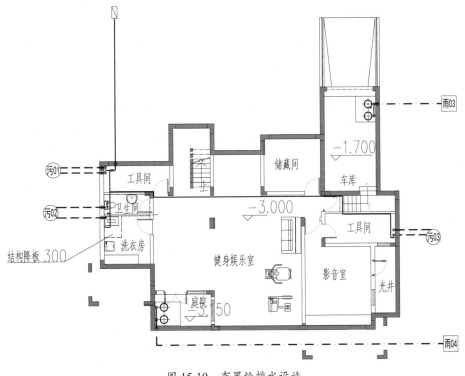

图 15-19 布置给排水设施

15.2.5 添加地下一层的说明文字

01 在"图层"区域的"图层控制"下拉列表中，将"文本标注"图层置为当前图层。

02 执行"多行文字"命令，选择文字样式为"图内文字"，对平面图中的给水立管进行名称标注，再执行"直线"命令，在文字处分别绘制指引线至给水立管，如图 15-20 所示。

03 在"注释"区域的"标注样式"下拉列表中，选择"位置尺寸标注"样式为当前标注样式。执行"线性标注"命令和"连续标注"命令，对管线的位置进行定位尺寸的标注，如图 15-21 所示。

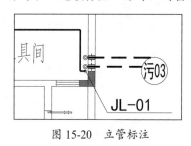

图 15-20　立管标注

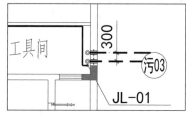

图 15-21　定位尺寸标注

04 采用同样的方法，对其他管道进行立管标注及定位尺寸标注，效果如图 15-22 所示。

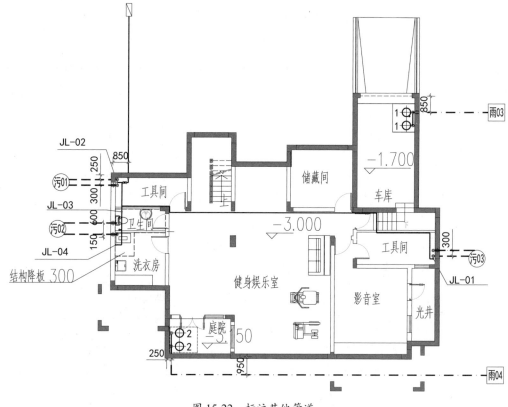

图 15-22　标注其他管道

05 执行"多行文字"命令，对图形进行相应的文字注释，效果如图 15-23 所示。

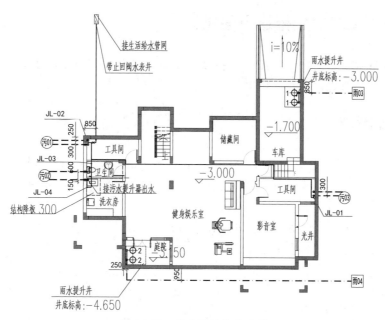

图 15-23　平面图的文字注释

06 执行"多行文字"命令，选择"图名"文字样式，设置文字高度为1000，在图形下方标注图名，再设置文字高度为850，标注比例1:100；执行"多线段"命令，设置全局宽度为100，绘制一条与图名同长的多线段，效果如图 15-24 所示。

<u>别墅地下一层给排水平面图</u> 1:100

图 15-24　图名标注

07 执行"移动"命令，移动绘制好的图框，以框住给排水平面图，最终完成了别墅地下一层给排水平面图的绘制，效果如图 15-25 所示。

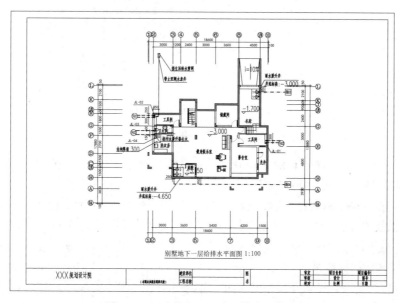

图 15-25　别墅地下一层给排水平面图

15.3 绘制别墅二层给排水平面图

本节主要介绍别墅二层的给排水平面图的绘制流程，其绘制方法与负一层给排水平面图的绘制方法大致相同，具体操作步骤如下。

15.3.1 绘制水管

01 选择"文件"｜"打开"命令，将"第 15 章\别墅二层平面图 .dwg"文件打开，如图 15-26 所示。

02 选择"文件"｜"另存为"命令，将该文件另存为"15.3 别墅二层给排水平面图 .dwg"文件，以防止原始平面图被修改。

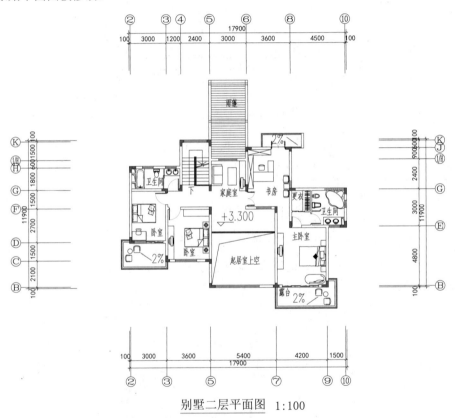

别墅二层平面图　1:100

图 15-26　打开图形文件

03 执行"圆"命令，绘制直径为 80 的圆作为给水立管；绘制直径为 150 的圆，再执行"偏移"命令，将圆向内偏移 75，作为污水立管。

04 绘制直径为 150 的圆，再执行"直线"命令，捕捉象限点绘制水平和垂直的线段，再执行"旋转"命令，选择两条线段，指定圆心为旋转基点，输入 45，将两线段同时旋转 45°，以作为雨水立管。

05 执行"圆"命令，绘制一个半径为 218 的圆，执行"图案填充"命令，选择 ANSI-31 图案，绘制圆形地漏，如图 15-27 所示。

06 执行"多线段"命令，设置全局宽度为 50，连接各立管之间的管线，如图 15-28 所示。

图 15-27　布置立管和地漏

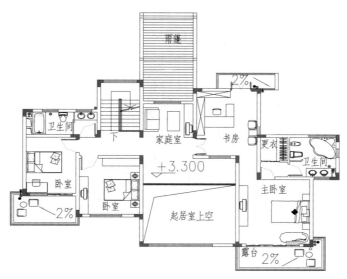

图 15-28　布置水平管线

15.3.2　添加文字说明

在前面绘制好了别墅二层平面图内的所有管线及构件,下面为给排水平面图内的相关内容进行文字标注。

01 选择"格式"|"图层"命令,将"文本标注"图层置为当前图层。

02 执行"多行文字"命令,选择文字样式为"图内文字",对平面图中的给水立管进行名称标注。再调用"直线"命令,在文字处分别绘制指引线至给水立管;对图形进行相应的文字注释,效果如图 15-29 所示。

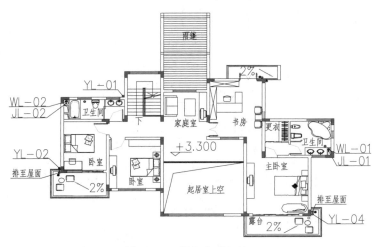

图 15-29　添加文字标注

03 执行"多行文字"命令，选择"图名"文字样式，标注图名为"别墅二层给排水平面图"。

04 执行"插入"命令，插入图框块，最终完成别墅二层给排水平面图的绘制，效果如图 15-30 所示。

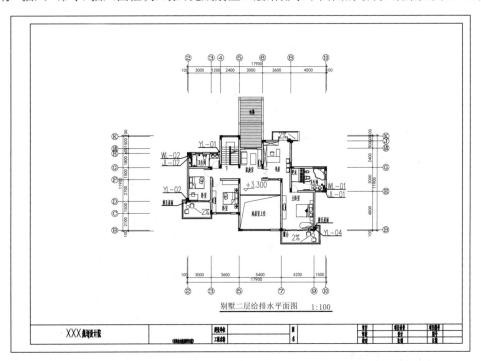

图 15-30　别墅二层给排水平面图

15.4　绘制卫生间给排水平面图

　　本节主要介绍该别墅一层主卧卫生间排水平面图的绘制流程。卫生间给水管的绘制应包括出水点、给水立管以及给水管的水平干管，具体操作步骤如下。

15.4.1　绘制给水管

01 选择"文件"|"打开"命令，将"第15章\别墅卫生间平面图.dwg"文件打开，如图15-31所示。

如图 15-33 所示。

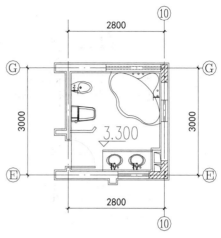

图 15-32　绘制出水点

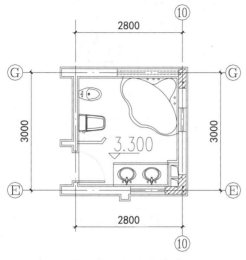

图 15-31　打开的图形

02 选择"文件"｜"另存为"命令，将该文件另存为"15.4 别墅卫生间给排水平面图.dwg"文件，以防止原始平面图被修改。

15.4.2　绘制出水点

01 在"图层"区域的"图层控制"下拉列表中，将"给水管"图层置为当前图层。

02 执行"多线段"命令，设置全局宽度为50，绘制一条长为130的水平多线段。

03 执行"直线"命令，在多线段上绘制一条垂直线段，以此作为出水点。

04 执行"移动"命令，将绘制好的出水点图形移至用水设备上，如图15-32所示。

15.4.3　绘制给水管线

01 执行"圆"命令，绘制直径为80的圆作为给水立管。

02 执行"多线段"命令，设置全局宽度为50，连接给水立管与各出水点，绘制给水管线，

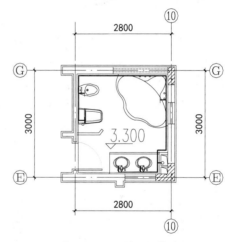

图 15-33　绘制给水管线

15.4.4　绘制排水管

01 在"图层"区域的"图层控制"下拉列表中，将"污水管"图层置为当前图层。

02 执行"圆"命令，绘制直径为150的圆；再执行"偏移"命令，将圆向内偏移75，作为污水立管；执行"圆"命令，绘制一个半径为218的圆；执行"图案填充"命令，选择ANSI-31图案，绘制圆形地漏，如图15-34所示。

03 执行"多线段"命令，设置全局宽度为50，绘制如图15-35所示的排水管线。

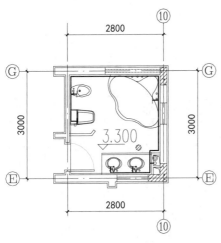

图 15-34　绘制立管和地漏

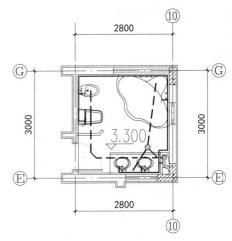

图 15-35　绘制排水管线

15.4.5　添加文字说明

在前面绘制好了别墅二层平面图内的所有管线及构件，下面为给排水平面图内的相关内容进行文字标注。

01 在"图层"区域的"图层控制"下拉列表中，将"文本标注"图层置为当前图层。

02 执行"多行文字"命令，分别选择文字样式为"图内文字"和"图名"，对平面图中的立管和图名进行相应的标注，最终完成了别墅卫生间给排水平面图的绘制，如图 15-36 所示。

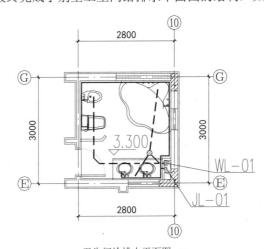

卫生间给排水平面图 1:50

图 15-36　别墅卫生间给排水平面图

15.5　绘制系统图给水管线

根据别墅一层给水平面图绘制给水管线及给水设备走向图，可以先绘制出室外水井及主要管线，具体操作步骤如下。

15.5.1 绘制室外水表井

01 选择"文件"｜"打开"命令，将"15.2 别墅地下一层给排水平面图 .dwg"文件打开。在"图层"区域的"图层控制"下拉列表中，将"给排水设备"图层置为当前图层。

02 在状态栏中单击"极轴追踪"按钮 ⊙，以启用极轴追踪功能，然后右击该按钮，在弹出的快捷菜单中选择 45,90,135,180…选项，以设置 45°的增量角，如图 15-37 所示。

图 15-37 设置极轴追踪角

03 执行"多线段"命令，绘制边长为 625 和 1375 的平行四边形，调用"直线"命令，连接平行四边形的对角线，如图 15-38 所示。

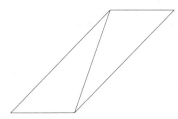

图 15-38 绘制室外水表井

15.5.2 绘制给水主管线

01 在"图层"区域的"图层控制"下拉列表中，将"给水管"图层置为当前图层。

02 执行"多线段"命令，设置全局宽度为 50，以绘制好的水表井为起点，移动光标自动捕捉到 45°的极轴追踪线，最后单击极轴上一点以确定下一点的起点，如图 15-39 所示。

03 光标继续垂直向上引出一段距离并单击，以确定下一点的起点，如图 15-40 所示。

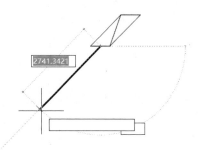

图 15-39 绘制多线段

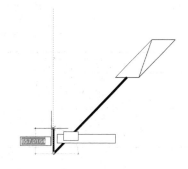

图 15-40 绘制多线段

04 待一根管线绘制完成后按空格键，最后绘制出如图 15-41 所示的图形。

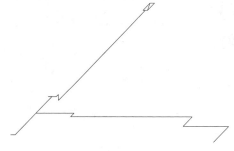

图 15-41 绘制给水主管线

15.5.3 绘制别墅各层支管线

01 执行"多线段"命令，设置全局宽度为 50，绘制 5 根垂直的给水立管，如图 15-42 所示。

02 执行"多线段""复制""移动"等命令，绘制出如图 15-43 所示的支管管线。

03 在"图层"区域的"图层控制"下拉列表中，将"给排水设备"图层置为当前图层。

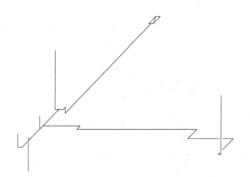

图 15-42　绘制垂直给水立管

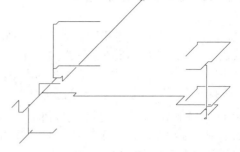

图 15-43　绘制支管管线

04 打开素材文件"第 15 章 \ 阀门图例 .dwg"，将表 15-3 所示的给水设备复制到图形中。

表 15-3　阀门图例

图例	名称
⌐	旋转水龙头
⋅↗ ⋅	斜球阀
● ━●	截止阀
⫽ ⫽	钢性防水套管轴测图

05 通过执行"复制""移动""镜像"和"旋转"等命令，将旋转水龙头布置在系统图的相应位置，效果如图 15-44 所示。

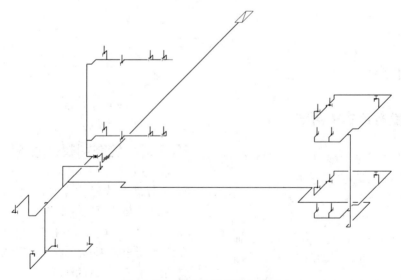

图 15-44　布置旋转水龙头图例

15.6　标注给水系统图

绘制完成给水系统图后，接下来应对给水系统图进行文字标注说明，具体操作步骤如下。

15.6.1　立管标注

01 在"图层"区域的"图层控制"下拉列表中，将"文字标注"图层置为当前图层。

02 执行"多行文字"命令，选择"图内文字"文字样式，在立管处标注出立管名称（JL—＊）。

03 执行"直线"命令，绘制文字的引出线至立管处，如图 15-45 所示。

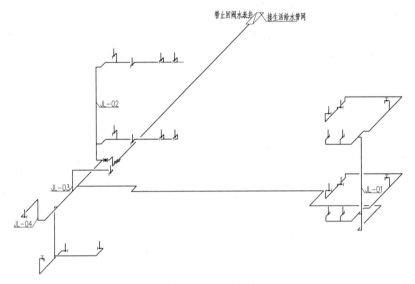

图 15-45　标注立管

15.6.2　楼层、管线标高

01 绘制标高指引线。执行"直线"和"多线段"等命令，绘制出如图 15-46 所示的标高指引线。

图 15-46　绘制标高指引线

02 选择"绘图"｜"块"｜"创建"命令，将绘制好的指引线全部选中，并创建为图块。

03 执行"插入""移动"和"旋转"命令，在需要标高的位置插入指引线。

04 执行"多行文字"命令，选择"图内文字"文字样式，在指引线的位置标出管线高度。

05 在相应位置输入文字说明，效果如图 15-47 所示。

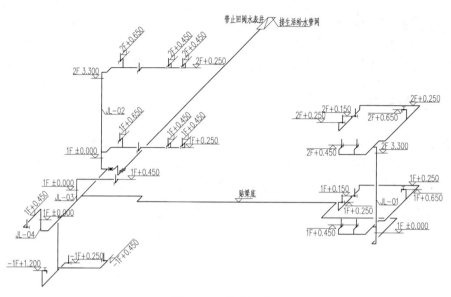

图 15-47 管线标高

15.6.3 管径标注

01 执行"多行文字"命令，选择"图内文字"文字样式，标注管线的管径（DN＊＊）。

02 执行"复制"和"旋转"命令，将管径标注复制到其他需要标注管径的管线位置，再逐一双击文字，修改为不同的管径大小标注，效果如图 15-48 所示。

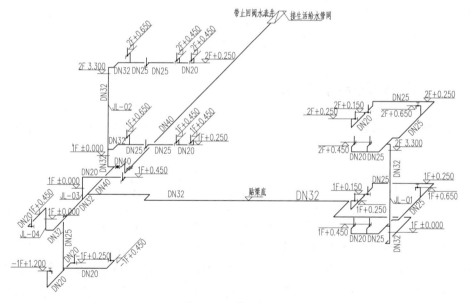

图 15-48 管径标注

设计点拨：

标注文字中DN20、DN25表示立管的公称直径为DN20与DN25，即管道的管径为20mm与25mm。

15.6.4 图名标注

01 执行"多行文字"命令，选择"图名"文字样式，标注图名，如图15-49所示。

生活给水系统图 1:50

图 15-49 图名标注

02 执行"插入"命令，插入图框块，最终完成了别墅生活给水系统图的绘制，效果如图15-50所示。

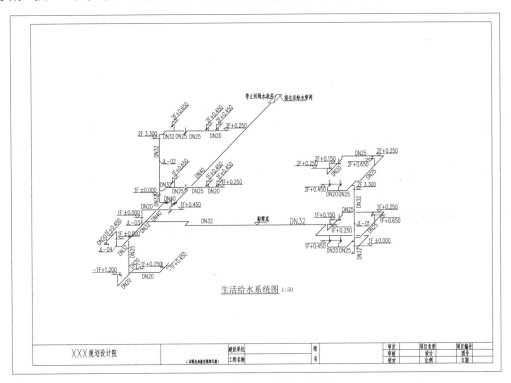

图 15-50 别墅生活给水系统图

15.7 绘制排水系统图管线

由别墅给排水平面图可以看出有3个排污水井，其中污水井1连接至污水立管2，污水井3连接的是污水立管1，污水井1、污水井2和污水井3并不相连，因此，需要单独绘制3个污水井的管路。绘制排水系统图管线的具体操作步骤如下。

15.7.1 绘制室外污水井

01 在"图层"区域的"图层控制"下拉列表中，将"污水管"图层置为当前图层。
02 执行"圆"命令，绘制直径为900的圆作为室外污水井，选择"格式"｜"图层"命令，将"文字标注"图层置为当前图层，并执行"多行文字"命令，选择"图内文字"文字样式，在污水井内标注名称编号。

15.7.2 绘制排水主管线

01 选择"格式"｜"图层"命令，回到"污水管"图层。

02 在状态栏中单击"极轴追踪"按钮 ⊙，以启用极轴追踪功能，然后右击该按钮，在弹出的快捷菜单中选择45,90,135,180...选项，以设置45°、90°、135°、180° ... 的增量角。

03 执行"多线段"命令，设置全局宽度为50，绘制从室外污水井引入并连接至各污水立管的主要管线，如图15-51所示。

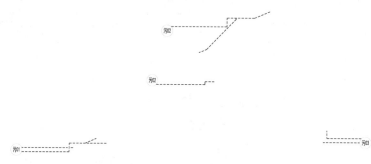

图 15-51　绘制排水系统图的主要管线

15.7.3 绘制别墅各层支管线

01 执行"多线段"命令，设置全局宽度为50，绘制排水立管，如图15-52所示。

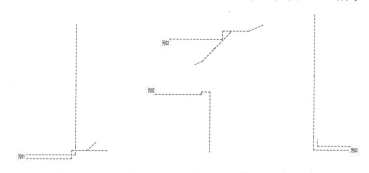

图 15-52　绘制污水立管

02 执行"多线段""复制""移动"等命令，绘制如图15-53所示的支管管线。

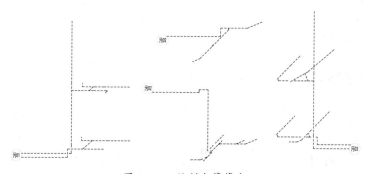

图 15-53　绘制支管管线

15.7.4　布置排水设备及附件

01 在"图层"区域的"图层控制"下拉列表中,将"给排水设备"图层置为当前图层。

02 打开素材文件"第 15 章 \ 阀门图例 .dwg",将表 15-4 所示的图例复制到图形中。

表 15-4　阀门图例

图例	名称
	S 形、P 形存水弯
	通气帽
	立管检查口
	圆形地漏
	清扫口
	污水提升器

03 将绘制好的排水阀门及构件通过"复制""移动""镜像"和"旋转"命令,移至对应的位置,如图 15-54 所示。

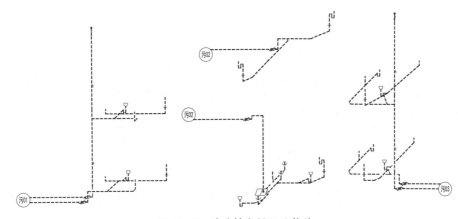

图 15-54　移动排水阀门及构件

15.8　标注排水系统图

　　绘制完成排水系统图后,接下来应对排水系统进行文字标注说明,具体操作步骤如下。

01 执行"多行文字"和"直线"命令,选择"图内文字"文字样式,标注出管名、管径、楼层标高和相应的文字标注,如图 15-55 所示。

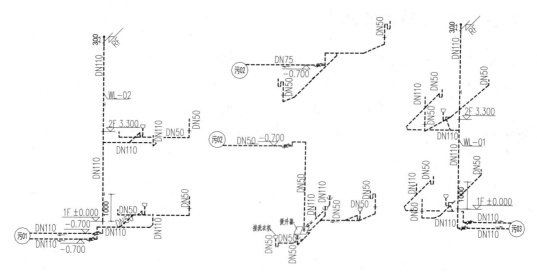

图 15-55　文字标注

02 执行"多行文字"命令，选择"图名"文字样式，在图形下侧标注图名，如图 15-56 所示。

生活排水系统图 1:50

图 15-56　图名标注

03 执行"插入"命令，插入图框块，最终完成了别墅生活排水系统图的绘制，效果如图 15-57 所示。

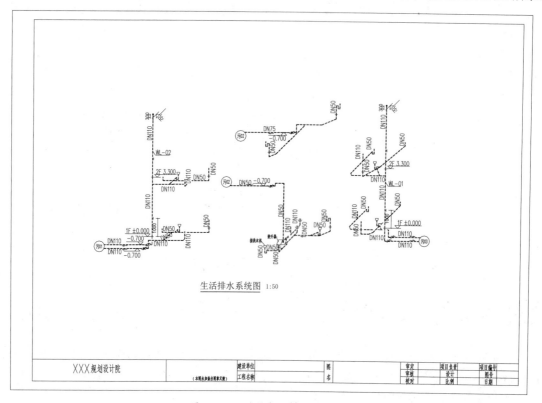

图 15-57　别墅生活排水系统图

15.9　绘制雨水提升系统图

本节介绍绘制雨水提升系统图的方法，包括绘制管线、布置设备以及添加标注文字，具体绘制步骤如下。

15.9.1　绘制雨水管线

01 选择"格式"｜"图层"命令，将"雨水管"图层置为当前图层。

02 绘制室外雨水井。执行"多线段"命令，捕捉45°极轴，绘制平行四边形。

03 选择"格式"｜"图层"命令，将"文字标注"图层置为当前图层，并执行"多行文字"命令，选择"图内文字"文字样式，在雨水井内标注名称编号。

04 回到"雨水管"图层，执行"多线段"命令，设置全局宽度为50，分别从室外雨水井处引出雨水管的管线，管线布置如图15-58所示。

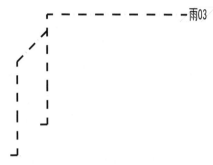

图 15-58　绘制雨水管线

15.9.2　布置图例

01 选择"格式"｜"图层"命令，将"给排水设备"图层置为当前图层。

02 打开"阀门图例 .dwg"文件，复制如表15-5所示的图例至当前视图。

表 15-5　阀门图例

图例	名称
	潜污泵
	软接头
	止回阀
	截止阀

03 执行"复制""移动""镜像"和"旋转"命令，布置图例的结果如图15-59所示。

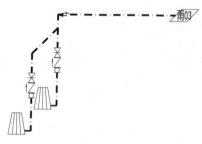

图 15-59　布置图例

15.10　标注雨水提升系统图

01 选择"格式"｜"图层"命令，将"文字标注"图层置为当前图层。

02 执行"多行文字"和"直线"命令，选择图内文字，标注出管名、管径、楼层标高和相应的文字标注。

03 执行"复制"命令，绘制另一条管线系统图，并更改相应的标注，如图 15-60 所示。

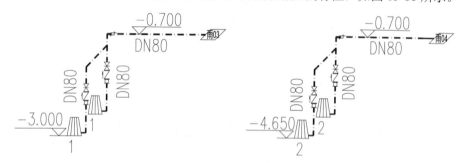

图 15-60　文字标注

04 执行"多行文字"命令，选择"图名"文字样式，在图形下侧标注图名，如图 15-61 所示。

雨水提升系统图 1:100

图 15-61　图名标注

05 最终完成的别墅雨水提升系统图如图 15-62 所示。

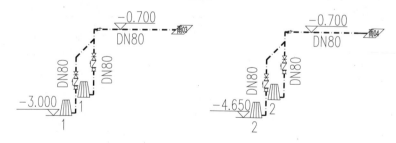

雨水提升系统图 1:100

图 15-62　别墅雨水提升系统图